住房城乡建设部土建类学科专业"十三五"规划教材

高等学校建筑学专业指导委员会规划推荐教材

U0173313

建筑设计方法概论

（第二版）

An Introduction to the Method of
Architecture Design

浙江大学　杨秉德　著

中国建筑工业出版社

图书在版编目（CIP）数据

建筑设计方法概论 ＝An Introducion to the
Method of Architecture Design/ 杨秉德著．—2 版．
北京：中国建筑工业出版社，2020.12（2023.4 重印）
住房城乡建设部土建类学科专业"十三五"规划教材
高等学校建筑学专业指导委员会规划推荐教材
ISBN 978-7-112-25420-0

Ⅰ．①建… Ⅱ．①杨… Ⅲ．①建筑设计－方法－高等
学校－教材 Ⅳ．① TU2

中国版本图书馆 CIP 数据核字（2020）第 167488 号

责任编辑：陈 桦
文字编辑：柏铭泽
责任校对：赵 菲

住房城乡建设部土建类学科专业"十三五"规划教材
高等学校建筑学专业指导委员会规划推荐教材

建筑设计方法概论（第二版）
An Introduction to the Method of Architecture Design
浙江大学 杨秉德 著
＊
中国建筑工业出版社出版、发行（北京海淀三里河路 9 号）
各地新华书店、建筑书店经销
北京雅盈中佳图文设计公司制版
北京中科印刷有限公司印刷
＊
开本：787 毫米 ×1092 毫米 1/16 印张：18 字数：288 千字
2020 年 12 月第二版 2023 年 4 月第十二次印刷
定价：89.00 元
ISBN 978-7-112-25420-0
（35863）

《建筑设计方法概论》出版已逾十年，期间多次增印，但始终为黑白板，全书内容不能完整表达。2019年出版社提议改为彩图板再版，作者甚为欣喜，为此局部修改文本内容，又逐页核对全书，确认没有错漏之处，基本内容则没有改动。

色彩是建筑形式的重要组成部分，色彩表达是建筑出版物不可或缺的基本属性，建筑出版界对此早已了然并不惜巨资付诸实施。1932年，在印刷技术还很落后的年代，上海市建筑协会出版的《建筑月刊》创刊伊始，自第一卷第三期已经开始增印彩色图页。编者言："研究建筑这门学问，不能仅藉文字的抽象理论，须凭图样与摄影的具体指示……建筑物的形式果然需要具体的表现，但色的显露也很重要。建筑物的色彩的调和与适宜，对于美观既有密切的关系，对于精神生活也有强烈的影响，所以近代建筑家对之都很注意，本刊为供读者观摩起见，不惜巨资增印彩色图样。"（1）编余 [J]. 建筑月刊，1932，1（2）：78. 本书所述建筑案例，多处涉及色彩表达，自绘分析图则凭借色彩表达分析成果，初版时因种种原因只能出版黑白版，使全书内容表达在最终环节大打折扣，是为憾事。典型案例是第163页所述安联体育场采用的ETFE膜结构。ETFE膜结构具有特殊的景观效果，独特的照明设计产生的夜景效果更具特色，在比赛日的夜晚，建筑呈现与参赛的主场足球队队服相对应的颜色，红色代表拜仁慕尼黑，蓝色代表慕尼黑1860，白色则代表德国国家队，在这3支足球队都没有赛事的夜晚，ETFE膜结构的颜色每半小时变换一次。图2-127"安联体育场夜景"如实表达了这种夜景效果，上图拜仁慕尼黑队主场比赛时体育场为红色，下图拜仁慕尼黑队与慕尼黑1860队比赛时体育场为红蓝两色。但第一版黑白版的图2-127"安联体育场夜景"之上、下两图体育场均为灰色，读者读毕文本再看此图，实在难以理解，所述内容已因黑白版图大打折扣。

所幸时代进步，出版观念亦与时俱进，从初版时只能出版黑白版，到十年之后改为彩图版再版，体现了出版观念的巨大进步。第二版（彩图版）出版后，黑白版未能表达的内容得以完整表达，读者可以完整理解全书内容，实为读者之幸。

杨秉德

2019年12月6日

什么是"建筑"？1928年梁思成创办东北大学建筑系，第一课讲的就是这个题目。4年后的1932年，"九·一八"事变后南迁上海的东北大学建筑系第一届学生毕业，当时已任中国营造学社法式部主任的梁思成写信祝贺，再次讲述的还是这个题目，并勉励学生广为宣传，使社会认识建筑，也认识建筑师："现在对于'建筑'稍有认识，能将它与其他工程认识出来的，固已不多，即有几位，其中仍有一部分对于建筑有种种误解，不是以为建筑是'砖头瓦块'（土木），就以为是'雕梁画栋'（纯美术），而不知建筑之真义，乃在求其合用、坚固、美。前二者能圆满解决，后者自然产生。"①梁思成所言，是建筑史上的经典答案，早在罗马奥古斯都时代（约公元前32～前22年），维特鲁威（Vitruvii）就已提出"坚固、适用、美观"的建筑原则，随着社会发展，建筑基本原则的内涵不断更新，在当代中国已经形成"适用、经济、美观"的建筑方针，对建筑设计具有重要的指导作用。

那么，创作建筑作品的建筑师应当具备何种职业素质呢？维特鲁威言："建筑师既要有天赋的才能，还要有钻研学问的本领。因为没有学问的才能或者没有才能的学问都不可能造就出完美的技术人员。"②"天赋的才能"指建筑师的"建筑感"，即理解建筑的天赋才能，属

建筑师应当具备的感性思维素质范畴；"钻研学问的本领"则指建筑师学习基本建筑设计技能、掌握基本建筑理论和相关知识的能力，属建筑师应当具备的理性思维素质范畴。当代社会已远非维特鲁威时代可比，但是建筑的基本属性并没有改变，建筑师应当具备的基本职业素质也没有本质性的变化。

如同学习语言需要强调"语感"，学习音乐需要强调"乐感"一样，学习建筑也需要强调"建筑感"。"建筑感"可以诠释为凭借感性知觉（Aesthesia）直觉性地领悟和理解建筑的能力，包括建筑构思的想象力、建筑空间的认知能力、建筑文化的理解能力、建筑功能的综合处理能力、建筑形式美的鉴赏和处理能力，以及建筑表现能力等。以建筑大师贝聿铭具备的"建筑感"为例，非建筑学者迈克尔·坎内尔言："他有一种罕见的把迷宫一般的问题在脑海中重新组织、反复揣摩、直到理出头绪的本事。他可以带别人在子虚乌有的建筑物中徜徉，甚至在纸上就可以做到这一点。"③建筑学者贝聿铭本人言："你得训练用脑子看空间；有了两条线就有了平面，有了三条线就有了空间。你得在脑子里看见这些东西。"④这是从不同职业视角对"建筑感"极恰当极形象的具体诠释。那么，"建筑感"是先天具备的，还是后天培育的？答案应当是

二者并存。适合学习建筑专业的学生或多或少具备先天的"建筑感"，但是这只是一种原生状态的、有待开发的"建筑感"，需要正确的教育和引导才能转化为建筑师层次的"建筑感"。开发和引导学生原生状态的"建筑感"，调动各种手段培育学生后天学而知之的"建筑感"，是建筑教育的基本任务之一。早在宋代，王安石就曾有感于天赋极佳的神童仲永因后天不学由神童沦为常人而著《伤仲永》一文，可知虽有先天之才，仍需后天教育，无先天之才难成大器，有先天之才而无正确的、良好的后天教育，先天之才也是要埋没的。

近代著名学者梁启超对教育有独到见解，梁氏子女中梁思成、梁思永、梁思礼都学有所成，先后当选中国科学院院士，可在某种程度上印证梁启超教育见解的正确性。梁启超在1927年2月16日给留学海外的子女，主要是梁思成的信中这样开导他们："孟子说：'能与人规矩，不能使人巧。'凡学校所教与所学总不外规矩方面的事，若巧则要离了学校方能发见。规矩不过求巧的一种工具，然而终不能不以此为教，以此为学者，正以能巧之人，习熟规矩后，乃愈益其巧耳（不能巧者，依着规矩可以无大过）。"⑤"今在学校中只有把应学的规矩，尽量学足，不惟如此，将来到欧洲回中国，所有未

学的规矩也还须补学，这种工作乃为一生历程所必须经过的，而且有天才的人绝不会因此而阻抑他的天才，你千万别要对此而生厌倦，一厌倦即退步矣。"⑥梁启超此论，引孟子所言教育与"规矩"和"巧"的关系，论述现代教育的基本准则，同样适用于建筑设计思维方法训练。对建筑设计思维方法而言，"规矩"指通过学科基本训练，在掌握专业基础知识的基础上形成的建筑设计的理性思维能力；"巧"指原创性的创造能力，即引发原创性构思的感性思维能力。本书论述建筑设计方法，亦立足于论述"应学的规矩"，论述典范性建筑作品的启迪价值，剖析建筑设计感性思维与理性思维循环交替的复杂思维过程，帮助学生在学校"把应学的规矩尽量学足"，领悟和理解建筑设计的基本思维模式，离开学校后，巧者自能"习熟规矩后愈益其巧"，不能巧者"依着规矩可以无大过"。

建筑学科不仅是科学技术与建筑艺术交织、感性思维与理性思维交织的学科，同时也是社会化的学科，影响建筑的诸多要素纷繁复杂，每个建筑项目都有其特定的影响因子，其中许多影响因子已经超出专业技术领域，需要结合社会需求寻求综合解决方案，这使建筑不同于纯理性的自然科学，除专业技术因素外，复杂的社会人文因素对建筑的影响也不容忽

视，在某些情况下甚至可能成为影响建筑发展的主导因素，因此，建筑亦具备社会属性。建筑的社会属性决定了建筑是为社会服务的，必须适应社会需求，除极少数极端情况外，建筑师不可能躲进自我表现、自我欣赏的象牙塔中，脱离社会，追求理想的建筑乌托邦。建筑设计的约束条件并非从方案设计初始阶段就已确定，许多约束条件在设计过程中逐渐产生、不断改变，建筑设计的过程也是不断发现问题、解决问题的动态决策过程。因此，本书剖析典范性建筑作品，时时论及建筑的社会人文背景，论及社会对建筑的影响与一流建筑师的应对策略，期待学生对建筑的社会属性有较为深刻的理解，进而认识到为社会服务、适应社会需求

是建筑师的基本职业道德。

传统的建筑设计方法建立在几百年建筑设计实践积累的基础之上，并随社会发展不断改进、不断发展、不断更新，但是至今并没有发生本质性的变革。本书回归基本的典范性建筑作品案例剖析；回归基本的建筑图式语言表达方式论述；追踪世界经典建筑作品与最新建筑创作成果，阐述作者多年探索所得创新性研究成果，论述体现当代世界建筑进展的建筑设计方法——感性思维与理性思维交织的建筑设计方法；为社会服务、适应社会需求的建筑设计方法。

杨秉德

2007 年 12 月 25 日于浙江大学

注　释

① 梁思成. 祝东北大学建筑系第一班毕业生 [J]. 中国建筑，1932（创刊号）：32.
② （古罗马）维特鲁威. 建筑十书 [M]. 高履泰，译. 北京：中国建筑工业出版社，1986：4.
③ （美）迈克尔·坎内尔. 贝聿铭传：现代主义大师 [M]. 倪卫红，译. 北京：中国文学出版社，1997：246.
④ （美）迈克尔·坎内尔. 贝聿铭传：现代主义大师 [M]. 倪卫红，译. 北京：中国文学出版社，1997：246.
⑤ 梁启超. 民国十六年二月十六日《给孩子们书》。原文载：丁文江，赵丰田. 梁启超年谱长编 [M]. 上海：上海人民出版社，1983：720.
⑥ 梁启超. 民国十六年二月十六日《给孩子们书》。原文载：丁文江，赵丰田. 梁启超年谱长编 [M]. 上海：上海人民出版社，1983：720.

目 录

第 1 章
Chapter 1
借鉴与启迪
——方案设计构思思维模式
Reference and Edification:
The Thinking Mode of the Idea
for Project Design

第 2 章
Chapter 2
建筑设计手法
On the Manner of
Architecture Design

第 3 章
Chapter 3
方案设计阶段设计构思
的图式语言表达模式
The Expressing Mode of the
Idea for Project Design by
Graphic Language

借鉴与启迪——方案设计构思思维模式
Reference and Edification:
The Thinking Mode of the Idea for Project Design

1.1 方案设计构思思维模式的基本概念与论述方法

建筑设计的基本准则可以简洁地概括为"适用、经济、美观"，这已经是中国建筑界的共识。"适用"和"美观"是建筑设计期望达到的目标，反映了建筑的功能属性和审美属性，"经济"则是实现预期目标的限定条件。论述建立在"适用、经济、美观"这一建筑设计基本准则基础上的方案设计构思思维模式，前提是明确界定和详尽诠释相关的基本概念。作者将建筑复杂的功能属性、审美属性、限定条件等概括为建筑设计的约束条件，方案设计阶段构思思维的目标就是在诸多约束条件的制约下，寻求解决错综复杂的种种矛盾的最佳途径。在多年研究工作的基础上，提出并论述建筑创作的原创性构思含量，以及由此引发的原创性构思建筑作品与非原创性构思建筑作品、"原创性构思创造者"与"原创性构思应用者"的基本概念。对建筑教育而言，最重要的是建筑师基本职业素质的训练，其中也包括建筑师创造力的培养。方案设计构思思维模式因人而异，因项目而异，并无一定之规，所以本章采用符合方案设计构思思维规律、基于"熏陶式"教育思想的论述方式，以经典建筑作品为样板，剖析各种类型典范性建筑作品的创作构思思路，展示其各不相同的方案构思模式，使读者从中得到启迪，有所领悟。

1.1.1 建筑设计的约束条件及其与建筑设计的关系

作者试将建筑复杂的社会属性、功能属性、审美属性、限定条件等概括为建筑设计的约束条件，本节首先分门别类列表展示建筑设计的各类约束条件，即设计项目的各类限定要素，使读者对建筑设计的约束条件有一个整体认识（表1-1）。

建筑设计的约束条件

表 1-1

社会人文环境约束	自然物质环境约束	建筑功能要求约束	社会可提供的经济技术支持体系约束
社会环境约束	地形条件约束	生理功能要求约束	经济支持条件约束
历史环境约束	地质条件约束	工作功能要求约束	结构技术体系约束
科学技术约束	土地利用约束	居住功能要求约束	设备技术体系约束
美学观念约束	气候条件约束	社交功能要求约束	建筑材料体系约束
相关法规约束	原有建筑约束	休憩功能要求约束	建筑施工体系约束
可持续发展约束	交通状况约束	交通功能要求约束	

对具体的设计项目而言，表1-1所列建筑设计的约束条件可以划分为两种类型——普遍约束与特殊约束。普遍约束指所有建筑普遍拥有的、共性化的约束条件，如正常的经济技术支持体系约束，普遍意义上的社会人文环境、自然物质环境约束，包括通用的建筑法规约束，法定的规划条件约束，常规性的、

在某一地区大同小异的地形、地质、气候条件约束等。特殊约束指某一建筑所特有的、区别于常规建筑的个性化约束条件，如社会人文环境约束之特定历史环境约束、自然物质环境约束之特定地形条件约束等。建筑设计的约束条件客观存在、不容回避，建筑设计的过程也就是综合平衡诸多方面的普遍约束和特殊约束条件，尽可能圆满地解决设计过程中出现的种种问题，尽可能完美地达到预期目标的过程。

随着社会发展、科学技术进步与人类生活水平的不断提高，建筑设计的约束条件也随之不断发展变化。一方面，社会发展带来的物质条件与精神需求的日益提升，对建筑的社会人文环境约束、自然物质环境约束和建筑功能要求约束等不断提出更高的要求；另一方面，经济技术支持体系整体层面的大幅度提高，包括建设资金投入的大幅增长，新结构、新技术、新材料的发展、成熟和普及，以及施工水平的不断提高，社会可提供的经济支持条件约束与技术支持体系约束的支持范畴也在不断发展变化，这使许多以前难以实施的设计构思和设想得以实现。

1.1.2　"原创性构思创造者"与"原创性构思应用者"

建筑作品按其方案构思的原创性构思含量划分，可分为原创性构思建筑作品与非原创性构思建筑作品两种类型，原创性构思居主导地位者属原创性构思建筑作品，原创性构思居从属地位或者没有原创性构思含量者属非原创性构思建筑作品。创作原创性构思建筑作品的建筑师可称为"原创性构思创造者（Original Idea Giver）"；借鉴（对高水平建筑师而言）或模仿（对一般水平建筑师而言）原创性构思建筑作品构思思路的建筑师可称为"原创性构思应用者（Original Idea User）"，前者是创造原创性构思模式的建筑师，后者则是借鉴、应用前者创造的构思模式的建筑师。《考工记》云："知者创物，巧者述之守之，世谓之工。"[①]"知者"是创造者，在建筑创作领域，就是"原创性构思创造者"；"巧者"是使用者，述之守之，借鉴模仿，在建筑创作领域，就是"原创性构思应用者"。

应当强调的是，原创性构思是建筑作品极重要的评价标准，但并不是唯一的评价标准，建筑创作的价值并非仅仅体现于整体构思层面的原创性构思，也体现于高水平借鉴前人原创性构思模式的非原创性构思建筑作品。就建筑作品而言，原创性构思建筑作品凤毛麟角，非原创性构思建筑作品占绝大多数；就建筑师而言，"原创性构思创造者"凤毛麟角，"原创性构思应用者"占绝大多数。这是任何时代任何地区建筑作品与建筑师的基本状况。非原创性构思建筑作品并非低水平建筑作品的代名词，恰恰相反，许多经典的传世之作也属非原创性构思建筑作品范畴，是建筑工匠总结同类建筑的经验得失，不断改进和局部创新，在特定社会条件下创造的同类建筑作品的巅峰之作，非原创性的借鉴、模仿是其主流要素，以已建成的建筑为蓝本，在建造过程中参照业主意愿、应用建筑工匠世代相传的传统手艺不断重复某种建筑模式，并在重复的过程中不断改进，使之臻于完美而成传世之作，如埃及吉萨金字塔群、中国北京故宫建筑群和天坛建筑群、印度泰姬·玛哈尔、莫斯科华西里·伯拉仁内教堂等。

试以北京天坛祈年殿为例，今日所见屹立于三层圆形白石台基上的祈年殿是一座圆形平面大殿，上覆三重檐蓝色琉璃瓦顶和镏金宝顶，造型端庄完美，色调典雅华贵。但是深入探讨祈年殿的建造变迁过程，可知现存祈年殿的形制是1678年（清乾隆17年）改修时形成的，1889年（清光绪15年）被雷火焚毁后仍按乾隆朝形制于次年重建。乾隆17年改修之前的祈年殿并非蓝色琉璃瓦顶，而是依明代形制上覆青瓦，中覆黄瓦，下覆绿瓦，为青、黄、绿三色琉璃瓦顶，早期三色琉璃瓦顶的祈年殿象征"青天"的构思表达尚不够完美，因而引发乾隆17年改修时的三重檐蓝色琉璃瓦顶构思。由此可知，祈年殿象征"青天"的三重檐蓝色琉璃瓦顶并非明代初创时期的原始构思，而是清乾隆十七年改修时的二次创作，即局部构思创新。[②]

天坛祈年殿在多次改建过程中借鉴、模仿原型建筑而又有局部构思创新，经多次改建、重建，最终臻于完美的典范性建筑作品。研究此类传世之作层次的精品建筑的建造历程，作者的结论是：对多数建筑师终生难以企及的、可遇而不可求的原创性构思的盲目追求，对前人精品建筑高水平、高层次借鉴模仿的不恰当褒贬，是建筑创作的思维误区，其结果使建筑创作陷入既无创新、又失借鉴的困境。对多数建筑师而言，建筑作品的水准取决于其基本职业素质与敬业精神，而不是方案构思的原创性含量，应当大力倡导的是原创性构思含量不高，却在功能、经济、形式诸方面都趋于完美的精品建筑。

对建筑教育而言，最重要的是包括建筑师创造力的培养在内的基本职业素质训练，未来的"原创性构思创造者"与"原创性构思应用者"都应当具备的基本职业素质训练。普适性的常规建筑教育在很大程度上是适应"巧者"，即"原创性构思应用者"需求的教育模式，"知者"，即"原创性构思创造者"的成长更多地取决于建筑师本人在接受常规建筑教育的基础上的长期积累、厚积薄发，取决于建筑师的才华、奋斗、勤勉、执着，以及机遇与社会环境等诸多影响因子的共同作用。极端的例证是：西方的建筑大师勒·柯布西耶、东方的建筑大师安藤忠雄都是未曾接受正规建筑教育而成长为"原创性构思创造者"之例；特立独行、多有原创性构思建树的美国建筑大师赖特也只在威斯康星大学土木系学习3年，即弃学赴芝加哥进入建筑师事务所当绘图员，从这一起点开始其长达70余年的辉煌建筑师职业生涯，成为一流的"原创性构思创造者"。但是，柯布西耶、安藤忠雄以及赖特都是特例，不能以个案评价代替整体评价误解常规建筑教育的作用，他们的特殊经历可激励世人努力奋斗而不可非理性地盲目模仿效法，须知绝大多数一流建筑师都曾接受过严格的正规建筑教育，学生时代扎实的基本职业素质训练使之受益终生。

最后应当强调的是，不强求建筑创作的原创性构思含量并非不强调建筑师创造力的培养。述之守之，借鉴模仿，其设计水平也有天壤之别，普适性的常规建筑教育即便在培养"原创性构思应用者"方面，其目标也应当定位于具备创造性基本职业素质的"巧者"建筑师。

1.1.3　方案设计阶段的构思思维模式及其论述方法

如前文所述，建筑设计的过程是建筑师在建设项目诸多约束条件和支持体系的制约下解决矛盾的过程，这在方案设计阶段体现最为明显。制约条件的复杂性和不定性导致方案设计阶段构思思维模式的模糊性和试探性，使之具备从模糊到清晰、从多元到统一的思维属性。这一思维模式可大致描述如下：深入研究设计项目纷繁复杂的诸多制约条件，爬梳剔抉、分析判断，寻求影响方案设计的最重要的制约条件及其建筑化的解决模式，从而确定方案设计的基本构思意向。从模糊的构思意向出发，通过感性认知和理性分析作多方面、多层次的反复探索比较，这一过程具体体现为方案设计阶段多种构思方案的比较和深化，在这个探索、分析、比较、深化的过程中逐步形成由模糊到明确，由多元到统一的设计方案。在整个方案设计过程中，建筑师构思思维的主要表达方式是建筑设计特有的图式语言表达模式，这将在本书的第 3 章详细论述。

为了简明扼要地阐述方案设计阶段建筑师特有的思维模式，作者试将方案设计过程大致划分为 5 个阶段：信息采集阶段；信息处理阶段；信息建筑化与方案初始构思阶段；信息反馈与方案构思、比较、深化、定案阶段；成品输出阶段，以便理性化地论述模糊而复杂的方案设计过程。应当强调的是，方案设计的 5 个阶段并非截然分离的简单线性进展过程，而是一个前后交错，反复推敲、相互影响、错综复杂的模糊进展过程。

信息采集阶段的目标是采集与建设项目的约束条件和支持体系相关的各类基本信息，包括积累性的常规信息与实效性的项目信息。积累性的常规信息包括对不断更新的建筑设计规范、规程的学习；对各类建筑不断发展变化的功能要求的调查和了解；对中外经典建筑作品的研究和借鉴；对国内外建筑结构、技术和材料进展动态的关注等，目的是积累共性化的常规信息并随时代发展不断更新。实效性的项目信息特指针对具体设计项目的直接信息，包括与业主反复交流对话、熟悉和理解设计任务书、现场踏勘建设基地、探讨设计项目的特定功能要求、考察同类建筑实例等，目的是了解和熟悉设计项目特有的个性化信息。

信息处理阶段的目标是整理、分析、综合处理采集到的各类信息，将杂乱无章的原始信息梳理成为主次分明、井然有序的有效信息资料，在此基础上通过感性认知与理性分析探寻方案设计的基本构思意向。

信息建筑化与方案初始构思阶段是方案设计的关键性阶段，其本质是将梳理后的非建筑化信息转化为建筑化信息，将非建筑语言表达转化为建筑语言表达，这个转化过程可称之为"基本信息建筑化处理过程"，其图式语言表达模式包括手绘草图、手工制作的草模与电脑草图或草模等。

信息反馈与方案构思、比较、深化、定案阶段是方案设计基本定案的阶段。建筑师及其设计团队以不同形式广泛征求相关部门对设计方案的反馈意见，依据信息反馈自我评价设计成果，使用各种手段验证设计方案并尽可能改进、完善、提升，使之达到建筑师期待的水准并避免将原则性错误带到成品输出阶段。

成品输出阶段是方案设计的最终阶段，目标是完成可供社会评价的、完整表达设计意图的方案设计文件。设计文件由文本和图本两部分组成，文本主要包括设计构思说明，关键性技术解决方案说明，主要技术经济指标等。图本主要包括总平面图、平立剖面图、设计构思分析图、功能分析图、交通流线分析图、环境与绿地分析图，以及包括室外透视图、室内透视图、鸟瞰图等在内的表现图等，重要设计项目还要求提供建筑模型以及电脑动画演示，以便更直观地展示方案设计成果。

方案设计构思思维模式因人而异，因项目而异，并无一定之规，所以重要建设项目方案设计竞赛的结果，同一个建设项目，同样的制约条件，不同的建筑师有完全不同的理解，可以提交数百个构思思维模式截然不同的设计方案。建筑设计的基本特征决定了其方案设计不可能形成像数学公式一样可以套用的公式化构思思维模式。赖特言："我……不相信艺术可以传授。科学可以，商业当然也可以，但艺术不可教，只能是熏陶。"③中国艺术家的相同见解更为精辟简练，《唐诗三百首》的选家蘅塘退士孙洙言："谚云：'熟读唐诗三百首，不会吟诗也会吟'，请以是篇验之。"④表达的也是"熏陶式"教育思想，"熟读唐诗三百首"的目的并不是抄袭，而是熏陶。经多年反复探索，本章采用符合方案设计构思思维规律、基于"熏陶式"教育思想的论述方式，以经典建筑作品为样板，剖析各种类型典范性建筑作品的创作构思思路，展示其各不相同的方案构思模式，使读者从中得到启迪，有所领悟。

1.2　典范性建筑作品构思思维模式剖析

本节剖析的典范性建筑作品均属"原创性构思创造者"创作的原创性构思建筑作品。遵照"取法于上，仅得其中，取法于中，不免为下"的古训（唐太宗李世民·帝范），取法于上，读者获得的构思思维启迪仅得其中，取法于中，读者获得的构思思维启迪就不免为下了，因而只有最高层次的经典建筑作品才能具备"熏陶式"教育的示范价值。

原创性构思建筑作品可以划分为两种类型：代表时代发展潮流的原创性构思建筑作品与代表建筑师个人设计理念的原创性构思建筑作品。其一，代表时代发展潮流的原创性构思建筑作品是社会发展的必然产物，是因普遍约束引发的、可以普遍推广的原创性构思，此类典范性建筑作品开一代新风，影响遍及世界，借鉴或模仿者群起而趋之，推动了建筑事业的发展。借鉴或模仿的广泛性一方面验证了其代表当时社会发展潮流，适应当时社会发展需求的巨大影响力；另一方面，鱼龙混杂、优劣并存的借鉴或模仿者混淆了经典建筑原作的原创性构思内涵，导致脱离特定历史场景对前人成果的误解。所以后文不吝篇幅，详细剖析这些典范性建筑作品产生的社会历史背景，以展示其真正的原创性构思内涵及其借鉴和启迪价值。其二，代表建筑师个人设计理念的原创性构思建筑作品则是建筑师个人才华与特殊约束条件碰撞的爆发性表现，取决于建筑师本人长期积淀的个性化设计理念，也取决于特殊约束条件赋予的偶然性机遇，此类作品惊世骇俗、一鸣惊人，具有不可模仿性，虽然广为世人称颂，却不会被借鉴模仿者所淹没，但是同样具有开阔视野、开拓思路的借鉴和启迪价值。

与代表时代发展潮流的原创性构思建筑作品的直接借鉴或模仿属性相比，这种借鉴和启迪是间接的，潜移默化式的，但是二者的影响并无高下之分，只有影响范畴和影响方式的区别。

1.2.1 代表时代发展潮流的原创性构思建筑作品构思思维模式剖析

1）勒·柯布西耶（Le Corbusier，1887~1965）：社会环境约束、美学观念约束和科学技术约束引发的原创性构思建筑作品——萨伏伊别墅（Villa Savoye，1929~1931）

20世纪20年代，勒·柯布西耶对现代主义建筑的探索渐入佳境，他设计了一系列独立住宅建筑，将其理论付诸实践，并尝试建立现代主义建筑的理论规则。1926年，勒·柯布西耶与P·让奈亥发表一份文件，系统地提出过去几年中精心构筑的理论规则，即后来举世闻名的"新建筑五点"：架空支柱（Pilotis）、屋顶平台、自由平面、横向带形窗、自由立面。20世纪20年代是现代主义建筑运动在欧洲蓬勃发展的时代，在第一次世界大战之后遭受破坏的欧洲，以德、法两国战祸最为严重，战后重建使适应社会需求的现代主义建筑得到传播和发展的机遇，德、法两国成为现代主义建筑最活跃的舞台。德国建筑师格罗皮乌斯、密斯·凡·德·罗，法国建筑师勒·柯布西耶成为现代主义建筑的代表人物。至20世纪20年代末，现代主义建筑运动在欧洲已成气候，强调现代建筑应当与工业时代相适应，建筑"必须满足我们时代的现实主义和功能主义的需要"（密斯语），主张工业化的建筑技术，反对复古主义和折中主义，倡导全新的建筑美学观念和建筑风格。大师们创作了一批体现现代主义建筑思想的经典建筑作品，萨伏伊别墅为其一。萨伏伊别墅体现了当时建筑思想与建筑风格的发展趋势，以及使建筑空间从传统砖石结构体系的束缚中解脱出来的钢筋混凝土框架结构发展和普及的成果，是社会环境约束、美学观念约束和科学技术约束等普遍约束引发原创性构思的经典建筑作品。

"新建筑五点"从理论层面提出了新的建筑理念，这在今天早已司空见惯、习以为常，但是在20世纪20年代却有振聋发聩的创新启迪之功。萨伏伊别墅是这一时期柯布西耶以独立住宅为题综合探索社会环境约束、美学观念约束和科学技术约束等普遍约束的共性规律，实践验证"新建筑五点"建筑理论规则的原创性构思建筑作品，回归当时的历史场景，这一创新建筑作品具有重要的启迪价值。

1929年秋，柯布西耶在布宜诺斯艾利斯发表的演讲中论及现代住宅建筑，将他在20世纪20年代设计的4种独立住宅用简洁的草图表达并作简要评价，其中对萨伏伊别墅的评价是：很丰满。在外部，一个建筑的意图得到确立；在内部，所有功能的需要得到满足（图1-1）。萨伏伊别墅距巴黎约30km，基地四周是草地和茂密的树林，设计构思充分体现建筑对环境的尊重，"草很美，树也很美——建筑尽可能不去碰它们。房子将立在草坪的中央，像一件静物"。[⑤] 建筑底层是架空层，四面透空，中部除坡道、楼梯、电梯外，还有车库、洗衣房、佣人住房、卫生间等服务用房；二层是主要生活空间，包括客厅兼餐厅、厨房、儿子房间、主人房间、起居室、浴室和客房等，还有半开放的室外空间，柯布西耶称为"空

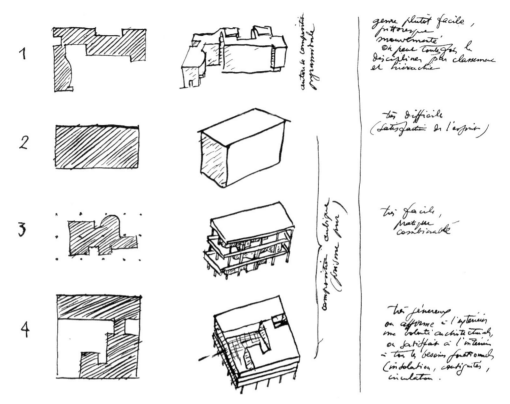

图 1-1　勒·柯布西耶 1929 年绘制的 4 种独立住宅草图。左图自上至下依次为：拉罗歇住宅、加歇住宅、斯图加特住宅、萨伏伊别墅。右侧文字自上至下依次为：拉罗歇住宅：相当容易。生动别致，充满运动，但可以通过分类和分级来规定。加歇住宅：很困难（精神的满足）。斯图加特住宅：很容易。方便，可组合。萨伏伊别墅：很丰满。在外部，一个建筑的意图得到确立；在内部，所有功能的需要得到满足

中花园"；屋顶层是日光浴室。"倘若站在草坪上，就不会看得太远。何况，草地既潮湿，又不卫生；所以，住宅真正的花园将不再是位于地面上，而是设在离地 3.5m 的高处：这将是空中的花园，地面干爽而卫生，在这里可以饱览风景，比在下面强得多。……从这个空中花园，通过坡道，上到住宅的屋顶，那里是日光浴场"。[6]建筑周边是每边 4 个开间的正方形柱网，柱距 4.75m，二层因南北方向悬挑较多（1.25m），东西方向悬挑较少（0.40m）而略呈长方形，中部柱网随坡道、楼梯、电梯和其他房间的功能要求调整柱子位置，并不与周边柱网对位。汽车由架空的底层进入可停 3 辆车的车库，底层正面半圆形墙体的平面尺度按汽车的最小回转半径决定，其建筑形式源于汽车的交通流线，即其功能要求（图 1-2）。

　　萨伏伊别墅外观简洁，底层架空，二层立面是简洁平整的墙面和横向带形窗，平屋顶，没有任何装饰，只在底层与屋顶局部设计曲面形体与建筑整体的规整简洁形体形成对比，建筑形态与光影效果丰富生动，充分体现了柯布西耶倡导的现代主义建筑美学观。萨伏伊别墅与 20 世纪 50、60 年代低层次模仿的"国际式"方盒子建筑有着本质区别，这体现于建筑对环境的尊重、建筑功能的完善与建筑

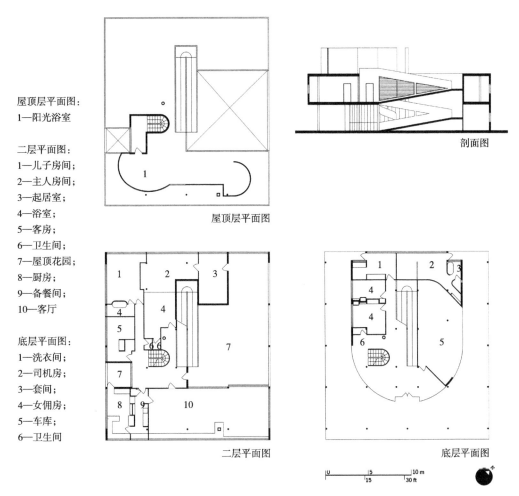

屋顶层平面图:
1—阳光浴室

二层平面图:
1—儿子房间;
2—主人房间;
3—起居室;
4—浴室;
5—客房;
6—卫生间;
7—屋顶花园;
8—厨房;
9—备餐间;
10—客厅

底层平面图:
1—洗衣间;
2—司机房;
3—套间;
4—女佣房;
5—车库;
6—卫生间

图 1-2 萨伏伊别墅底层、二层、屋顶层平面图与剖面图

形式的完美,更体现于极富创意的建筑内部空间构思。从底层通往屋顶平台的平缓坡道使底层、二层与屋顶平台具备空间连续性。"在这个住宅中,展开了真正的建筑漫步,呈现的景象不断变幻,出人意料,甚至令人惊奇。如果我们在结构上服从这绝对严格的梁与柱的图解,那么在空间上能创造出如此丰富的多样性则是很有趣的"。⑦柯布西耶希望提供一个变革生活方式的场所,使居住者在开放的空间里精神得以放松,建筑内部室内外空间相互穿插、步移景异,与简洁的建筑外观形成强烈对比,其空间连续性充分体现了后来吉迪翁(Siegfried Giedion)在其建筑理论名著《空间,时间与建筑》(Space, Time and Architecture)一书中阐述的建筑四维空间理论与现代主义建筑时空观(图 1-3、图 1-4)。

2)密斯·凡·德·罗(Mies van der Rohe,1886~1969)与菲利普·约翰逊(Philip Johnson,1906~2005):社会环境约束、美学观念约束和科学技术约束引发的原创性构思建筑作品——纽约西格拉姆大厦(Seagram Building,New York,1954~1958)

密斯的全玻璃幕墙表层高层建筑构思始于20世纪20年代初,因社会环境约

图1-3　萨伏伊别墅外景。外观简洁，底层架空，二层立面是简洁平整的墙面和横向带形窗，平屋顶，没有任何装饰，只在底层与屋顶局部设计曲面形体与建筑整体的规整简洁形体形成对比，建筑形态与光影效果丰富生动，充分体现了柯布西耶倡导的现代主义建筑美学观

图1-4　萨伏伊别墅屋顶花园景观。建筑内部室内外空间相互穿插、步移景异，与简洁的建筑外观形成强烈对比，体现了现代主义建筑时空观

束、美学观念约束和科学技术约束的制约，当时还只能停留于虚拟建筑构思阶段，直至20世纪50年代，社会进步促使这种种约束条件由限制转化为支持，全玻璃幕墙表层高层建筑构思才得以实施。

1921年，柏林钟楼公司（Berlin Turmbaugesellschaft）举办拟建于柏林市中心区一块三角形地段的弗里德里希高层办公楼设计竞赛（Friedrichstrasse Skyscraper Competition），要求建筑高度不超过80m，各层平面按功能要求单独设计，并提出了具体的功能要求。参加设计竞赛的方案共达145个，其中只有密斯署名"蜂巢（Honey-Comb）"的设计方案最富创意，评委马克思·伯格（Max Berg）赞誉这个方案"是对高层建筑方案富有想象力的一种尝试"。密斯的设计方案只注重构思创意，并不考虑竞赛条件提出的各楼层的具体功能要求，因为他认为高层建筑各层应当具有相同的平面布局，今天这已经是常识性的高层建筑"标准层"设计概念，在当时却是超前的功能构思创意。建筑形体是直上直下的棱柱体，不做层层退台，不作顶部处理，外墙采用全玻璃幕墙，突出锐角平面棱柱体特有的夸张的透视感，建筑简洁挺拔富有雕塑感，充分体现了全玻璃幕墙表层高层建筑的形式特征。密斯亲手绘制的表现主义风格木炭画表现图将设计构思表现得淋漓尽致，颇受评委与观众赞誉（图1-5）。方案并没有获奖，因为密斯的设计思想远远超越时代：功能观念和审美观念的超前不能被社会认可，建筑材料和建造技术的超前要求更非当时的科学技术水平所能达到。密斯的设计方案更像一篇建筑宣言，表达的是全新的高层建筑设计理念。

1922年，密斯完成第二个全玻璃幕墙表层高层建筑设计方案，既无业主也非竞赛，只是单纯的建筑理念探索。仍然是直上直下的建筑形体，仍然是全玻璃幕墙表层，只是平面形式已经改为不规则、不对称的曲线造型。

图1-5　密斯1921年绘制的柏林腓特烈大街高层办公楼设计方案木炭画表现图

密斯制作了精致的建筑模型，后来在大柏林艺术展览会展出，引起广泛关注。

通过这两次探索，密斯提出了极具启迪价值的建筑理念，一是新建筑需要工业化生产的新型建筑材料，"必须为我们的施工操作方法发明一种既能用工业化方法生产，又能抗御自然气候侵蚀，有良好隔声、隔热性能的材料，这样的材料肯定是要发明出来的。这种材料应当重量轻，不但可能而且必须是用工业化方法才能生产，全部建筑构件都在工厂预制，而施工现场的工序仅限于装配，所需人工和工时都很少，这就能大大降低建筑造价。只有这样，新建筑才能占统治地位"。[8]二是对全玻璃幕墙表层建筑的可行性及其带来的建筑形式创新和与之适应的设计手法的探讨，"因为框架建筑物的墙是不承重的。采用玻璃就为新的解决办法打开广阔的前景……在做玻璃模型时，我发现主要效果是映像的变化，而不是一般建筑物普通的光影变化效果。这个试验的成果也体现在我的第二个设计中，初看起来，曲折的平面形式好像是任意的，实际上这些曲线是由三个因素决定的：建筑内部的采光要求，建筑体积的造型要求，映像效果的要求。在用玻璃做的模型中，我已证实，考虑光影变化效果对于玻璃建筑物的设计毫无用处"。[9]

密斯的高层建筑设计理念颇具预见性，20世纪50年代，已移居美国并于1944年加入美国国籍的密斯进入建筑师职业生涯的黄金季节，他的全玻璃幕墙表层高层建筑设计理念终于在社会环境约束、美学观念约束和科学技术约束都已满足其要求的美国得以实施。密斯在芝加哥结识了原来是希伯来文学者后来成为房地产商的格林沃尔德（Herbert Greenwald），后者对密斯的理解和信任使其建筑理念得以实施，他们成功合作的典范性建筑作品是芝加哥湖滨公寓（1948~1951）。

11

图1-6 芝加哥湖滨公寓双塔，密斯风格高层住宅建筑之滥觞

图1-7 埃兹拉·斯托勒1958年拍摄的西格拉姆大厦鸟瞰。街道、广场与建筑的关系一目了然

位于芝加哥湖滨路860-880号的26层双塔高层公寓验证了全玻璃幕墙表层高层建筑设计理念，也积累了适应美国社会的建筑经验，为日后密斯与菲利普·约翰逊合作设计纽约西格拉姆大厦奠定了基础（图1-6）。

位于纽约曼哈顿区花园大道的西格拉姆大厦是约瑟夫·西格拉姆家族为庆祝1958年家族集团成立100周年建造的办公大楼。西格拉姆集团总裁萨穆依尔·布朗夫曼（Samuel Bronfman）发现他的女儿菲利斯·兰伯特（Phyllis Lambert）对建筑具备敏锐的判断能力，因而决定由她负责选定建筑师。菲利斯·兰伯特至纽约现代艺术博物馆征求选择建筑师的意见，当时在博物馆建筑部就职的菲利普·约翰逊全力配合，在候选人名单中曾包括埃罗·沙里宁（Eero Saarinen）、贝聿铭、赖特、柯布西耶和密斯，最后在赖特、柯布西耶和密斯3人中选择了柯布西耶和密斯，再在2人中选定密斯，原因是在设计过程中密斯比赖特和柯布西耶更容易与业主合作，这一选择使密斯再次遇到既具备充足投资又能理解建筑师设计理念的最佳业主。

按照纽约的城市规划法规，根据建筑离街道的距离远近有不同的高度限制，这造成曼哈顿许多高层建筑顶部用退台处理的设计手法争取尽可能多的建筑面积。密斯没有这样做，他将建筑主体后退100ft（约30.48m），在建筑前方形成一个小广场，广场因建筑底层架空而从第52街延伸到第

53 街，设置广场与底层架空的构思使建筑空间融入城市空间，也使建筑因建于花岗石铺砌的广场基座之上而增添了几分典雅的古典韵味。因建筑后退开辟城市广场总建筑面积减少，密斯将高层建筑背面中部3 个开间突出，形成 T 字形标准层平面，并设计了 3 开间面宽、3 开间进深的 10 层裙房以及 10 层裙房两侧 2 开间面宽、3 开间进深的 4 层裙房，在不破坏高层建筑整体体量构成的前提下满足了总建筑面积要求（图 1-7、图 1-8）。

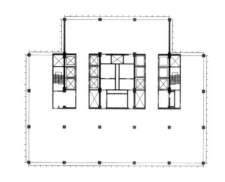

西格拉姆大厦主楼 38 层，高 520ft（约 158.50m），置于花岗石铺砌的平台上，整体体量非常简洁，但是其架空的底层、全玻璃幕墙屋身与略有变化的顶部处理构成的淡淡的立面横向三段式构图意向，20 世纪 50 年代的新产品古铜色染色玻璃，用价格昂贵的铜皮制作、试图体现钢结构特征的玻璃幕墙垂直窗棂，以及主要出自菲利普·约翰逊手笔的简洁精美的室内设计，使建筑呈现现代建筑理念与古典建筑意匠融合的典雅华贵的建筑风格。这是其平庸的模仿者难以企及的，肯尼斯·弗兰姆普敦这样评论密斯建筑不到位的平庸模

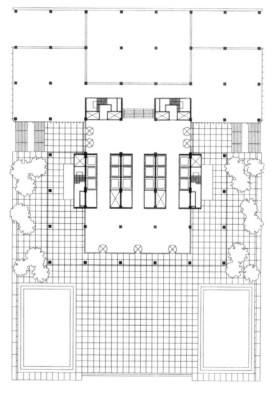

图 1-8　西格拉姆大厦底层平面图与标准层平面图

仿者："尽管他的学派的巨大力量在于原理的清晰性，近年的事实说明，密斯的追随者在很大程度上未能掌握他理性中的精妙之处，也就是他对建筑轮廓所赋予的精确比例的那种感受，而唯独是这一点，才保证了他对形式的控制。"[10] 20 世纪 50 年代，讲究技术精美的倾向在西方建筑界居主流地位，密斯追求纯净、透明、施工精确、细部精美的钢铁和玻璃建筑是这种倾向的代表，西格拉姆大厦则是体现这种倾向的典范性建筑作品（图 1-9、图 1-10）。

图1-9　埃兹拉·斯托勒1958年拍摄的西格拉姆大厦外景。在曼哈顿52街新古典主义建筑群中鹤立鸡群而又融洽协调

图1-10　埃兹拉·斯托勒1958年拍摄的西格拉姆大厦近景。追求纯净、透明、细部精美的钢铁玻璃建筑体现了讲究技术精美的设计倾向

3）沃尔特·格罗皮乌斯（Walter Gropius，1883~1969）：功能要求约束、美学观念约束和科学技术约束引发的原创性构思建筑作品——德绍包豪斯校舍（Bauhaus Building，Dessau，1925~1926）

格罗皮乌斯这样回顾其早期建筑师职业生涯及其建筑思想的萌芽："1908年我结束了学业，在彼得·贝伦斯（Peter Behrens）手下开始我的建筑师业务，……我在积极协助他当时从事的一些重大设计任务的过程中，也经常同他及德意志制造联盟的其他主要成员们进行讨论，我自己的想法就开始具体化了。我在考虑，建筑的主要特性到底何在。我苦思着下面这个问题，我确信现代结构技术不应被排除在建筑艺术表现之外，也确信其艺术表现一定需要采取前所未有的形式。"[①]格罗皮乌斯在贝伦斯事务所参与了现代建筑的先驱作品——德国通用电气公司（AEG）透平机车间设计，深受贝伦斯建筑思想的影响。1910年，格罗皮乌斯离开贝伦斯事务所独立开业，1911年与阿道夫·梅耶（Adolf Meyer）合作设计法古斯鞋楦工厂［Fagus Works（Shoe-last Factory）］；1914年设计科隆德意志制造联盟模范工厂（Model Factory）和办公楼，大胆展现钢筋混凝土框架结构与大面积玻璃窗的现代功能特征和技术美学特征，体现了其渐趋成熟的现代建筑理念（图1-11、图1-12）。

1919年格罗皮乌斯接任魏玛工艺学校校长，随即将魏玛工艺学校与魏玛艺术学院合并，命名为"国立魏玛建筑学院"（Des Staatlich Bauhaus，Weimar），简称"包豪斯（Bauhaus）"。1925年包豪斯校址迁至德绍，1926年改名德绍设计学院（Hochschule für Gestaltung，Dessau）。格罗皮乌斯任"包豪斯"校长的时间是1919~1928年，正是其现代主义建筑思想发展成熟的时期。1928年汉斯·梅耶（Hannes

Meyer）接任德绍设计学院校长，1930 年密斯·凡·德·罗接任校长。1933 年 4 月 11 日，刚刚上台的纳粹德国政府下令查封德绍设计学院，目的是扫除"颓废的""布尔什维克的"艺术。但是作为现代主义建筑发源地之一的"包豪斯"的影响却远远没有终结，格罗皮乌斯的名字也始终与"包豪斯"联系在一起。20 世纪 60 年代以后，对现代主义建筑的质疑也波及对格罗皮乌斯的评价，但是对他创立的"包豪斯"现代建筑和现代设计教学体系的评价则始终是肯定的。因此，1996 年魏玛和德绍的包豪斯及其校舍建筑遗址（Bauhaus and its sites in Weimar and Dessau）获准列入世界遗产名录。

图 1–11　法古斯鞋楦工厂。柱墩间全部开通高玻璃窗，取消角柱，用透明的玻璃幕墙转角表现工业时代新结构的特征

20 世纪 20 年代，以包豪斯为基地，形成了以格罗皮乌斯为核心人物的"包豪斯学派（Bauhaus School）"，其基本建筑观念是：强调现代建筑应当适应工业化时代的社会需求，研究和解决建筑的实用功能和经济效益问题，

图 1–12　科隆德意志制造联盟模范工厂和办公楼。办公楼两侧圆筒形透明玻璃幕墙楼梯间使室内螺旋楼梯一览无余，建筑形式轻盈通透，展示了全新的建筑理念和建筑形象

采用新结构和新材料，摆脱历史建筑样式的束缚，发展新时代的建筑美学，创造新时代的建筑风格。20 世纪 10~20 年代格罗皮乌斯创作的建筑作品充分体现了包豪斯学派的建筑观念，德绍包豪斯校舍是代表性建筑作品之一。

1925 年，包豪斯学校从魏玛迁往德绍，格罗皮乌斯主持设计了德绍包豪斯校舍。校舍总建筑面积约 10,000m²，由功能不同的 3 个部分——教学用房、生活用房和职业学校——组成。设计构思体现了"功能分区"的设计理念，这在 20 世纪 20 年代复古主义折中主义建筑思潮盛行的欧洲是富有革新精神的创新构思。校舍建筑群由既有联系又相互独立的 3 个部分组成：一为教学用房，即教学楼，包括教室和工艺实习车间，4 层钢筋混凝土框架结构，位于临街主入口校内道路南侧；二为生活用房，包括学生宿舍、餐厅、厨房、锅炉房、俱乐部兼剧场等，其中学生宿舍是一幢相对独立的 6 层小楼，位于生活用房东端，连接生活用房与学生宿舍的是单层的餐厅和俱乐部；三为职业学校，是一幢4层小楼，位于教学楼北侧，与教学楼之间由进入学校的道路隔开，相距20余米的两楼在二、三层用过街楼相连，过街楼是办公室和教员休息室，过街楼下的通道是两楼的出入口。

包豪斯校舍除教学用房采用钢筋混凝土框架结构外，其余部分都采用砖和钢筋混凝土混合结构。建筑均为平屋顶，白色抹灰外墙，没有传统的柱廊、挑檐和附加装饰，但是其构图完美的建筑体量组合，以及玻璃幕墙、横向带形窗、抹灰墙面、过街楼、简洁的檐口、窗洞和阳台栏杆等新颖建筑构成要素的恰当运用，形成了简洁清新、体现时代精神的整体建筑风格。

格罗皮乌斯倡导理性的功能美学观与技术美学观，在20世纪30年代发表的《新建筑与包豪斯》一书中，他用颇富诗意的语言这样描述："'新建筑'将自己的墙面像屏幕一样拉开来了，迎进来充足的新鲜空气、光线和日照。现在'新建筑'不是用厚实的基础将建筑物重重地植入到土内，而是让其轻盈而稳定地立在地面上；在形象上它不采取模仿何种风格样式，也不作装饰点缀，只是采取简洁和线条分明的设计，每一个局部都自然融合到综合的体积的整体中去。这样的美观效果是同样符合我们物质方面和心理方面的需求的。"[12]德绍包豪斯校舍正是体现这种建筑美学观念的典范性建筑作品（图1-13~图1-16）。

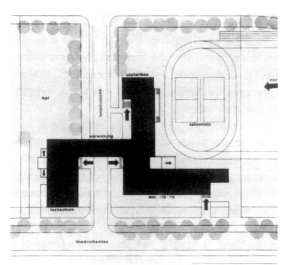

图1-13　德绍包豪斯校舍总平面图。摆脱了复古主义折中主义建筑的对称构图概念，功能不同的3个组成部分——教学用房、生活用房和职业学校按功能要求合理组合，体现了"功能分区"的设计理念

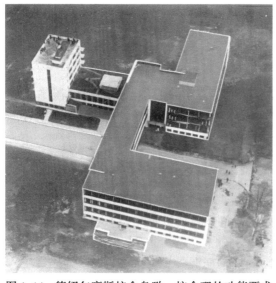

图1-14　德绍包豪斯校舍鸟瞰。按合理的功能要求自然形成的建筑体量组合高低错落、构图完美

包豪斯校舍是功能要求约束、美学观念约束和科学技术约束引发的原创性构思建筑作品，其原创性构思大致体现在以下几个方面：其一是将功能要求约束作为设计构思的出发点，创新的功能设计构思使建筑功能合理、使用方便，完全

不同于当时流行的复古主义折中主义建筑。弗兰克·惠特福德如是评价包豪斯校舍的创新性功能设计："这座建筑的室内环境都是由包豪斯的作坊共同设计并且实施安装的，充满了独一无二的特色。用服务窗口把厨房和餐厅连接起来，还配有食梯，因此可以服务于各层的画室公寓以及楼顶上的屋顶花园。舞台把餐厅和主要大厅分隔开来了，如果把折叠式的幕布移开，舞台、餐厅和大厅就可以组合成一个呈局部环形的剧场，观众席从四周环绕着舞台。学生们可以通过室内通道走到学校的每一个角落。德绍的包豪斯具有一种'美妙的社团精神'，一名学生赞蒂·沙文斯基（Xanti Schawinsky）将这归功于格罗皮乌斯设计的建筑：'你要是想招呼一个朋友，唯一要做的一件事儿，就是出门到你的阳台上去吹一声口哨。'"⑬其二是不再教条式地遵循学院派建筑的对称构

图 1-15　德绍包豪斯校舍外景。简洁清新、体现时代精神的建筑风格

图 1-16　德绍包豪斯校舍近景。建筑恰当地运用玻璃幕墙、横向带形窗、抹灰墙面、过街楼、简洁的檐口和窗洞等新颖的建筑构成要素，使"每一个局部都自然融合到综合的体积的整体中去"

图法则。格罗皮乌斯言："现代结构方法越来越大胆的轻巧感，已经消除了与砖石结构的厚墙和粗大基础分不开的沉重感对人的压抑作用。随着它的消失，古来难于摆脱的虚有其表的中轴对称形式，正在让位于自由不对称组合的生动有韵律的均衡形式。"⑭包豪斯校舍根据具体项目的设计条件采用不对称构图的建筑群体组合，建筑形态错落有致、清新活泼，整体空间构图十分完美。其三是按建筑空间的用途、性质和相互关系组合建筑群的各个组成部分，各部分之间既有联系又相互独立，建筑群成为可以从多个入口进入的多元化建筑空间，人们可以在进入校舍各个部分的运动过程中体验建筑，逐步得到校舍建筑空间的完整印象，时间因素因此被引入建筑。这种创新设计构思也体现于同时代其他现代主义建筑大师的经典建筑作品，后来被建筑理论家称为现代主义建筑时空观。

4）密斯·凡·德·罗：建筑美学观念约束引发的原创性构思建筑作品——巴塞罗那世界博览会德国馆（German Pavilion at the International Exhibition，Barcelona，1929）

20世纪20年代初，密斯创作了一系列原创性构思设计方案以探索工业化时代的建筑设计思想：柏林市中心区的高层办公楼设计竞赛方案（1921）、玻璃幕墙表层摩天楼设计方案（1922）、钢筋混凝土结构办公楼设计方案（1922）、砖结构乡村住宅设计方案（1923）、钢筋混凝土结构乡村住宅设计方案（1923）。其中1923年设计的砖结构乡村住宅设计方案（Project of a Brick Country House）体现的"自由平面"和"流动空间"建筑美学观念源于赖特的影响，但是密斯已经发展了自己的创新构思。设计方案运用夸张的、远远伸展于住宅之外的矮墙这一建筑元素将建筑本体延伸至周边环境，使建筑空间与环境空间相互融合；室内采用开敞的大空间设计，相互垂直的不连续墙体并不封闭房间而只是分隔空间（图1-17）。

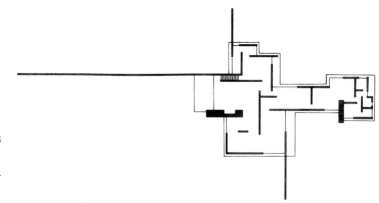

图1-17 密斯1923年设计的砖结构乡村住宅设计方案平面图

1929年，巴塞罗那世界博览会德国馆为密斯提供了一个充分展示其建筑美学观念和"少就是多"建筑思想的舞台，他将肇始于砖结构乡村住宅设计方案的"自由平面"和"流动空间"构思在更高层次上提炼、完善、升华并付诸实施，使德国馆的建筑空间和设计手法臻于完美，所以肯尼斯·弗兰姆普敦称："他的自由平面则在1929年的巴塞罗那展览馆中'全副武装'地出现。"[⑬]时年43岁的密斯任德意志制造联盟副主席，1927年主持魏森霍夫区住宅展览会成绩卓著，已是颇有声誉的建筑师，因此受命设计代表国家形象的巴塞罗那世界博览会德国展览馆。

德国参加世界博览会的目标既为展示其先进的工业产品，也为展示其先进的现代主义建筑思想，为实现这一目标，密斯将展览馆一分为二，设计建造了两幢建筑：一为电气馆，是展示德国先进电气产品的实用性展览建筑；一为德国馆，是反映德国现代精神的标志性建筑。电气馆是普通的常规建筑，因此博览会结束后鲜为人知，但是在博览会期间却是展出德国先进工业产品必不可少的功能性建筑；德国馆则是密斯表现其建筑美学观念和建筑思想的实验建筑，没有具体的功能要求。密斯用两馆分立的设计构思实现了他的理想，德国馆摆脱功能要求约束的制约，是"自由平面"和"流动空间"建筑美学观念约束引发的原创性构思建筑作品，体现了德国先进的现代主义建筑思想，从这个意义上讲，德国馆建筑本身就是博览会的最佳展品。

德国馆于 1929 年建成后只在博览会期间使用了 3 个月，博览会闭幕后即被拆除。这个存在时间很短的小建筑早已成为 20 世纪的经典建筑作品，其影响一直延续至今。因此，德国馆虽已拆除，但是多年来对德国馆及其体现的建筑美学观念和建筑思想的研究从未停止。1983 年成立了非营利性组织"密斯·凡·德·罗基金会"（The Mies van der Rohe Foundation），基金会接受委托保护和宣传密斯的这一经典建筑作品，并作出决议在原址重建德国馆，重建工作于 1983 年开始，1986 年完成。

德国馆建在一个 4ft（约 1.22m）高的石砌平台上，平台长 130ft（约 39.6m），最宽处 60ft（约 18.3m），一侧有台阶可拾级而上。平台限定了德国馆的空间范围——包括室内空间，也包括室外空间；台阶则限定了参观路线。平台上建有 2 幢单层建筑——较大的展厅和较小的两开间附属用房，另有一大一小两个水池。展厅和附属用房都是规整的矩形平面，展厅用 8 根钢柱支撑着薄薄的钢筋混凝土平板屋顶，空间完全开敞；附属用房采用墙体承重，空间相对封闭。1923 年砖结构乡村住宅方案设想的不具备结构功能、已转化为纯粹空间构成要素的墙体在德国馆得以实施，多年构思积淀使密斯对这种空间构成要素的运用炉火纯青已臻化境。与砖结构乡村住宅方案向外伸展融入环境空间的墙体不同，德国馆用平台两端限定空间的Π形墙体限定了平台范围内的建筑空间，联系展厅和附属用房的是与大水池长边平行的大理石墙体，建筑与墙体围合构成围绕大水池的优雅室外空间。墙体内侧设计了面向水池的石凳，石凳与大理石墙体之间留有间距，以表达组成建筑空间的构成要素各自独立的基本构思，这一基本构思也体现于展厅室

内大理石墙体或玻璃隔断与十字形断面钢柱之间的小距离间距。展厅室内具备结构功能的只有支撑屋顶的 8 根钢柱，开敞的大空间内相互垂直的不连续墙体或玻璃隔断并不封闭房间而只是分隔空间，淋漓尽致地表现了密斯的"自由平面"和"流动空间"建筑美学观念，构成丰富新颖、前所未有的建筑空间（图 1-18）。

德国馆被称为礼仪性小馆（The Small Ceremonial Hall），展厅内没有展品，只有密斯为德国馆设计的镀铬钢管和

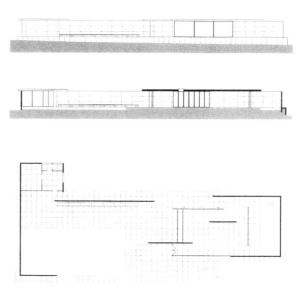

图 1-18　巴塞罗那世界博览会德国馆平面图、纵剖面图与东立面图

19

图 1-19　巴塞罗那世界博览会德国馆全景。德国馆建筑本身就是博览会的最佳展品

图 1-20　巴塞罗那世界博览会德国馆北端小水池与水池中的雕像。以Π形大理石墙体为背景的雕像和小水池一起恰到好处地构成建筑空间的精彩点缀

皮革制作的"巴塞罗那椅"，以及展厅尽端小水池中雕塑家乔治·柯尔贝（George Kolbe）创作的少女雕像，以Π形大理石墙体为背景的雕像和小水池一起恰到好处地构成建筑空间的精彩点缀（图 1-19、图 1-20）。

密斯十分强调结构逻辑及其忠实表现，支撑屋顶的 8 根镀铬钢柱遵循结构逻辑组成规整的柱网，钢柱按力学原理设计为十字形断面，当然密斯展示的钢结构并不是原生状态的钢结构，而是在钢结构外覆以镀铬钢板的"建筑化处理"的钢结构，但是这种"建筑化处理"的钢结构并没有影响其结构表现力，适度的"建筑化处理"无可非议。展厅中十字形断面钢柱与大理石墙体或玻璃隔断的距离只有几英寸，但是彼此完全脱离，承重的结构构件与不承重的建筑构件泾渭分明，绝不混淆；柱子、大理石墙体、玻璃隔断等垂直构件与地面、顶棚相接处也不作任何过渡处理直接相连。这些在当时极富创新精神的细部设计处理手法体现了结构逻辑的明确性和清晰性，以及工业化时代的建筑美。当然，德国馆也采用了不同色彩、质感的大理石、缟玛瑙石（Onyx）、地毯等贵重材料，以显示作为一个国家馆应有的典雅华贵气派（图 1-21）。

德国馆的墙体使用了不同的建筑材料，厚重的大理石墙体的不透明实体特征保留着传统建筑空间的隔离感，玻璃隔断特有的透明或半透明的通透性造就了建筑空间的连通感，密斯混合使用两种具备不同视觉特征的墙体，构筑了视觉感受既丰富又简洁的建筑空间。纵观巴塞罗那世界博览会德国馆，传统的建筑立面、建筑体量概念都已消失，人们感受到的只是由纵横伸展的墙体和屋顶薄板构成的，室内外相互贯通、相互渗透、融为一体的流动空间。建筑不再是室内外空间隔绝，只能环绕观赏的封闭的实体，而是允许视觉穿越也允许人体穿越，可以在行进中感受和体验的创新建筑空间。时间因素因此被引入建筑，这后来被吉迪翁

（Sigfried Giedion）在理论层面上概括为新建筑时空观。与包豪斯校舍一样，巴塞罗那世界博览会德国馆也是最早体现新建筑时空观的典范性建筑作品之一，只是后者已经使用两馆分立的构思完全摆脱了功能要求约束的制约，得以全力表现"自由平面"和"流动空间"建筑美学观念，体现新建筑时空观（图 1-22）。

　　巴塞罗那世界博览会德国馆本质上属"实验建筑"范畴，"当现代建筑师们仍然与实际任务保持着一段距离时，成就展览往往就成了新空间概念实际实现的机会，尽管只是暂时的……在这个课题中（想象的作品和真实的建筑之间走条中间道路），他发现了一种实现他某些最好形象的原始推动力，这些形象的价值远远超过了它们原来的出发点，在很大程度上促进了后来的建筑思想"。[16]作为没有具体功能要求的"实验建筑"，密斯可以不必考虑功能和造价，尽情展示其创新建筑理念，留给后人的是通过夸张的设计手法、典雅华贵的建筑材料，以及精密严格的施工要求造就的示范性样板建筑，其极具冲击力的"自由平面"和"流动空间"建筑美学观念推动了现代主义建筑时空观的推广和普及。

　　德国馆是"实验建筑"范畴的经典建筑作品，"实验建筑"往往是建筑院系学生最感兴趣的话题，但是真正的"实验建筑"蕴涵的远见卓识及其艰辛的创新历程往往被忽略，从而产生只需付出极少劳动便可获得轰动效应

图 1-21　巴塞罗那世界博览会德国馆展厅室内景观。十字形断面钢柱与大理石墙体的距离只有几英寸，但是彼此完全脱离；柱子、大理石墙体、玻璃隔断等垂直构件与地面、顶棚相接处不作任何过渡处理直接相连

图 1-22　巴塞罗那世界博览会德国馆展厅室内景观。展厅内没有展品，只有纵横交错的大理石墙体和玻璃隔断、精致的镀铬钢板覆面的十字形断面钢柱和密斯设计的"巴塞罗那椅"；开敞的大空间内相互垂直的不连续墙体或玻璃隔断并不封闭房间而只是分隔空间，表现了密斯的"自由平面"和"流动空间"建筑美学观念

21

一举成名的错觉。关于"实验建筑"，邹德侬言："没有实验，就没有新生，但得要求进步。我心目之中的实验建筑，就是艺术史中的先锋（Avant-garde）建筑。艺术的发展需要实验，没有实验，就没有新生。……由于建筑的实用性和经济性，它们的实验不会像其他艺术走得那么痛快，那么离谱，但是在外国，有的也走向了非建筑或反建筑，像艺术中的非艺术和反艺术那样。因此，在我看来，在建筑或艺术中，'创新'是必要的，更需要的是'进步'。实验建筑，如果符合社会进步的需要，它就会壮大，建筑师就会由'先锋'变为'先驱'。"[⑦]密斯创作的德国馆是代表社会进步潮流的真正的"实验建筑"，以密斯的超人才华和远见卓识，从1923年的砖结构乡村住宅设计方案到1929年的巴塞罗那世界博览会德国馆，艰辛探索历程长达7年，不仅在博览会期间引发"轰动效应"，而且对世界建筑发展产生巨大影响，是名副其实的"先驱建筑"。

5）皮埃尔·奈尔维（Pier Luigi Nervi，1891~1979）：科学技术约束和美学观念约束引发的原创性构思建筑作品——罗马小体育宫（Palazzeto Dellospori of Rome，1956~1957）

皮埃尔·奈尔维是意大利著名结构工程师和建筑师，凭借其深厚的结构理论造诣、丰富的施工经验，以及超人的结构和建筑直觉，运用其首创的钢丝网水泥构件技术和先进的施工方法，在钢筋混凝土结构理论及其建筑表现力研究和实践领域成绩卓著，创作了一批结构合理、造价经济、施工快速，具有独特建筑风格的建筑作品。奈尔维推崇欧洲的哥特式教堂，他说："当走进哥特教堂时，我们就沉浸在一种其他宏伟的建筑作品所难于激起的情绪之中。……之所以存在着我们所赞赏的建筑作品，正是因为材料的华美、规模的宏伟、整体和局部的技术精确、建造者的热情以及确定设计方案和结构形式基本尺度的无比直观能力，而最重要的，是无情的技术与奔放的热情紧密的融合。"[⑱]哥特式教堂是中世纪手工业时代建筑技术与艺术完美结合的产物，作为一流的结构工程师，奈尔维也清醒地认识到："到19世纪中叶，靠直观感觉的技术时代结束了，代之而起的是科学性的技术时代。在此时期中，引起建筑艺术变化发展的因素是科学、技术、工业、经济和社会发展的综合体，其中最为基本的是：建立了列在"结构力学"名下的一整套理论；钢材和混凝土的大量生产；社会的发展和随即需要的日趋庞大的建筑物。一系列计算方法的建立，结构体系——哪怕是复杂的结构体系——的平衡条件的确立，结束了以经验和直观为决断基础的经验主义时代，把设计和实现这些设计的技术手段的可能性，扩大到先前所无法想象的范围。"[⑲]

从哥特式教堂获得的建筑技术与艺术完美结合的启迪必须借助适应时代发展的现代结构语言予以表达，对奈尔维而言，这种结构语言就是钢筋混凝土结构。他赞誉，"钢筋混凝土工程是人类迄今所发现最有适应性、最能大量采用和最完善的施工方法。由于引入钢筋混凝土，建筑艺术与技术之间关系的丰富和多样性获得了新的发展……钢筋混凝土的强度和技术性质，构成了一种可以抗拉的人造'超级石材'"。[⑳]奈尔维是20世纪最善于应用钢筋混凝土结构的结构工程师和建筑师，既精通钢筋混凝土结构理论和施工技术，又具备对建筑结构形式微妙的直觉敏感，这使他的许多作品同时具备独特的建筑技术价值和建筑艺术价值。

1960 年罗马奥林匹克运动会体育场馆及其他配套设施是体现主办国综合国力和建筑水准的建设项目，也是展示意大利先进的建筑设计、建筑结构和施工水平的展台，而且建设时间紧迫，绝对不能延误工期。当时奈尔维已经是意大利声誉卓著的结构工程师和建筑师，在结构技术、建造经验，以及学术成就和工程成就等方面都享有盛誉，他的多年研究和实践成果钢筋混凝土预制结构体系正符合奥运会体育场馆建设的要求，因此顺理成章地通过竞争获得弗拉米欧体育场和罗马大体育宫的设计委托，并与建筑师阿尼巴尔·维特罗齐（Annibale Vitellozzi）合作完成了罗马小体育宫设计。其中罗马小体育宫最具特色，体现了建筑技术与艺术的完美结合，是科学技术约束和美学观念约束引发原创性构思的典范性建筑作品。

小体育宫是为 1960 年罗马奥林匹克运动会修建的练习馆，兼作篮球、网球、拳击等比赛馆，可容纳 6,000 观众，增加活动看台后可容纳 8,000 观众，是奈尔维与建筑师阿尼巴尔·维特罗齐合作的作品。维特罗齐的设计方案将屋盖结构与室内的多功能运动场、观众看台及各种设备用房完全分离，即使在施工过程中也保持这种分离，直到屋盖结构施工完成之后，室内运动场、看台和设备用房才开始施工。

小体育宫平面为圆形，直径约 200ft（约 61m），奈尔维设计了应用钢筋混凝土预制结构体系的穹顶屋盖，大大加快了施工进度。小体育宫是建筑设计、结构设计和施工技术完美结合的建筑作品，大跨度的穹顶由 1,620 块预制钢丝网水泥带肋菱形板拼装而成，菱形板在肋的上下端伸出预留钢筋，现场拼装时板间留缝形成凹槽，凹槽就是加劲肋的模板，预制菱形板就位后在凹槽内绑扎钢筋浇筑混凝土形成现浇钢筋混凝土加劲肋，加劲肋构成穹顶的结构体系。最后在穹顶上再浇筑一层钢筋混凝土，以加强结构体系的整体性并兼作防水层（图 1-23、图 1-24）。

钢丝网水泥预制构件的最大尺寸根据施工机具的起吊能力决定，但是在最大尺寸的限定范围内，奈尔维依据结构计算的结果，凭借他对建筑尺度和韵律的直觉和敏感作了精细调整，穹顶中心构件尺度最小，由中心向边缘构件尺度逐渐加大，与支架相接处的构件尺度最大，因而加劲肋交错形成精美的图案，具有特殊的渐变韵律感。奈尔维创造的钢筋混凝

图 1-23　施工过程中的罗马小体育宫穹顶。由预制的钢丝网水泥带肋菱形板拼装而成，现场拼装时板间留缝形成凹槽，凹槽就是加劲肋的模板，预制菱形板就位后在凹槽内绑扎钢筋浇筑混凝土形成现浇钢筋混凝土加劲肋，加劲肋构成穹顶的结构体系

土预制结构体系穹顶屋盖的预制结构构件使用石膏正模成批生产，构件可以达到理想的精确度，施工完成后预制构件室内的外露表面不再抹灰，充分体现了现代建筑精确的原生状态结构美，室内空间效果自然生成、质朴动人。穹顶周边与Y形斜撑相交处特别设计了边缘预制构件，三块一组，构件间的加劲肋三根合一集中于周圈Y形斜撑的支撑点，既符合力学规律又极富建筑美（图1-25、图1-26）。

优雅的穹顶由沿圆周均匀分布的36根Y形斜撑支撑，通过Y形斜撑将屋顶荷载应力传递到埋在地下的周圈地梁。附属用房的屋顶与Y形斜撑相交处形成一圈联系梁，将36根Y形斜撑在中部联结成一个整体，大大增强

图1-24 施工过程中的罗马小体育宫穹顶。特别设计的边缘预制构件三块一组，构件间的加劲肋三根合一集中于周圈Y形斜撑的支撑点

了支撑结构构件的整体性，联系梁置于Y形斜撑之后，位置尺度恰到好处，使必不可少的结构构件转化为完美的建筑构图要素。穹顶均匀支撑在Y形斜撑的36个支点上，两个支点之间的屋顶轮廓略微起拱，避免屋顶边缘下垂，加大了

图1-25 罗马小体育宫内景。屋盖结构与室内的多功能运动场、观众看台及各种设备用房完全分离；交错的加劲肋形成精美的天花图案，具有特殊的渐变韵律感；穹顶周边特别设计的边缘预制构件间的加劲肋将力传递到Y形斜撑的支撑点，既符合力学规律又极富建筑美

室内采光面积，亦呈现优美的波折曲线，与 Y 形斜撑融为一体，使穹顶下部的轮廓线丰富多变而极富韵律感。整个小体育宫从整体到细部处处体现与结构构思完美结合的建筑美，所以柯特·西格尔（Curt Siegel）这样评价罗马小体育宫："每个部分都配合得很利落。结构、功能和造型浑然一体。必需的东西都已齐备而且没有一样是多余的。在不牺牲经济和实用的条件下，结构本身也是富于装饰性和优美的。"[21]（图 1–27）

奈尔维的建筑作品值得称道，罗马小体育宫已经成为世界现代建筑史上重要的经典建筑作品；奈尔维的建筑思想和工作方法同样值得称道，在结构设计和建筑设计两个专业领域都有很深造诣并取得举世瞩目杰出成就的奈尔维对建筑设计的领悟颇具启迪价值，建筑设计需要解决技术问题，也需要探求和谐的建筑形式，当二者互不相容时，需要建筑师与工程师富有成效的对话。"如果没有这种对话，一项建筑设计就会是不完全的、不和谐的、没有表现力的，哪怕这种对话仅仅只有一个人是有意识地展开，或者只是以在合作中予以协调和相互理解的形式来进行"。[22]奈尔维的论述切中时弊，对占建造

图 1–26　罗马小体育宫局部内景。穹顶周边特别设计的边缘预制构件间的加劲肋与 Y 形斜撑支撑点交接处精美的结构细部处理，以及可开启的建筑钢窗与结构构件的完美结合

总量绝大多数的常规建筑而言，对绝大多数从事常规建筑设计的普通建筑师而言，

图 1–27　罗马小体育宫外景。从整体到细部处处体现了与结构构思完美结合的建筑美

虽然随着社会发展和科学技术进步，建筑师已经可以获得更多可供选择的技术支持，包括奈尔维时代不可想象的现代科学技术支持，产生了多种与建筑结构、建筑设备等相关专业合作的新途径，但是奈尔维的建筑思想和工作方法仍然没有过时，仍然具有普适性的启迪价值。作为在两个专业领域都有很深造诣的结构工程师和建筑师，奈尔维的见解甚为精辟："建筑师主要的和真正的职责，是把各种不同因素都表现出来，并且协调各种专业，共同建成现代化的建筑。为了能够进行这种高度创造性的活动，同时又能在各种专业人员的不同要求之间进行必要的调解，建筑师不必对一切细节都具有专门知识，但他对建筑工业的每一部门都应该具有清晰的一般概念，这正如同一个优秀的交响乐队指挥一样，他必须懂得每一乐器的可能性和局限性。"[23]

6）路易斯·康（Louis I.Kahn，1901~1974）：功能要求约束引发的原创性构思建筑作品——从宾夕法尼亚大学理查德医学研究楼（Alfred Newton Richards Medical Research Building and Biology Building，University of Pennsylvania，1957~1965）到萨尔克生物研究所（Salk Institute for Biological Studies，1959~1965）

从1954年开始设计的特伦顿犹太人社区中心（Jewish Community Center-Trenton Mercer County,NJ,1954~1959）只建造了游泳池更衣室和日间夏令营（Bath House and Day Camp），但是小小的游泳池更衣室（1956~1957）却实现了服务空间与被服务空间分离的原创性功能构思，所以路易斯·康非常自豪也非常自信地宣称："特伦顿更衣室使我第一次有机会实现服务空间与被服务空间（Serving and Served Spaces）的分离。问题非常清晰简单，答案也很单纯。所有的空间都被认为是有效空间。""更衣室完成之后，我不再需要从别的建筑师那里寻求灵感。"[24]（图1-28）萌发于特伦顿犹太人社区中心游泳池更衣室的服务空间与被服务空间分离的功能创新构思是路易斯·康建筑思想的重要组成部分。其后，他在设计实践过程中不断发展、完善和应用这一功能要求约束引发的原创性构思，宾夕法尼

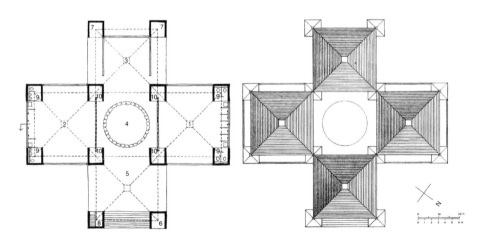

图1-28　特伦顿犹太人社区中心游泳池更衣室平面图与屋顶平面图。路易斯·康首次实现了服务空间与被服务空间分离的原创性功能构思

1—女更衣室；2—男更衣室；3—衣物寄存处；4—露天庭院；5—入口大厅；6—游泳池管理亭；7—贮藏室；8—氯消毒设施入口；9—卫生间；10—更衣室入口

亚大学理查德医学研究楼（1957~1965）与萨尔克生物研究所（1959~1965）是成功应用这一构思的典范性建筑作品。

1957至1961年间任教于宾夕法尼亚大学美术系研究生院的路易斯·康受命设计宾大理查德医学研究楼，包括医学研究实验室（1960年竣工）与生物学实验室（1965年竣工），理查德医学研究楼是体现其服务空间与被服务空间分离的功能创新构思的大型建筑作品。研究楼由6座塔楼组成，其中5座实验室塔楼采用相同的平面模式与结构体系，塔楼主体部分是边长45ft（约13.7m）的正方形平面实验室，采用由均布于正方形平面每边1/3处的8根钢筋混凝土柱支撑的空腹桁架，以及预制钢筋混凝土井式梁楼板构成的结构体系，每层形成建筑面积约180m^{2}的正方形无柱大空间，即路易斯·康所称"被服务空间"，是科学家可以自由布置实验设备的实验室。"服务空间"则置于实验室塔楼四周，包括电梯、楼梯、卫生间、废气排放管井等。路易斯·康还设计了一座以动物房为主体的塔楼，是相邻的3座医学研究实验室塔楼的"服务空间"（图1-29）。

这一由功能要求约束引发的原创性构思较好地满足了实验室的功能要求，也为建筑师创造独具一格的建筑形式提供了自由发挥的可能性，在保证"被服务空间"功能要求的前提下，塔楼周边的"服务空间"小塔楼可不开窗而形成细高的竖向实体体量，与主体建筑形成体量对比和虚实对比，并可自由调节建筑高度和适度变换建筑形式而不至影响使用功能或大幅提高建筑造价，从而创造了20世纪60年代极富影响力的新颖建筑形式。所以路易斯·康称，"在这座建筑中，形式源于空间的特性以及空间如何被服务的特性……"理查德医学研究楼的建筑

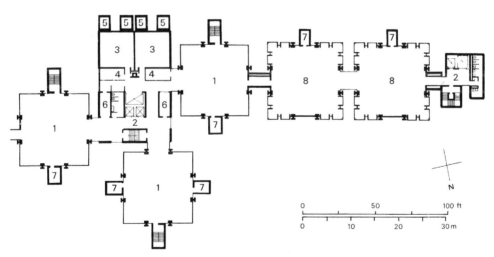

图1-29 理查德医学研究楼标准层平面图。"服务空间"与"被服务空间"分离，3座医学研究实验室塔楼与2座生物学实验室塔楼的正方形无柱大空间是科学家可以自由布置实验设备的"被服务空间"，周边的电梯、楼梯、卫生间、废气排放管井等为其服务的"服务空间"都与之分离；以动物房为主体的塔楼则是相邻的3座医学研究实验室塔楼的"服务空间"。分离的"服务空间"使"被服务空间"具备整体性和通用性

1—实验室塔楼；2—楼梯和电梯；3—动物房；4—动物房管理室；5—新风进风管井；6—送风管井；7—废气排放管井；8—生物学实验室塔楼

图 1-30　理查德医学研究楼外景。建立在功能构思创新基础之上的建筑形式创新

　　形式创新建立在功能构思创新的基础之上，同时也是充分理解建筑师设计意图的结构工程师奥古斯特·考曼顿特（August Komendant）默契配合的成果（图 1-30）。

　　理查德医学研究楼的功能构思模式并非完美，一座医学研究实验室塔楼与两座生物学实验室塔楼一字排开，三座塔楼共用三塔两侧的"服务空间"，其"被服务空间"中部不可避免地形成贯通三塔的走道，即形成建筑师功能构思模式之外的自发"服务空间"，这使建筑师理想的功能构思模式大打折扣。此外，路易斯·康设计了竖向"服务空间"安置竖向管道，却没有设计横向"服务空间"安置必不可少的横向管道，最后只得将横向管道露明置于空腹桁架的空洞之中。所以 D·S·弗里德曼如是评论："虽然获得国际性的赞誉（文森特·斯库利称之为'现代最伟大的建筑之一'），许多在理查德医学研究楼工作过的科学家却对康的实验室设计表示不满。"[20]对此路易斯·康本人的体验应当比评论家更为深刻，但是他并非通过言论，而是通过设计实践改进这些缺陷，这体现于其后设计的萨尔克生物研究所实验楼。

　　萨尔克生物研究所实验楼同样是功能要求约束引发的原创性构思建筑作品，同样体现了路易斯·康服务空间与被服务空间分离的创新功能构思，但是更为成熟，也更具建筑艺术价值。

　　研究所坐落于美国加利福尼亚州拉霍亚郊区的圣迭戈，基地是沿太平洋海岸的一块 27 英亩（约 11hm^2）的台地。生物研究所初始规划由实验楼、供研究所员工使用的住宅区和会议楼 3 组建筑组成，最终只建成两楼组合的实验楼，两楼之间是一端开敞朝向大海的庭院。设计构思的出发点仍然是"被服务空间"（作为实验楼主体的大空间实验室）与置于实验室四周的"服务空间"（楼梯、电梯、竖向管道井、卫生间、办公室与图书室等）的组合体，大实验室通过环绕实验室四周的走道与"服务空间"相通，从实验室的任何部位出入都不会干扰其他部位的工作，形成真正无干扰的纯粹"被服务空间"；两楼靠庭院一侧各设计了四大一小五座小研究室塔楼，相对独立的小研究室塔楼位于主楼楼梯外侧，可不通过大实验室直接对外，但是与大实验室的联系却很便利。

与理查德医学研究楼相比，以上所述是其功能构思模式的重要改进措施之一。另一项重要改进措施是在每层大实验室之上设计了11ft（约3.35m）高的设备管道层，并采用空腹桁架结构以利横向自由布置管道，彻底解决了理查德医学研究楼横向管道露明的功能缺陷。今天路易斯·康首创的设备管道层功能构思模式早已普及推广到各种类型建筑，成为常规性的设备管道层处理模式，但在当时却是开一代新风的创新功能构思。此外，小研究室与主体建筑间的错落空间构思也颇具创意——两层研究室与管道层同层，其下与二、三层大实验室同层的是供休息、眺望使用的透空公共空间。萨尔克生物研究所实验楼是路易斯·康不断改进完善其服务空间与被服务空间分离的功能创新构思的典范性建筑作品，其功能要求、空间处理与建筑形式都已臻于完美（图1-31~图1-34）。

功能要求约束引发的原创性构思创造了合理的功能空间，也创造了典雅的建筑形式。萨尔克生物研究所实验楼的南北两楼呈对称格局，简洁的主体建筑靠庭院一侧是对称排列的小塔楼，与理查德医学研究楼的塔楼相比，已经不是纯功能性的竖向实体塔楼，而是构成楼间庭院和谐融洽的组成部分、颇具人情味的工作和休憩塔楼，建筑形态更为丰富生动，更富韵律感，也更具典雅的古典韵味。建筑没有附加装饰，质朴精致的清水混凝土就是最好的装饰，路易斯·康和项目建筑师弗雷德·兰格弗德一起反复实验，建成后的清水混凝土像人造大理石一样温暖而充满活力。

实验楼的环境景观设计亦臻经典作品层次。早期的楼间庭院设计方案曾种满树木，1966年2月，路易斯·康远赴墨西哥拜访著名景观建筑师路易斯·巴拉干，

图1-31 萨尔克生物研究所总体规划模型。总体规划由沿太平洋海岸台地布置的实验楼、居住区和会议楼3组建筑组成，最终只建成两楼组合的实验楼，两楼之间是一端开启朝向大海的庭院

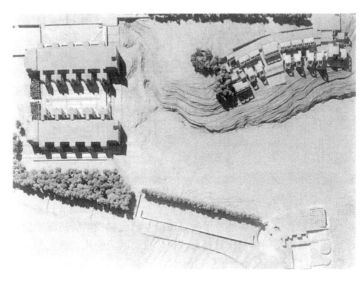

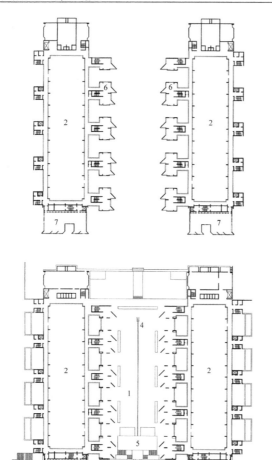

1—楼间庭院；
2—实验室；
3—下沉式庭院；
4—水渠；
5—跌水景观水池；
6—研究室门廊与公共休息空间；
7—设备间

图 1-32　萨尔克生物研究所实验
楼庭院层平面图与实验室层平面图

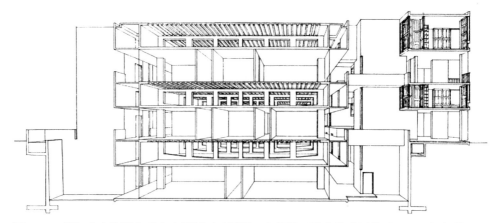

图 1-33　萨尔克生物研究所实验楼剖面透视图。主楼设置设备管道层并采用空腹桁架结构以
利自由布置管道，彻底解决了理查德医学研究楼横向管道露明的功能缺陷；小研究室与主体
建筑间的错落空间构思颇具创意，供休息、眺望使用的透空公共空间与实验室层同层，庭院
一侧的小研究室与设备管道层同层

并邀请巴拉干至拉霍亚现场，咨询实验楼景观设计的构思思路。路易斯·康这样回忆："他进来后便走向混凝土墙壁，触摸它们，并表达了对它们的喜爱。当他的视线穿过这一空间并面向大海，他说：'我不会在这里放上一棵树或一丛草。这里应当是一个石头的广场而不应是花园。'我和萨尔克博士四目相对，均觉得他的想法非常正确。感觉到我们的赞赏，他又开心地说：'如果你们将这里建成一个广场，将使建筑物的正面向天空敞开。'"[27]

其后，又曾聘请美国著名景观建筑师劳伦斯·哈尔普林（Lawrence Halprin）参与景观设计。最终实施的景观设计参考了哈尔普林的设计方案，但主要还是采纳巴拉干的构思思路。广场完全用石料铺设，中心水渠流水不断，东边的绿化带吸引人们从柱廊进入广场，与水池毗邻的开阔地四周放置石制矮凳，以便人们停留欣赏水池和广场。路易斯·康的描述充满诗意："我相信这一方案在连接实验室两翼，激励自由的人际交流，改进广场的使用和活跃气氛等方面都是有益的。这一建筑和空间对于易变的天空和大气的灵敏反映，将会使广场变成变幻的、永不静止的、没完没了地期待日出和日落的地方。"[28]实验楼的庭院和周边环境是景观设计的杰作，其构思源于对拉霍亚沿太平洋海岸特定自然环境约束恰如其分的深刻理解。从这个意义上讲，萨尔克生物研究所实验楼同时也是自然环境约束引发原创性构思的典范性建筑作品（图1-35、图1-36）。

图1-34　萨尔克生物研究所实验楼设备管道层内景。纵横交错的复杂管道系统穿越空腹桁架，设备管道层按设备、管道要求合理布局，安装维修都很方便

图1-35　萨尔克生物研究所外景。对称布局的南北两楼靠庭院一侧是颇富韵律感的工作和休憩塔楼，质朴精致的清水混凝土像人造大埋石一样温暖而充满活力；环境景观构思源于对拉霍亚沿太平洋海岸特定自然环境约束恰如其分的深刻理解；和谐融洽的建筑和环境颇具典雅的古典韵味

图1-36　萨尔克生物研究所外景。"这一建筑和空间对于易变的天空和大气的灵敏反映，将会使广场变成变幻的、永不静止的、没完没了地期待日出和日落的地方"。

7）贝聿铭（Ieoh Ming Pei，1917~2019）：历史环境约束、地形条件约束和功能要求约束引发的原创性构思建筑作品——华盛顿特区美国国家美术馆东馆（East Wing at the National Gallery of Art，Washington，D.C.，1968~1978）

美国国家美术馆东馆是现称西馆的原美国国家美术馆的扩建工程，由展出艺术品的展览馆、视觉艺术研究中心和行政管理机构用房两部分组成。东馆基址位于华盛顿特区中心绿地北侧，宪法大街和宾夕法尼亚大街相交处，周边地区满布重要的纪念性建筑或历史建筑，东面与国会大厦遥遥相望，西面是建于1941年的原美国国家美术馆（西馆），特定历史环境约束十分苛刻。华盛顿特区城市中心的道路系统沿袭1791年皮埃尔·朗方（Pierre L′Enfant）主持编制的城市规划，通往国会大厦的宾夕法尼亚大街以19.5°的斜角与方整的城市道路网斜交，形成东南角和西南角为直角、东北角为钝角、西北角为锐角的不规则梯形地块，即面积3.64hm² 的东馆基址，特定地形条件约束同样构成对建筑师的挑战（图1-37）。

原美国国家美术馆（即西馆，1937~1941）由匹兹堡银行家和实业家安德鲁·梅伦捐资建造。梅伦欣赏古典主义建筑风格，因此聘请杰弗逊纪念馆和国家档案馆的设计者，美国著名建筑师约翰·拉塞尔·波普（John Russel Pope）担纲设计古典主义建筑样式的西馆。颇有远见的梅伦早已预料到美术馆扩建的可能性，"他

图1-37　美国国家美术馆东馆及其周边环境。东面与国会大厦遥遥相望，西面是建于1941年的原美国国家美术馆，即西馆，建筑基址是不规则的梯形地块

的捐赠合同规定：国会在国会山脚下与艺术馆毗邻的、早先国会议员们在去白宫的路途中驻足打野鸭子的地方保留一块沼泽地。到 20 世纪 60 年代，这 9hm² 作为 9 个网球场使用的绿茵茵的土地已成为商业街北边唯一没有开发的地皮。"[29] 此时，国家美术馆馆长约翰·沃克担心国会背弃承诺将美术馆扩建预留地挪作他用，提醒安德鲁·梅伦之子保罗·梅伦使用这块土地扩建新美术馆。保罗·梅伦与其姐艾尔莎·梅伦·布鲁斯同意各自捐资 1,000 万美元，国家美术馆扩建工程开始启动，约翰·沃克决定由内定将于 1969 年继任馆长的副馆长卡特·布朗（Carter Brown）承担具体筹建工作。

布朗的首要任务是选择建筑师，1967 年确定的 4 人名单是路易斯·康、菲利普·约翰逊、凯文·罗奇和贝聿铭。布朗谨慎地考察 4 位建筑师和他们的建筑事务所，倾向于选择贝聿铭后，又专程考察他的建筑作品。"梅伦、布朗和受托人斯托塔德·斯蒂文森一起登上梅伦的私人飞机，亲自去视察贝聿铭的工作。飞机每到一个地方，贝聿铭的候选人地位就增强一分。布朗说：'他的每一幢建筑都表明他有能力解决我们的某个难题。'"[30] 考察归来后布朗邀请贝聿铭与保罗·梅伦会面，双方很快建立了融洽的合作关系，时为 1968 年 7 月。贝聿铭不辱使命，创作了其职业生涯的最佳作品之一，他的个人声誉也因此达到巅峰。

迈克尔·坎内尔如是评价贝聿铭："贝聿铭既不是出色的制图员，也不是杰出的理论家。相反，他有一种罕见的把迷宫一般的问题在脑海中重新组织、反复揣摩、直到理出头绪的本事。他可以带别人在子虚乌有的建筑物中徜徉，甚至在纸上就可以做到这一点。贝聿铭曾经解释说：'如果你不能在头脑中画图，那你就无法对付这些问题，因为它们太复杂了。你得训练用脑子看空间；有了两条线就有了平面，有了三条线就有了空间。你得在脑子里看见这些东西。'"[31] 接受东馆的设计委托后，贝聿铭立即全力以赴投入方案设计工作，他将方案构思过程描述为"断断续续的、甚至是非常苦恼的过程"，"当我必须找到一幢建筑物的正确设计方案时，我的内心就一片混乱。我全身心投入这种工作，无法再想任何其他事情。这过程也许就是几个小时的事，也许整整一个月时间睡不好觉，动不动就发怒。我不断地勾画方案、又不断地放弃"。[32] 方案初始构思思路终于瓜熟蒂落，颇具传奇色彩的瞬间构思灵感表达源于长时间深思熟虑的艰辛探索，贝聿铭在返回纽约的飞机上绘制了东馆的初始方案构思草图："我在信封后面画了一个梯形，在梯形里面画了一条对角线，这样就形成了两个三角形：一个给艺术馆，另一个给研究中心。一切就这么开始了。"[33]（图 1-38）

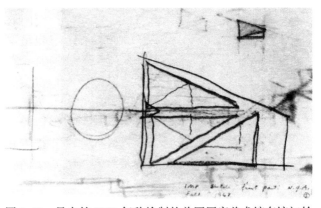

图 1-38　贝聿铭 1968 年秋绘制的美国国家美术馆东馆初始构思草图

贝聿铭的方案初始构思是特定历史环境约束和地形条件约束引发的原创性构思。他将梯形基地沿对角线一分为二，划分为一个等腰三角形和一个直角三角形，对称的等腰三角形位于西馆中轴线的延伸线上，底边正对西馆，是东馆的主体建筑——对公众开放的展览馆；较小的直角三角形是不对外开放的视觉艺术研究中心和行政管理机构用房，处于较次要的位置。新馆和老馆通过建筑的轴线关系建立了视觉形态联系，相距约 100m 的两馆之间设计了公共广场，广场之下的地下层将两馆联为一体。公共广场中央设有喷泉和水幕，大小不等的玻璃三棱锥体是广场上的建筑小品，也是地下餐厅的采光天窗。东馆的两个主要入口——展览馆的公众入口与视觉艺术研究中心和行政管理机构工作人员入口都设于等腰三角形的底边，即东馆西立面下部的凹槽内，两个入口之间用 30° 锐角的建筑实体墙面分隔引导，使人流一分为二。这一入口处理构思形成东馆西立面对称构图中的不对称构图要素，有别于严谨对称的古典建筑设计手法（图 1-39）。

特定历史环境约束和地形条件约束引发的原创性构思建立了新馆和老馆的轴线关系，建立了二者的视觉形态关联性和延续性，也催生了因此形成的三角形平面母题，创造了独具一格的建筑形态和建筑空间。贝聿铭认为构思灵感源于考察欧洲不同种类教堂时的空间体验。对称的罗马圣彼得教堂使用的是一点透视设计手法，人们进入三通廊巴西利卡时视线聚焦圣坛，情景壮观，令人生畏；欧洲巴洛克风格的小教堂则具有奇妙的动态空间和动人的光影效果，是为赞美生命而建造的教堂。与罗马圣彼得教堂的一点透视空间效果相比，贝聿铭对巴洛克教堂曲面建筑形态产生的动态空间多点透视效果留下更深刻的印象。古典建筑空间强调规整的序列感，强化一点透视效果的长方形平面建筑空间只有一个灭点，正常比例的矩形平面建筑空间有两个灭点，巴洛克教堂的曲面建筑空间则有多个灭点。东馆的三角形平面母题使建筑空间具备三个灭点，创造了比矩形平面建筑空间丰富得多的三点透视空间效果，这种空间效果既呈现于建筑的外部形态，也呈现于建筑的室内空间。

在如此重要的国家级建筑中首次尝试三角形平面母题，贝聿铭甚为谨慎，他制作了大比例尺模型予以验证。"贝聿铭担心多个灭点会产生万花筒般丧失方向感的空间，其中的每一堵墙都会被人看作另一堵墙的延续。布朗回忆说：'贝很紧张，以前他从来没有搞过三角形建筑。三角形较宽的一端容易成为横向空

图 1-39　美国国家美术馆东馆及其周边环境鸟瞰

间，而窄的一端则倾向于成为纵向空间。因此，参观者会被吸引到角落里去。贝聿铭说，在看到模型前的那些夜晚他一直睡不着觉。可以说，贝聿铭是我见过的人中视觉能力最完美的一个，所以我不太担心。'"⑭时任美国国家美术馆馆长的布朗是具有高超艺术素养、鉴赏能力和远见卓识的业主，他从艺术理论层面赞赏东馆的三角形平面母题，认为那种令人眼花缭乱的多点透视效果很适合 20 世纪的艺术："立体主义诞生的同时正好又出现了相对论的理论。于是，我们的世界成了多元同步体，我们接触世界的途径也不是单一的，而是多种的……"⑮布朗的卓越见解极富远见，东馆建成近 20 年后，后文将要论述的西班牙毕尔巴鄂古根海姆博物馆已经跨入不规则的三维双曲面建筑空间领域，我们接触世界的途径已经更加丰富多样（图 1-40）。

美国国家美术馆东馆于 1968 年 7 月委托贝聿铭事务所设计，3 年后的 1971 年 5 月 6 日破土动工，1978 年 6 月 1 日竣工揭幕，设计和建造过程历时 10 年。东馆建成后好评如潮，赞誉之声不绝于耳。但随后也有非议，批评东馆的展览馆建筑空间喧宾夺主，使展出的艺术品相形见绌。追根溯源，深入探讨东馆功能构思的形成过程，从美术馆展览功能创新的视角评价，东馆也是特定功能要求约束引发的原创性构思建筑作品。

贝聿铭的东馆功能构思在很大程度上反映了业主卡特·布朗馆长对美术馆功能创新的理解及其与建筑师达成的共识。作为知识渊博见解超群的艺术鉴赏家和尽职敬业雄心勃勃的美术馆馆长，卡特·布朗对广义的美术馆建筑功能涵义和狭义的美术馆建筑功能涵义都具备符合时代发展需求的创新观念，并在共同考察探讨

图 1-40　美国国家美术馆东馆外景。使用三角形平面母题产生的三点透视空间效果呈现于建筑外部形态

的过程中与建筑师贝聿铭达成共识，使其创新观念转化为贝聿铭的创新建筑语言。

从广义的美术馆建筑功能涵义出发，布朗认为美术馆应当从少数收藏家和专家关注的贮藏鉴赏场所转化为平民化的大众休闲观赏场所，在不牺牲学术水平的前提下为大众进入美术馆提供方便，东馆本身应当是"一份表明艺术馆终于步入20世纪的充满自信心的宣言书"。他说："原来的艺术馆（引者注：指西馆）非常精彩，但最后美国终于具备足够的信心，按照自己的风格建造艺术馆的扩建部分。"[16]布朗与贝聿铭达成的共识是：西馆由约翰·拉塞尔·波普设计的古典主义风格的橡木板陈列室"是专门为那些正经严肃地前来欣赏以往大师作品的人们安排的，贝聿铭设计的东馆则不同。它是消费者的活动场所，是一幢能够控制人群、加快参观者节奏的多层次的复杂建筑物，其中的超常规模抽象艺术品将矗立在前来参观的人群中间。贝聿铭说：'那幢建筑必须这样设计，才能使年轻人觉得到那里去有意思。否则，整个建筑目的就丧失了。年轻人会在那里待上5分钟，然后就去航空航天博物馆看月球火箭。这就是我们的难题：想问题得从公众的角度出发。'"[17]

从狭义的美术馆建筑功能涵义出发，布朗与贝聿铭亦达成共识，希望建造"住宅式"的美术馆。"卡特·布朗的理论是，如果连续参观，意志再坚强的收藏家在45分钟内也会觉得脚疼。因此，他交给贝聿铭的任务很矛盾：既要容纳大量参观者，又要保持他所热爱的'住宅式'欧洲博物馆的亲密感。他说：'大型艺术需要大型空间，但我认为，艺术在为它设计的住宅或教堂中能表现其最佳形象。'为了说明他的意思，布朗带着贝聿铭进行为期3周的参观博物馆的马拉松旅行，他们从雅典一直游到丹麦"。[18]1970年的这次参观考察最大的收获是从米兰的波尔蒂美术馆（Poldi Pezzoli）获得的功能构思思路启迪——缩小大型美术馆的建筑尺度，增加展览的灵活性。波尔蒂美术馆原为19世纪一位收藏家的住宅，改为美术馆后展出文艺复兴时期的油画、陶瓷、钟和青铜器，建筑空间小巧精致，亲切宁静。贝聿铭这样回忆："卡特对我说：'如果我们的艺术博物馆能搞成那个样子，不是很精彩吗？'当然，我们要造的艺术博物馆必须是那座博物馆规模的20倍；然而，不知为什么，我们不断返回去参观那座博物馆，去看是否可能创建一座里面分成较小空间的大型艺术博物馆。"[19]结果是贝聿铭在东馆的展览馆中央设计了大尺度的玻璃屋顶三角形中庭，中庭周边是波尔蒂美术馆式的小展厅，大尺度的中庭是联系小展厅的中央枢纽和平民参观者的休闲场所，尺度适宜的小展厅可为有兴趣的参观者提供规模适度的专题陈列展览。东馆的中庭大厅高25m，屋顶是由25个三棱锥组成的钢网架天窗，使用能够遮阳的管状铝合金百叶窗，通过百叶窗漫射的柔和光影落在华丽的大理石墙面和天桥、平台上，落在天窗架下悬挂着的美国雕塑家A·考尔德专门为东馆创作的动态雕塑上，落在中庭大厅内的绿色植物上，阴晴雨雪，光影变幻，似乎再现了贝聿铭在欧洲巴洛克小教堂获得的光影感受。人们在大厅、平台和天桥间穿梭往来，营造出一派生机勃勃的大众参与氛围，与中庭周边布置专题陈列展览的小展厅亲切宁静的建筑空间形成鲜明对比。这正是业主卡特·布朗馆长与建筑师贝聿铭共同追求的目标（图1-41）。

36

图1-41　美国国家美术馆东馆中庭内景。人们在大厅、平台和天桥间穿梭往来，营造出一派生机勃勃的大众参与氛围

1.2.2　代表建筑师个人才华和特定设计理念的原创性构思建筑作品构思思维模式剖析

1）弗兰克·劳埃德·赖特（Frank Lloyd Wright，1867~1959）：自然环境约束和美学观念约束引发的原创性构思建筑作品——流水别墅（Fallingwater，1934~1937）

弗兰克·劳埃德·赖特1886年初就读于威斯康星大学土木工程系，3年后未完成学业即弃学至芝加哥建筑师莱曼·希尔斯比（Joseph Lyman Silsbee）的事务所当绘图员；后来进入艾德勒（Dankmar Adler）和沙利文事务所，成为芝加哥学派建筑大师沙利文（Touis H.Sullivan，1856~1924）的门徒；1893年赖特与科文（Cecil Corwin）成立建筑事务所，开始独立的建筑师职业生涯。1932年赖特创办塔里埃森学社（The Taliesin Fellowship），改变常规建筑事务所的构成模式，学员成为没有报酬的事务所成员。塔里埃森学社那些崇拜赖特的青年建筑师成为他的得力助手，他们组成的创作班子协助赖特训练新学员、绘制草图、落实设计方案，并担任赖特的代理人和现场监理奔忙于美国各地。因此已届65~92岁高龄的赖特在其后半生（1932~1959）进入事业的鼎盛时期，他的多数经典建筑作品，如流水别墅（1934~1937）、约翰逊制蜡公司行政楼（1936~1939）、西塔里埃森（1937~1959）、威斯康星州麦迪逊唯一神教派教堂（1947）、纽约古根海姆博物馆（1955~1959，方案构思设想始于1943年）等都是这一时期的作品。其中自然环境约束和美学观念约束引发的原创性构思建筑作品——流水别墅声誉最盛，是代表建筑师个人才华和特定设计理念的经典建筑作品。

　　流水别墅集最佳建筑设计约束于一身，同时具备理想的自然环境约束、宽容的功能要求约束和充足的经济支持约束；建筑师赖特个性化的美学观念约束使这些物质形态约束转化为极富创造力的设计构思，而业主对建筑师设计构思的宽容和支持则使赖特的创造力得以充分发挥。流水别墅独特的自然环境约束与建筑师赖特个性化的美学观念约束都是不可再现的特殊约束，这种特殊约束引发的原创性构思使流水别墅具有不可复制性和不可模仿性，流水别墅的启迪价值体现于赖特独特的设计理念、设计思路和设计手法，而不是可以模仿复制的具体设计模式。换言之，流水别墅极富启迪价值，却不具备可复制性和可模仿性。这也是特殊约束，即某一建筑所特有的、区别于常规建筑的个性化约束引发的原创性构思建筑作品的共同属性。

　　流水别墅是匹兹堡富商埃德加·考夫曼（Edgar Kaufmann）的乡村别墅，亦称埃德加·考夫曼住宅（Edgar Kaufmann House），广为人知的则是既富诗意又能充分表达设计意图的名称流水别墅（Fallingwater）。考夫曼夫妇先后去世后，1963年其子小埃德加·考夫曼（Edgar Kaufmann, jr.）将别墅捐赠给西宾夕法尼亚州保护委员会（Western Pennsylvania Conservancy），此后流水别墅对公众开放。

　　小埃德加·考夫曼是1934年10月加入塔里埃森学社的学员，11月考夫曼夫妇至塔里埃森看望儿子，因赏识赖特的才华及其作品，遂于当年12月邀请赖特至匹兹堡，并委托他设计位于熊跑溪——宾夕法尼亚州西南方阿巴拉契亚山脉中的一条溪流（Bear Run, an Appalachia mountain stream in southwest Pennsylvania）——的乡村住宅。赖特接受了设计委托并于圣诞节前随同考夫曼考察建设基地，对那里奔流的山溪、石壁上跌落的瀑布、散落于河床中的大卵石留下深刻印象，"在返回威斯康星的路上他写信给考夫曼说：'对林中瀑布的访问仍然留在我脑海中，伴随着溪流的音乐，住宅的模糊形象已在我心中呈现。'"[⑩]建设基地独特的自然环境约束引发了赖特的设计灵感，方案初始构思意向很快形成，具体方案设计却迟迟没有动笔。赖特的解释是："毫无疑问，建筑构思源于想象力，不在纸上而在脑子里——所谓意在笔先。让构思在头脑中酝酿——在图板上绘图之前逐渐形成比较确切的形态。构思成熟后再开始用工具绘图，否则就不急于绘图。"[⑪]因此，"当1935年9月底一个星期天的早晨接到考夫曼的电话询问设计情况时，赖特说，'来吧，考夫曼，我们准备好了。'考夫曼马上离开密尔沃基前往塔里埃森，仅仅两小时的车程，赖特连一张图还没有画！学员们的惊慌可以理解，这并没有扰乱赖特的心神，他着手绘制建筑平面图、剖面图和立面图。关于这些图，唐纳德·霍夫曼（Donald Hoffmann）说：'（赖特的）草图对考夫曼而言看起来有点粗糙（对他们画的东西他没有什么概念），但是他们做了关于将要建造的房子的非常完善的介绍：这座房子孕育着一个令人敬畏的结局。'"[⑫]

　　设计灵感源于建筑师职业生涯的长期积累，但是可能爆发于受特定设计项目某一特征感染的瞬间，许多建筑师都有这种创作经历，赖特也不例外。所以罗伯特·麦卡特（Robert McCarter）认为："这些顺序完成的设计可以视为流水别墅的前期探索，视为赖特通过每一座建筑的设计，不是作为一种特定形态，而是作为空间类型发展的部件，通过一系列不同类型建筑设计完成的'不懈积累的模式积淀'（'Constantly Accumulating Residue of Formula'）的一部分。赖特本人这样描述，1904 年设计、1909 年建于橡树园，具有水平伸展的平面和从垂直的厚板墙中心挑出的阳台的托马斯·盖尔夫人（Mrs Thomas Gale）住宅，是流水别墅的'原型的源头'（'Progenitor as to General Type'）。遵循此说，我们还能联想到 1909 年的罗比（Robie）住宅（悬臂阳台和轴测透视图），1911 年的塔里埃森（与金黄色抹灰形成对比的粗犷的水平石墙砌筑工艺），1923 年的弗里曼住宅（悬挑的玻璃角窗），1929 年的伊丽莎白·诺贝尔公寓大楼和圣马可塔楼（钢筋混凝土悬臂楼板），以及 1932 年的马尔科姆·威尔住宅设计方案（从中央结构核心挑出的悬臂阳台）。"[43]（图 1-42）

　　流水别墅使已有 30 多年建筑设计工程实践和理论探索积累的赖特获得具备最佳建筑设计约束的设计项目委托，多年来"不懈积累的模式积淀"与设计项目的特殊约束碰撞，立即迸发出方案构思的火花，所以赖特能够在现场考察后返回塔里埃森途中写信告知考夫曼"住宅的模糊形象已在我心中呈现"。美国著名建筑理论家肯尼斯·弗兰姆普敦（Kenneth Frampton）评论流水别墅时称"这幢建筑是一天之内设计出来的，这种戏剧性的结构姿态是赖特最终的浪漫主义宣言"。[44]弗兰姆普敦只提"这幢建筑是一天之内设计出来的"，而忽视"一天"之前"不懈积累的模式积淀"与"一天"之后艰辛的方案推敲修改过程，将考察现场后产生的模糊构思意向误解为方案设计的全过程，将长期积累引发的构思灵感的瞬间爆发误解为心血来潮的举手之劳，是对赖特流水别墅创作过程的误解。

　　论证流水别墅设计方案并非"一天之内设计出来的"，最简单也最具说服力的方法是考察流水别墅设计和建造的具体日程：1934 年圣诞节前赖特随同考夫曼考察现场，形成模糊的初始方案构思意向，并于 1934 年 12 月 26 日致函考夫曼告知"住宅的模糊形象已在我心中呈现"；1935 年 3 月业主提交具体地块的地形图，夏初赖特第 2 次考察现场；同年 9 月考夫曼访问塔里埃森，赖特提交设计草图；同年 10 月赖特第 3 次考察现场；1936 年 1 月提交施工图；同年 2 月考夫曼聘请匹兹堡麦茨—理查森工程公司（The Pittsburgh Engineering Firm of

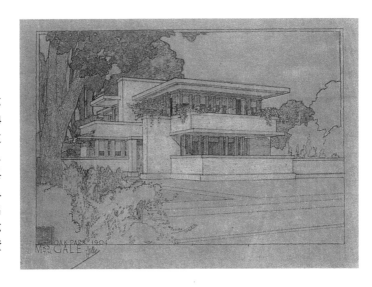

图 1-42　托马斯·盖尔夫人住宅透视图，1904年绘制。赖特本人这样描述，1904 年设计、1909 年建于橡树园，具有水平伸展的平面和从垂直的厚板墙中心挑出的阳台的托马斯·盖尔夫人住宅，是流水别墅的"原型的源头"

Metzger-Richardson）审查赖特提交的施工图的结构安全度，增加了钢筋混凝土悬臂梁的配筋数量；随后开始施工，施工期间赖特至少两次亲赴现场解决施工中出现的问题；1937年秋流水别墅竣工。其后在远处的山坡上增建的客房楼于1939年竣工。[8]综上所述，设计方案确定之前赖特不辞辛劳三赴现场考察，施工期间至少两次赴现场解决施工中出现的问题，只此一端已见赖特设计态度的严谨慎重与方案推敲的艰辛历程，亦可证流水别墅设计方案并非"一天之内设计出来的"。

没有必要将赖特神化，流水别墅现场考察后形成的方案初始构思思路源于"不懈积累的模式积淀"，其后的方案设计也经历了长时间的推敲修改。建筑作品是千锤百炼长期积累与反复磨炼艰辛探索的结果，绝无立等可取的捷径可寻，普通建筑师如此，大师建筑师亦如此。

赖特是建筑实践家而不是理论家，他提出的有机建筑观更多地体现于其建筑作品，流水别墅即为典型例证。流水别墅体现了赖特将生活场所融入自然的建筑美学观念，第一次考察现场就产生了极富想象力的模糊构思意向——建筑不是建在溪流对面的山坡上而是建于溪流之上，正是这一出乎常人意料的天才构思意向

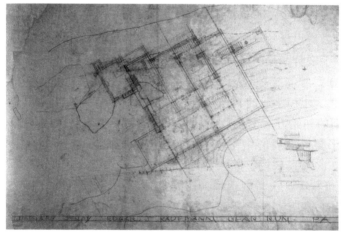

图1-43 流水别墅初始构思方案平面草图。在有等高线的地形图上重叠绘制建筑的三层平面

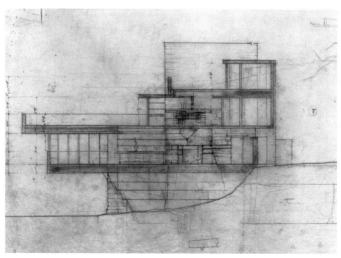

图1-44 流水别墅设计方案剖面草图

图 1-45　流水别墅鸟瞰透视图。室外露台栏板已由剖面草图的直角修改为圆角

为流水别墅的成功奠定了基础。9 个月后考夫曼看到赖特的第一轮草图，十分惊讶地问为什么不把房子建在瀑布旁的坡地上，赖特的回答是："不，不要仅限于能看到瀑布，而是要和它们共处。"⑮（图 1-43~ 图 1-45）

　　建筑建于溪流之上的初始构思意向使流水别墅成为自然环境融洽协调的组成部分，近 3 年时间的艰辛劳动使模糊的构思意向转化为完美的建筑作品，耸立于溪流旁突出的岩石之上的建筑紧贴石壁建造，正面朝向树木茂盛的峡谷，承重石墙采用当地开采的石料、使用赖特在塔里埃森创造的特殊工艺砌筑，溪流从建筑下面流出，形成飞泻的瀑布，建筑融合于自然环境，居住者置身于自然环境，真正达到了建筑与自然、人与自然和谐共处的境界（图 1-46、图 1-47）。

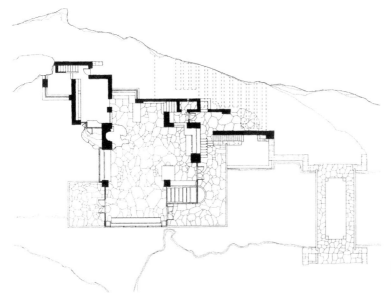

图 1-46　流水别墅
首层平面图

　　赖特在其建筑师职业生涯的成熟时期，即草原式住宅时期（1899~1910）已经形成较为系统的新建筑时空观并有意识地加以运用。建筑由于实用性的限制，观念更新往往落后于其他艺术门类，赖特却与立体主义绘画同时，甚至更早就在其建筑作品中实践了新建筑时空观。1910年德国出版赖特作品集，在柏林举办展览并邀请赖特本人到场；次年出版赖特作品集第二卷，赖特的新建筑时空观在欧洲得到关注和传播，对欧洲的现代建筑运动产生影响。所以国际建筑师协会1977年通过的马丘比丘宪章称"空间连续性是弗兰克·劳埃德·赖特的重大贡献，相当于动态立体派的时空概念"。[①]其后赖特认识到传统材料和构造方法的局限性，开始使用钢筋混凝土和玻璃等现代材料创造流动空间，进一步发展了现代主义建筑时空观。流水别墅是赖特使用钢筋混凝土结构的第一件住宅建筑作品，现代建筑技术使之得以充分体现其现代主义建筑时空观。流水别墅的底层起居室几乎是一个完整的大空间，通过不同手法划分功能领域，只分隔空间而不分离空间，室内空间流动贯通；直达天花板的玻璃门窗和角窗消除了室内外空间的界限，层层挑出的室外露台消除了建筑和周边环境景观的界限，建筑各层从室内或室外露台都可饱览山林秀色，阳光透过大面积玻璃门窗射入室内，自然景观透过大面积玻璃门窗映入眼帘，室内外空间已经融为一体。底层起居室的地面铺砌打蜡石板，将室外材料应用于室内，壁炉前面特意保留基地原有的突出地面的岩石，留下原

图1-47　1971年拍摄的流水别墅外景。建筑建于溪流之上的初始构思意向使流水别墅成为自然环境融洽协调的组成部分

图 1-48　1963 年拍摄的流水别墅底层起层室内景。通过不同手法划分功能领域，只分隔空间而不分离空间，室内空间流动贯通；地面铺砌打蜡石板，将室外材料应用于室内，壁炉前面特意保留基地原有突出地面的岩石，留下原生状态自然山体的痕迹；室外自然景观透过大面积玻璃门窗映入眼帘，室内与室外、建筑与环境融为一体

生状态自然山体的痕迹。底层起居室还设有楼梯通往建筑下面的水面，人们可以直接接触溪流，直接与自然交流。"考虑到赖特自己将它描述成对应于'溪流音乐'的'石崖的延伸'的形状，流水别墅名副其实，成为一种以建筑词汇再现自然环境的抽象表达，一个既具空间维度又有时间维度的具体实例"。⑱

　　流水别墅是赖特的骄傲，所以他说："流水别墅是上帝的恩赐——它是众多神恩之一，人们在这里可以体会到它的不凡。我觉得没有什么能比运用协调和谐的手法来表现沉静这一主题更为重要了。在这里森林、溪水以及所有的建筑元素都是那样宁静地交融在一起，除了溪水叮咚，你其实再也听不到其他的喧嚣。不过，对于乡村的那种宁静你是如何去感受的，那么也要用同样的方式去感受流水别墅。"⑲（图 1-48）

　　2）勒·柯布西耶（Le Corbusier，1887~1965）：历史环境约束、社会环境约束和美学观念约束引发的原创性构思建筑作品——朗香教堂（The Chapel at Ronchamp，1950~1955）

　　朗香教堂位于法国东部上索恩地区距瑞士边界仅几英里的一座小山上，山上曾有公元前 3 世纪建造的异教庙宇和后来屡建屡毁的教堂，1913 年教堂因雷击焚毁，重建后的教堂再次毁于 1944 年二战期间的德军空袭。二战结束后教会决定在原址重建教堂，因造价过高放弃了复原被炸毁教堂的设想，并由宗教艺术委员会推荐，聘请建筑大师勒·柯布西耶设计新教堂。柯布西耶是新教教徒

43

（Protestant），对设计天主教教堂（Catholic Church）心存疑虑，再加上此前几个月他设计的另一座教堂方案未获批准，因此认为教会缺乏想象力，曾一度拒绝朗香教堂的设计委托。但获悉从 14 世纪开始已成为圣地的建设基地的特殊历史环境约束后，柯布西耶的创作欲望渐增，1950 年 6 月首次来到建设基地考察现场，并绘制了地形草图。开明的业主也决定不计较个人宗教信仰支持柯布西耶的创作，"他们都感觉到宗教环境是与当代艺术趋势协调一致的，并表示相信艺术表达的完整性优先于艺术家个人的宗教虔诚。"因而允诺柯布西耶可以"不加约束去创作你所希望的东西"。[⑧]正是开明的业主造就的宽松社会环境约束促使柯布西耶接受了朗香教堂的设计委托。

朗香教堂建设基地具备特殊的历史环境约束，自 14 世纪以来这里就是朝圣的场所，宗教历史积淀使当地居民极富怀旧情结，这使朗香教堂的设计和建造过程充满争议，经历了从反感抗议到自豪赞誉的曲折历程。设计前期柯布西耶构思超前的设计方案几乎未能通过，建筑设计完成后教堂开工建造，尚未建成批评和赞扬的意见都已非常激烈，"甚至在它开放之前，这座建筑和它的建筑师就受到来自评论家、教会和朗香居民的猛烈攻击。教堂受到了各种批评：彻底丧失理性的建筑，现代主义运动的倒退，对披着现代装饰的陈旧技术的妥协。但支持者们把它看作是由建筑师的理性主义修饰过的雕塑般具有诗意的范例，现代主义者语言发展中的逻辑进步，以及具有强烈美感和情绪的场所——对建筑精神根源的大胆回归"。[⑨]真正的经典建筑作品是能够经受时间考验的，设计理念更新的朗香教堂终于获得了当地教区成员和朗香居民的认可和喜爱，"勒·柯布西耶试图使当地教区的成员和朗香的居民相信他的意图并非为了使人震惊，相信他与上索恩地区的自然景观、与他们对它的精神依恋、与他们的信仰产生了共鸣。公众并不能立即接受他的声明，但这座建筑逐渐赢得了他们的认可……这个在教堂最初建成时曾拒绝为其提供水电的曾经犹豫和威吓的城镇，已经开始深深地喜爱它——以及它的建筑师"。[⑩]朗香教堂建成后不久就获得世界性的声誉，成为暮年变法的柯布西耶建筑创作生涯的重要里程碑，也成为 20 世纪的经典建筑，它那蕴含着哲理性内涵的魅力并不因时间流逝而稍减。

如前文所述，朗香教堂是历史环境约束和社会环境约束引发的原创性构思建筑作品，没有建设基地特殊的历史环境约束，很难激发早已声誉卓著充满创作激情的建筑大师柯布西耶的创作欲望；没有教会开明的教堂建筑观念，允诺柯布西耶可以"不加约束去创作你所希望的东西"，也不会有现在的朗香教堂。同样重要的是，朗香教堂也是美学观念约束引发的原创性构思建筑作品，正是柯布西耶长期建筑体验积淀形成的个性化美学观念约束引发了朗香教堂的创新设计构思。

论述柯布西耶个性化美学观念约束的形成及其对朗香教堂建筑创作的影响，应当从柯布西耶的青年时代开始。柯布西耶是自学成才的建筑大师，原名夏尔 – 爱德华·让内雷（Charles-Edouard Jeanneret），1920 年开始使用笔名勒·柯布西耶（Le Corbusier），此后以此名著称于世。夏尔 – 爱德华 1900 年 13 岁时就读于瑞士拉绍德封（La Chaux-de-Fonds）艺术学校，接受钟表表壳雕刻职业培训，因视力不佳，在艺术学校校长夏尔·勒普拉德尼尔（Charles L'Eplattenier）的引导下转向建筑专业，1905 年开始学习勒普拉德尼尔创设的"艺术与装饰"课程，17 岁就有机会设计法莱别墅（Villa Fallet）。1907 年，20 岁的夏尔－爱德华与学习雕塑的同学莱昂·佩兰（Léon Perrin）一起游历意大利两个多月，留下五大本记录、速写、建筑数据和水彩画；1908 年游历巴黎并在奥古斯特·佩雷（August Perret）的建筑事务所工作；1909 年回到故乡，1910 年受拉绍德封艺术学校委托赴德国考察，并在当时著名的现代建筑大师彼得·贝伦斯（Peter Behrens）的事务所工作；1911 年，与研究艺术史的德国学生奥古斯特·克里普斯坦（August klipstein）一起游历南欧，远达君士坦丁堡。"如同他在前面数次旅行中已经养成的习惯一样，他总是随身带着他的那个 10cm×17cm 的速写本，终其一生。他在这个小本里填充了 80 多幅黑白或彩色的笔记、计算、灵感以及草图。通过这样的方式，他扩展了他的观察与思考"。[③]两位青年在雅典游历了 3 个星期，"在雅典卫城，他找到了他将会越来越强烈地需要的、他认为作为艺术之基本元素的秩序。在他看来，形式与比例的完美达到了一种道德的维度"。[④]

　　早年游历获得的对欧洲经典建筑和民间建筑的亲身体验成就了柯布西耶一生事业的基础，而旅程记录则是他学习建筑的极佳方式，在以《东方游记》（Voyage d'Orient）为名出版的旅程笔记中，在后来出版的名著《走向新建筑》中，都详尽记述了柯布西耶考察雅典卫城和帕提农神庙的体验，刊载了准确传神地表达这种体验的现场速写。"观察的训练现在从个别的建筑扩展到建筑与其周边环境的关系。勒·柯布西耶喜欢雅典卫城与山峦、大海和天空的和谐……半个世纪以后，当柯布西耶设计朗香教堂的时候，他曾努力再现此时此刻的感受。"[⑤]对照审视柯布西耶 1911 年所绘雅典卫城遗址速写与 1950 年所绘朗香教堂地形草图、雅典卫城总平面图与朗香教堂总平面图，以及雅典卫城鸟瞰全景复原图与朗香教堂鸟瞰景观，柯布西耶青年时代考察雅典卫城时的感受和体验对朗香教堂基本构思思路的影响显而易见。所以亚历山大·佐尼斯这样评论："勒·柯布西耶又把他很早很早以前从奥林匹斯山上所见所闻以及从中感悟到的建筑体量和周围地形、山峦的关系作为原型，应用在新的方案构思中。虽然卫城的建筑是规整的，但是建筑单体之间所形成的角度，不论向内还是向外，不论锐角还是钝角，跟朗香教堂凸出或凹进的墙体与周围山脊的颠连起伏之间的关系非常类似。最确定的一点是，通往朗香教堂的'盘旋而上'的道路直接取材于通往雅典卫城帕提农神庙那蜿蜒曲折的仪式性步道。"[⑥]（图 1-49）从青年时代

图 1-49　柯布西耶 1911 年绘制的雅典卫城遗址速写。传神地表达了他的亲身感受——"雅典卫城与山峦、大海和天空的和谐"

开始对雅典卫城等西方经典建筑的亲身体验与对建筑的亲身体验，以及对建筑和自然的长期观察和思考形成的思维积淀逐渐融入柯布西耶的方案构思，转化为不断创新的建筑理念和建筑作品，这是柯布西耶建筑创作灵感的源泉，他理清了蕴涵其中的缘由和逻辑，远远超越初级阶段的模仿层次，进入融会贯通的创新层次，朗香教堂就是这种创新层次美学观念约束引发的原创性构思建筑作品（图1-50~图1-54）。

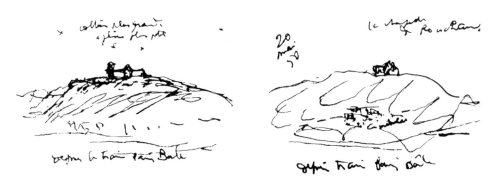

图1-50　柯布西耶1950年绘制的朗香教堂地形草图。将他很早很早以前从奥林匹斯山上所见所闻以及从中感悟到的建筑体量和周围地形、山峦的关系作为原型应用于朗香教堂方案构思

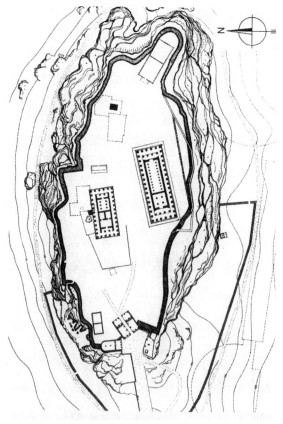

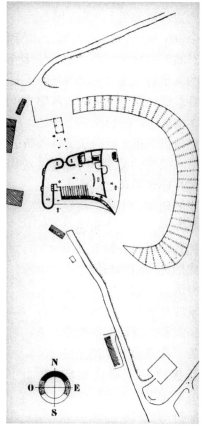

　图1-51　雅典卫城总平面图，公元前480年时的情况　　图1-52　朗香教堂总平面图

在柯布西耶的设计理念中，朗香教堂没有内外之别，教堂建筑与其特定的自然环境结合，是建筑与环境的综合体。他说："首先从自然景观的声学开始，作为四条水平线的出发点。这里有索恩的平原，与它相对的是阿尔萨斯山和另外一侧的两个山谷。设计构思与这些地平线相吻合——接受它们。"⑰朗香教堂源于雅典卫城朝圣路线启迪的"建筑漫步道"构思试图使人们获得一系列特定的建筑体验："形体沐浴于光线之中。内部与外部；下方与上方。内部：我们进入，我们四处漫步，我们在四处漫步时观看事物而形体富有深意；它们膨胀，它们彼此相联。外部：我们靠近，我们观察，我们的兴趣被唤醒，我们停下，我们辨别，我们回转，我们发现。我们获得一系列感观上的震撼，一个接着另一个，情绪不断变化：娱乐进入了游戏之中。我们漫步，我们回转，我们从不停止移动或转向其他事物。注意我们用来感知建筑的工具……我们体验到的建筑感觉源于千百种不同的感受。这就是"散步"，我们所进行的作为建筑体验的运动。"⑱

图 1-53　雅典卫城鸟瞰全景复原图。公元前 480 年时的情况，南面的老帕提农神庙尚未完工

图 1-54　朗香教堂鸟瞰。"通往朗香教堂的'盘旋而上'的道路直接取材于通往雅典卫城帕提农神庙那蜿蜒曲折的仪式性步道。"

柯布西耶还说："一个建筑，必须能够被'通过'，被'游历'。"⑲环境中的朗香教堂就是这种能够被"通过"和被"游历"的建筑。

朗香教堂是一个圣地小教堂，教堂建筑面积不大，约 13m×25m 的正殿只能容纳 200 人，此外室内还设计了 3 个小祈祷室。但是每年两次的朝圣活动人数往往超过 12,000 人，众多的朝圣者聚集在教堂外的平地上举行朝圣仪式，所以柯布西耶将教堂的东立面和南立面设计为主立面，两个立面相交处墙体升起，壳体屋顶也随之升起，与西南角的塔楼呼应。南立面倾斜的厚墙面上开有安装彩色玻璃的大大小小不规则构图的窗洞，窗洞外小内大，阳光映照，教堂正殿内的光影效果奇幻神秘，造就浓郁的宗教氛围，构成柯布西耶所称"一个强烈的集中精神

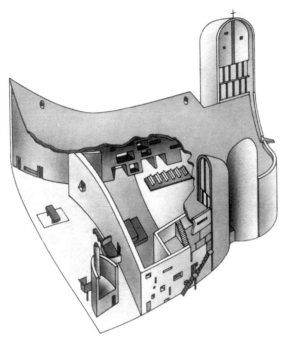

图 1-55　朗香教堂剖切透视图

图 1-56　朗香教堂正殿内景。南立面倾斜的厚墙面上开有安装彩色玻璃的大大小小不规则构图的窗洞，窗洞外小内大，阳光映照，教堂正殿内的光影效果奇幻神秘，造就浓郁的宗教氛围

和供冥想的容器"。南墙与塔楼连接处是教堂的主入口，柯布西耶设计了绕中轴旋转的正方形金属门，门上绘制他自己创作的柯氏风格抽象画。教堂东面的台阶上设置室外圣坛和布道坛，壳体屋顶反曲翘起，有反射声响的功能，朝圣仪式就在教堂东面平地上的"室外礼拜堂"举行（图 1-55~ 图 1-57）。

除不断观察、思考、记录经典建筑和民间建筑外，柯布西耶也时时观察、思考、记录常见的自然形态物品并从中获取创作灵感，"那些能唤起诗的回响的物体，就是那些凭其形状、尺寸、坚实与耐用，而值得在我们的家中占有一席之地的物品。例子比比皆是：一枚被海水擦亮的卵石，一块被河水磨圆的破砖，或是骨头、化石、树根、几乎石化的海藻，或整块的贝壳——如陶瓷般光滑，又具有希腊或印度雕刻的风格。裂开的贝壳向我们泄漏了它那惊人的螺旋结构的秘密……通过它们，我们与自然之间编织了一条友好的锦带。作为主题，它们会不时出现在我的油画和壁画中……我们参与，我们评估，我们欣赏。在我们自己选择的道路上，在与自然的亲密接触中，我们是幸福的。自然给我们力量和纯粹，给我们统一和变化"。[⑧] 柯布西耶希望学生把这一切用铅笔记录下来，他本人一直就是这么做的。

朗香教堂的屋顶前所未有，极富想象力，曾经引发许多联想，但是柯布西耶并没有玩弄玄妙的概念游戏，而是坦诚地道出屋顶构思的缘由——他好几次提到朗香教堂屋顶的建筑形态构思源于 1947 年在纽约长岛捡到的一个蟹壳（Crab Shell）。勃罗德彭特将启迪建筑师构思灵感的观察和思考的成果称为类比物："在

建筑设计方法概论（第二版）

48

冷静的叙述中这些类比物是如此朴实无华，但这些就是想象的素材。多数艺术家、建筑师们不愿承认他们的类比源泉，以为一旦承认就会贬低一些他们可敬的创造性。远不是这样，他们只承认他们有头脑和心理活动。人人岂非都有头脑。实际上如果承认他们的创作源泉，我们将更尊敬他们，因为人人虽都有同样的心理活动，他们却更善于运用。"[①]勃罗德彭特认为，柯布西耶用毕生精力建立了自己的"类比的宝库"，并从类比库获得构思灵感。他还认为每个人都有自己的类比库，只是不善于提取而没有得到利用，每个人都应当学会有意识地建立和开发利用自己的类比库。柯布西耶建立类比库的方法是将观察和思考所得用文字和绘画记录在笔记本上："笔记本的真正用意，是在记忆中铭刻，让自己和别人学会怎样将点点滴滴搜罗在个人的宝库中，以期日后整理利用，形成新构思的蓝本。"[②]柯布西耶的成就远非"类比的宝库"所能概括，但善于观察，勤于思考，事事记录，却是他自学建筑的成功之道（图 1-58）。

图 1-57　朗香教堂举行朝圣仪式的盛况。每年两次的朝圣活动人数超过 1,2000 人，众多的朝圣者聚集在教堂外的平地上，教堂东面的台阶上设置室外圣坛和布道坛，壳体屋顶反曲翘起，有反射声响的功能，朝圣仪式就在教堂东面平地上的"室外礼拜堂"举行

图 1-58　朗香教堂东南面外景。朗香教堂的屋顶前所未有，极富想象力，曾经引发许多联想，但是柯布西耶并没有玩弄玄妙的概念游戏，而是坦诚地道出屋顶构思的缘由——他好几次提到朗香教堂屋顶的建筑形态构思源于 1947 年在纽约长岛捡到的一个蟹壳（Crab Shell）

49

3）弗兰克·盖里（Frank O.Gehry，1929~ ）：美学观念约束和科学技术约束引发的原创性构思建筑作品——西班牙毕尔巴鄂古根海姆博物馆（Guggenheim Museum in Bilbao，Spain，1991~1997）

弗兰克·盖里1929年出生于加拿大，1947年移民美国，1949~1951年就读于洛杉矶南加利福尼亚大学（University of Southern California）建筑系，1956~1957年至哈佛大学研究生院研读城市规划，并旁听他感兴趣的音乐、艺术、政治、社会和哲学等课程。其后盖里先后至洛杉矶和巴黎的建筑师事务所工作，积累了必要的工作经验后，1962年盖里在洛杉矶开办了自己的建筑师事务所（Frank O.Gehry & Associates）。

20世纪60年代初，西方建筑审美观念的变异趋势渐成气候，罗伯特·文丘里（Robert Venturi，1925~2018）最早从理论层面阐述这种趋势，并出版相关建筑理论名著《建筑的复杂性与矛盾性》（*Complexity and Contradiction in Architecture*）。文森特·斯库里（Vincent Scully）在该书的序言中如是评价："然而这或许是自1923年勒·柯布西耶的《走向新建筑》以来论述建筑发展的最重要的著作……这不是说在见解或成就方面，文丘里与柯布西耶可以或者在很大程度上必然可以相提并论，几乎没有人能够再次达到那个层次。勒·柯布西耶的建筑体验本身与文丘里观点的形成确实没有太大关系。然而事实上文丘里的观点的确可以与柯布西耶的早期著述中表述的、自从那个时代以来普遍影响了两代建筑师的观点相提并论。老书在单幢建筑和整个城市范畴倡导高尚的纯粹主义建筑；新书欢迎不同尺度都市体验的矛盾性和复杂性。这标志着重点的彻底转移，使现在声称追随柯布西耶的人们感到沮丧，恰似柯布西耶激怒当时的学院派（Beaux-arts）建筑师一样。因此，两书事实上是相互补充的，并极其相似地遵循相同的基本准则。两人都是真正从建筑遗产中学到许多东西的建筑师。"[①]

"真正从建筑遗产中学到许多东西"并提炼出适应时代精神的创新建筑观念，是柯布西耶与文丘里的共同点。不同之处是柯布西耶处于工业革命引发建筑革命的剧烈变革时代，《走向新建筑》才有可能成为现代建筑运动的宣言，成为从整体上全面改革建筑的宣言；文丘里处于社会平稳发展的时代，《建筑的复杂性与矛盾性》只是在建筑形式范畴完善和改进现代建筑的宣言。文丘里的观点切中时弊，符合当时厌倦了千篇一律的国际式建筑风格，正在酝酿变革的现代建筑发展趋势，对当代建筑审美观念的变异产生了巨大影响。

1962年，正是西方建筑审美观念的变异趋势渐成气候的年代，也是文丘里完成其研究成果的年份，盖里开办了自己的建筑师事务所，开始独立的建筑师职业生涯，他对建筑审美观念变异漫长执着的探索历程是那一代建筑师事业追求的缩影。在校就读期间和就业初期，盖里就已产生质疑传统、尝试创新的强烈愿望，经常被视为离经叛道者。但是独立开业后盖里发现附近的艺术家们在关注他建造中的建筑，盖里自小热爱艺术并广泛接受艺术熏陶，这使他与艺术家们有共同语言，他结交的艺术家包括造型艺术家，也包括音乐家。那么他究竟从艺术家那里学到了什么呢，盖里的回答简捷明确："高格调、许多的构想……那是非常令人振奋的。"[②]艺术家的创作思路使盖里深受启迪，他重新审视美的涵义，也包括建筑美的涵义，将建筑视为雕塑、容器、拥有光和空气的空间，努力创作雕塑般的建筑。1992年获高松宫殿下文化奖的建筑奖后，盖里赴日本领奖并发表演讲，第2天的演讲会结束后，矶崎新以听众的身份向盖里、安藤忠雄、画家皮埃尔·索莱杰和雕塑家安东尼·卡罗提问："建筑和雕塑有什么不同？"盖里答："能开窗采光的是建筑，而雕塑不能。"安藤忠雄答："能够从内部感受到生活气息的是建筑。"索莱杰答："建筑是实在的空间，而雕塑是想象的空间。"卡罗答："盖里的建筑非常接近于雕塑。"❺盖里和卡罗的回答在很大程度上反映了盖里的设计理念和设计思路。

20世纪70年代，盖里热衷于探索绘画、雕塑与建筑的关系，尝试使用廉价的工业建筑材料建造建筑。加利福尼亚州圣莫尼卡盖里自宅（Gehry Residence, Santa Monica, California, 1977~1978；1991~1994）就是这种探索的成果，展示了盖里独特的建筑风格。盖里用波纹铝板外墙包裹他那木结构坡屋顶住宅，在墙上开设不对称的窗以展示室内装饰和支架，外部用金属网围绕，建筑形态从心所欲，试图创造带有随意性的破碎的形式感，当时这一体现建筑审美观念变异的建筑颇具震撼力（图1-59）。

20世纪80年代，盖里事务所创作了许多优秀建筑作品，盖里因此获得国际范围的认可和一系列荣誉，最重要的奖项是1989年获得的普利茨克建筑奖（Pritzker Architecture Prize）。评委会这样评价盖里："在现在的艺术中有太多的回顾而缺少面向未来的探索，盛行回溯而缺少冒险，所以颁奖给盖里是很重要的。他是新鲜的原创者……其作品展现了高度精练、尖端与美术上的前卫性，强调了建筑是一门艺术……评委认为他的不懈的探索精神使他的建筑成为当代社会及其颇具矛盾心态的价值观的独特体现。盖里的建筑反映了对历史上同样产生过杰出

图1-59 加利福尼亚州圣莫尼卡盖里自宅夜景。盖里试图创造带有随意性的破碎的形式感，当时这一体现建筑审美观念变异的建筑颇具震撼力

艺术作品的社会力量的敏锐反应……他的设计如果要和音乐作比较，最好比作爵士乐，充满了即兴创作的生动和不可预测的精神。"⑯盖里的获奖体现了普利茨克建筑奖评委会的远见卓识，在获奖的 1989 年，盖里最重要的建筑作品尚未问世，评委会对其发展潜力的判断准确而富远见，获奖后的 1991 年开始设计，1997 年建成的西班牙毕尔巴鄂古根海姆博物馆是创新的美学观念约束和科学技术约束引发的原创性构思建筑作品，也是盖里建筑师职业生涯的最佳作品之一。这座博物馆使西班牙小城毕尔巴鄂成为全世界建筑和艺术爱好者向往的建筑圣地，建成开放后两年之内就接待了 200 多万观众，许多人为一睹盖里大作的风采从世界各地来到毕尔巴鄂，以致毕尔巴鄂机场必须扩建以满足大量游客的需求。对毕尔巴鄂而言，一座建筑改变了一个城市。

毕尔巴鄂是西班牙的一座小城，始建于 1300 年，在西班牙称雄海上的年代曾经是重要的海港城市，17 世纪城市开始衰落，19 世纪重新振兴，成为西班牙重要的造船中心，20 世纪中叶以后再次式微，1983 年洪水淹没旧城区，城市呈现衰落趋势。此时，纽约古根海姆基金会决定在毕尔巴鄂营建古根海姆博物馆。设计方案是邀请性国际招标的结果，盖里的现场设计方案获胜。"这是在投入竞争之前，当时我在其他任何人之前先到毕尔巴鄂……我们有 10 天的时间来完成这项竞争"。⑰原定规划意图是将欧宏迪加（Alhondiga）大楼改造为博物馆，盖里建议或者拆除欧宏迪加大楼在原址重建新博物馆；或者将大楼改造为旅馆，另择新址建造博物馆。"我曾与所有权威人士及赞助者聚餐，在我的建议后，餐会变得非常安静……他们震惊了……餐会后，我和古根海姆的董事长及一些当地政府官员返回旅馆，我们谈论着，而他们问道：'那你，你要选择哪里呢？'我说：'靠近河边。'因为他们已一整天在告诉我，河边正要再度发展。"⑱第二天赴现场考察后，盖里建议选择纳温河（Nervion River）南岸旧城区边缘的基址建造新博物馆并获得有关部门批准。建筑师与业主和地方政府的交流直接影响设计方案的品质，是方案设计阶段的重要环节，也是盖里的设计方案得以获胜的重要因素。所以盖里称："对我而言，与客户的关系是非常重要的。假如客户是一个法人组织，而我却无法与其总裁谈话时，我不会接受这件工作。"⑲

建筑位于西班牙著名建筑师和工程师圣地亚哥·卡拉特拉瓦（Santiago Calatrava）设计的悬索桥梭飞桥（Puente de la Salve）下方，基地标高较低，盖里的设计方案充分考虑环境要素，建筑穿越梭飞桥并在桥的另一侧耸立一座 50m 高塔与主体建筑呼应，使博物馆建筑与悬索桥、河流及城市周边环境融合；以后面的青山为背景，博物馆入口处的不规则双曲面钛合金表皮建筑形体正对城市干道，成为城市干道的对景建筑（图 1-60、图 1-61）。

毕尔巴鄂古根海姆博物馆的建筑形式创新建立在基本功能合理的基础之上。"博物馆的入口处有一公众广场，用来疏导新博物馆与贝拉艺术博物馆，及老城市与河流之间的行人交通。公共设施，诸如一个 300 个座位的音乐厅、一家餐馆及一家零售商店，每一家均可以从主要公众广场及从内部与河流同样高度的主要入口区到达；如此使这些空间在博物馆开放的时间内可以独立运作，使它们成为毕尔巴鄂都市生活不可或缺的部分。博物馆的管理办公室连结成一独立的建筑，

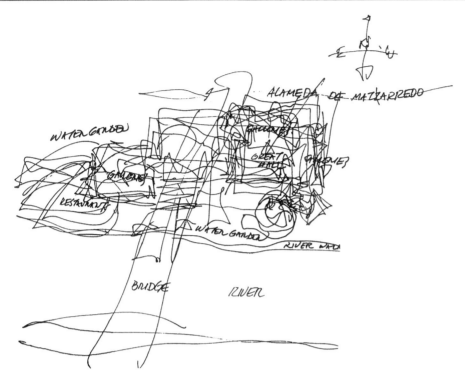

图 1-60　盖里绘制的毕尔巴鄂古根海姆博物馆初始构思草图。注重建筑与河流、桥梁的关系

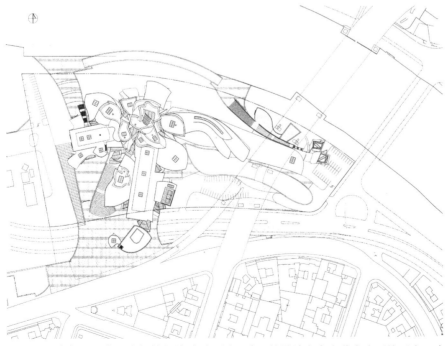

图 1-61　毕尔巴鄂古根海姆博物馆总平面图。盖里的设计方案充分考虑环境要素，建筑穿越梭飞桥并在桥的另一侧耸立一座 50m 高塔与主体建筑呼应，使博物馆建筑与悬索桥、河流及城市周边环境融合

从主要的公众广场有它自己的入口"。[70]博物馆的展览空间围绕中庭设置，以北面入口处的中庭为中心，展厅在中庭的东、南、西三面呈放射性布局，"身为一座世界级的当代艺术博物馆，有三种形态的陈列室空间被发展出来，以反映古根海姆博物馆馆长的需求。永久的典藏品存放在一系列三个连续的方形陈列室，它们位于第二、第三层内；有7个陈列室，每一间具有相同的空间品质及足够的天花板高度（从6~15m），用来提供特选的生活艺术家做有深度的展览。最后临时的展览在一个30m宽、130m长的陈列室建筑内，它向东延伸至梭飞桥的下方，而在东边以一塔状结构终止。……此'大跨度无柱'的空间，给博物馆的展示提供大型现代艺术的唯一空间，而且是无法在较小型、较传统的博物馆举行的。幕后空间的功能，如装载、艺术表演、储存与保护，位于博物馆的下层。它们可以单独地从一条服务道路出入，此路连接博物馆至一预计建造的高速公路"。[71]（图1-62）

在基本功能合理的基础之上，古根海姆博物馆体现了盖里个性化的美学观念约束引发的建筑形式创新。盖里认为建筑师与艺术家的不同之处是"建筑师必须去面对预算、建筑法规及地心引力"，但是这并不是放弃建筑形式追求的理由，"建筑师躲在功能、预算、建筑法规、地心引力、客户及时间等的后面，那是一种逃避责任的行为！人们由于懒惰或由于没有任何的天分或任何的好点子，而逃避自己的责任。我却必须解决所有这些问题"。[72]盖里使用建筑层面与结构层面和功能

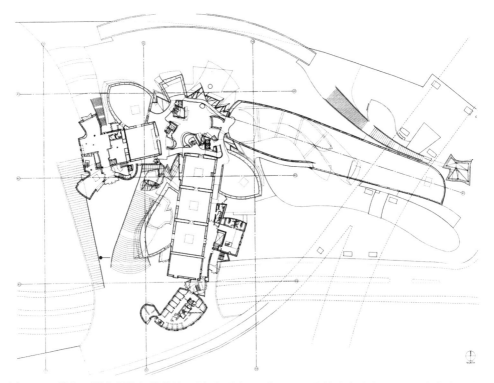

图1-62　毕尔巴鄂古根海姆博物馆二层平面图。以北面入口处的中庭为中心，展厅在中庭的东、南、西三面呈放射性布局，东面是延伸至梭飞桥下方的30m×130m的无柱大空间展厅，参观流线简捷直达

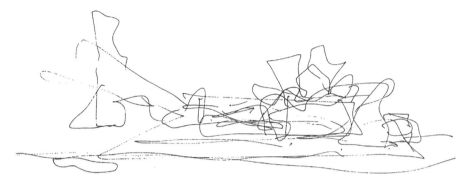

图 1-63　盖里绘制的毕尔巴鄂古根海姆博物馆构思草图

层面分离的建筑设计手法，在不影响基本结构和基本功能的基础上，创造了毕尔巴鄂古根海姆博物馆外覆钛合金板表皮的不规则双曲面建筑形态，其建筑形式超越了人类建筑的既有实践，是多年来盖里在不断创作许多或大或小、或建造或未建的设计方案，以及许多各类工艺品的过程中不懈的实验性探索的总成。

双曲面不规则建筑形态使之从城市的不同视点——城市道路、河岸、入口前的公众广场，以及悬索桥上观赏都有完全不同却同样完美的景观效果；暖色调钛合金板在不同季节、不同时间，以及夜间人工照明环境呈现丰富多变的光影效果，创造了前所未有新颖动人的高科技建筑景观。博物馆的室内设计同样精彩，入口处的中庭被盖里称为"将帽子扔向空中的一声欢呼"，摒弃了简单的几何秩序，创造了以往的建筑空间所不具备的、曲面层叠光影倾泻的强烈视觉冲击效果。毕尔巴鄂古根海姆博物馆打破了建筑形式的固有模式，产生全方位的建筑时空体验与强烈的视觉冲击效果，是当代建筑审美观念变异的产物。

但是盖里的建筑并不像许多新潮艺术家那样脱离大众——这些新潮艺术家的作品只能关起门来自我欣赏，反而抱怨大众审美观念滞后，盖里的建筑离经叛道、独辟蹊径，却能同时获得专业人士与普通百姓的喜爱。盖里个性化的美学观念约束引发的建筑形式创新使毕尔巴鄂古根海姆博物馆达到复杂、丰富、多变，出人意料而又雅俗共赏的审美境界。因此，建筑大师诺曼·福斯特（Norman Foster）在古根海姆博物馆的开幕式上赞赏"毕尔巴鄂市的博物馆将掀开建筑领域的新篇章"。雕塑家理查德·赛瑞（Richad Serra）则称道："弗兰克演绎了对于当代建筑学的突破。他的建筑迥异于任何既定的模式。从他开始，才真正打破了建筑上正统的直角形式的羁绊。"[⑬]专家的专业性评论不吝赞誉之词，普通百姓则从世界各地来到毕尔巴鄂，以他们踊跃观赏的热忱为盖里投赞成票（图 1-63~ 图 1-68）。

如前文所述，毕尔巴鄂古根海姆博物馆是盖里个性化的美学观念约束引发的原创性构思建筑作品，是当代建筑审美观念变异的产物；同样重要的是，毕尔巴鄂古根海姆博物馆也是科学技术约束引发的原创性构思建筑作品，是建筑领域应用现代科学技术的产物。CAD/CAE/CAM 技术与工业化生产的钛合金板表皮等新技术新材料促成了盖里设计构思的实施，其中起决定性作用的是 CAD/CAE/CAM 技术的应用，如果没有 CAD/CAE/CAM 技术，盖里的方案构思只能停留在纸上谈兵的阶段。

图 1-64　毕尔巴鄂古根海姆博物馆全景

图 1-65　毕尔巴鄂古根
海姆博物馆近景

图 1-66　从城市道路
看毕尔巴鄂古根海姆博
物馆。以后面的青山为
背景，博物馆入口处的
不规则双曲面钛合金表
皮建筑形体正对城市干
道，成为城市干道的对
景建筑

图1-67　毕尔巴鄂古根海姆博物馆鸟瞰。黄昏时分，夕阳映照，博物馆外覆钛合金板表皮的不规则双曲面建筑形态呈现迷人的光影色彩效果

CAD/CAE/CAM技术，即计算机辅助设计（CAD）、计算机辅助工程分析（CAE）与计算机辅助制造（CAM）技术，是从20世纪50年代后期开始为发展航空和军事工业开发的工程技术，随着计算机硬件、软件技术和计算机图形学技术的进步迅速发展成为成熟的工程技术，1989年美国国家工程科学院将CAD/CAE/CAM技术评选为当代（1964~1989）10项最杰出的工程技术成就之一。成熟的CAD/CAE/CAM技术很快得到普及性应用，从大型企业扩展到中小型企业，从航空和军事工业领域扩展到民用产品设计制造领域，也扩展到建筑设计和建造领域，毕尔巴鄂古根海姆博物馆是建筑设计和建造领域成功应用CAD/CAE/CAM技术的典型实例。

图1-68　毕尔巴鄂古根海姆博物馆入口中庭内景。被盖里称为"将帽子扔向空中的一声欢呼"，摒弃了简单的几何秩序，创造了以往的建筑空间所不具备的、曲面层叠光影倾泻的强烈视觉冲击效果

57

　　盖里建筑师事务所首次使用 CAD/CAE/CAM 技术的设计项目是为 1992 年西班牙巴塞罗那奥运会设计的大型雕塑"巴塞罗那鱼"（Barcelona Fish，Spain，1989~1992），盖里不规则的双曲面雕塑造型设计构思如何经济、快速、准确地实施成为困扰盖里事务所的难题。"由于紧张的预算和工期，需要协助制造商和承包商经济快速地建造，这促使事务所寻求适宜的电脑软件包和电脑硬件。电脑并非设计和表达的必备工具，确切地讲是一种协助生产的工具，增加的三维设计程序已经使用了 30 年。虽然盖里事务所以前建造过鱼和其他复杂的曲面结构，设计仍然被如何能够使用传统的二维图纸表达的问题所制约。搜寻了适宜的三维方法后，盖里事务所尝试使用一种系统，这一系统允许他们继续使用实物模型工作，同时能向承包商表达如何建造独特的构成形态，并使复杂构成形态的材料制造、表皮几何形态和结构原理不再神秘化，以便使项目耗费的时间和造价能够得到真实的而不是错误的反映"。㉘为此盖里事务所需要寻求一种适宜的电脑软件，"软件考察由主要合伙人詹姆士·格里夫（James Glymph）主持，软件开发始于航空航天和汽车产业，两者都使用三维而不是二维分解视图设计制造……最终公司采用巴黎达索系统公司（Dassault Systemes of Paris）的 CATIA 系统，一个最初为设计幻影战斗机开发的软件，由 IBM 公司出售，运行于 IBM 工作站。在盖里事务所，用激光笔（Laser Stylus）描摹实物模型的形状将其维度资料数字化，并附带一个 6ft 高的三维触点数字转换器。然后这些数据被输送到 CATIA 系统，在那里设计和工程制造都是精确的"。㉙

　　CAD/CAE/CAM 技术使盖里事务所能够沿用建筑师熟悉的传统手绘草图、建筑模型和二维平、立、剖面图等表达方式完成前期方案设计工作，后期则制作精

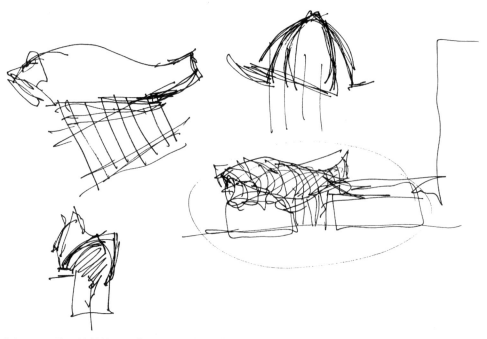

　图 1-69　盖里绘制的"巴塞罗那鱼"构思草图

确的大比例尺模型，借助 CATIA 系统与承包商和制造工厂密切配合，使"巴塞罗那鱼"复杂的三维双曲面建筑形态设计方案转化为可实施的建筑产品。"巴塞罗那鱼"是雕塑而不是建筑，需要解决的仅仅是形体建构问题，但是这次成功尝试在盖里事务所建立了全新的设计和建造模式，盖里和他的方案设计班子可以沿用传统的手绘草图、建筑模型和二维平、立、剖面图等表达方式完成方案设计，另一组成员则借助 CATIA 系统与承包商和制造商配合，使用 CAD/CAE/CAM 技术完成后期施工图设计和建造工作。从此 CATIA 系统成为盖里事务所不可或缺的计算机辅助设计和建造技术（图 1-69~ 图 1-71）。

　　CATIA 系统是法国达索飞机公司（Le Groupe Dassault）的子公司达索系统公司（Dassault Systemes）开发的产品。航天航空、汽车和造船工业对数字化设计和制造的需求最为迫切，应用开发首先从这些企业开始，最早成功开发的

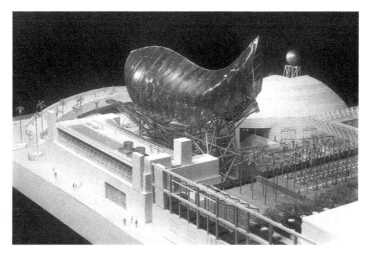

图 1-70　"巴塞罗那鱼"精确的大比例尺模型

图 1-71　建成后的"巴塞罗那鱼"

是美国麦道公司的 CADD 系统和洛克希德公司的 CADAM 系统，后来洛克希德公司的 CADAM 系统并入美国 IBM 公司。法国达索飞机公司在收购 CADAM 系统的基础上扩充开发，经过几年努力形成商品化系统，发展为集成化的 CAD/CAE/CAM 系统，拥有 20 多个独立计价的模块。20 世纪 90 年代初，用于飞机制造工业的 CATIA 系统已经广泛应用于汽车、电脑等制造工业，盖里事务所也从此时开始在"巴塞罗那鱼"的设计和建造过程中应用 CATIA 系统。CATIA 系统的外形设计和风格造型设计软件可用于构建、控制和修改不规则工程曲面，盖里事务所应用 CATIA 系统的这一功能，使毕尔巴鄂古根海姆博物馆不规则的双曲面钛合金板表皮得以精密实施，这是使用传统的二维建筑设计图纸无法完成的。

但是盖里本人并不使用电脑，那是他的设计团队的工作。除构思草图外，盖里用快速模型推敲方案，用模型照片表达方案构思。他这样描述毕尔巴鄂古根海姆博物馆方案竞争阶段的工作：在草图构思之后开始做模型，"我们从模型上展开此种最先的构想；我们每天做一个模型，然后我们为第八、九及第十天的模型照相，并将其投入竞赛图中。我们将这三天的照片呈上以告诉他们我们的工作方向，而不是一个已完工的产品。这些照片是用快速底片拍摄的，所以它们看来更像是印象派的图画。这是将太完美的、太多细节的东西移开的一种方法"。[8] 前期方案设计阶段是排除细节干扰、寻求创新性构思突破的关键性阶段；后期施工图设计阶段 CATIA 系统的应用则使创新设计方案得以精确实施。毕尔巴鄂古根海姆博物馆的设计程序如下：用手绘草图和建筑草模反复探讨基本方案构思意向；方案基本构思意向确定后，使用手绘草图、建筑模型和二维平、立、剖面图等表达方式反复推敲设计方案；设计方案从总体到细部，从功能到形式都臻于完美后进入施工图设计阶段；除常规二维施工图外，最终制作精确的大比例尺建筑模型，用 CATIA 系统的"激光笔"扫描建筑模型，将不规则的双曲面钛合金板表皮的设计数据输入电脑，与承包商和制造工厂配合，共同完成应用 CAD/CAE/CAM 技术的"端到端"设计、制造和建造过程（图 1-72）。

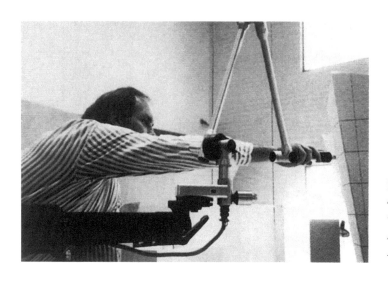

图 1-72 盖里的助手使用 CATIA 系统的"激光笔"扫描大比例尺建筑模型，将设计数据输入电脑

第 1 章注释

① 考工记此语作者所见有两种断句标点方式：一曰"知者创物，巧者述之守之，世谓之工。"（戴吾三.考工记图说 [M]. 济南：山东画报出版社，2003：17.）；二曰"知者创物，巧者述之，守之世，谓之工。"（闻人军译注.考工记译注 [M]. 上海：上海古籍出版社，1993：117.）。本书取前一种断句标点方式。

② 参见：单士元.明代营造史料·天坛 [J]. 中国营造学社汇刊，1933（5·3）：111~138。文中有关祈年殿屋顶部分的内容摘录如下：1. 清康熙二十三年所撰大清会典："大享殿（引者注：祈年殿清嘉庆前名大享殿）^{在圜丘坛北}殿以圆为制，周围共十二柱，内柱亦十有二，中龙井柱四。圆顶三层，上覆青瓦，中覆黄瓦，下覆绿瓦，中安宝顶。"（第 126 页）2. 清嘉庆会典坛庙规制："大享殿在圜丘北，制圆南向，外柱十二，内柱十二，中龙井柱四。圆顶三层，上覆青色，中黄色，下绿色琉璃，上安金顶。"（第 129 页）3. 清嘉庆会典事例："考大享之名，与孟春祈谷异义，应请前荐嘉名，奉旨改为祈年殿，门为祈年门。"（第 132 页）4. 祈年殿焚于清光绪中叶。据光绪东华录载："光绪十五年八月丁酉，天坛祈年殿灾。"（第 133 页）5. "光绪十六年重建祈年殿，大体仍依旧制，见《天咫偶闻》。"（第 134 页）6. "祈年殿瓦旧制上青中黄下绿，乾隆改修一律青色琉璃，乾隆十七年改，嘉庆会典事例书明三色瓦为明制。"（第 137~138 页《坛殿砖瓦比较表》）。

③ 1953 年 5 月 17 日赖特接受美国国家广播公司记者休·唐斯（Hugh.Downs）的一次采访时的谈话记录。转引自：项秉仁.赖特 [M]. 北京：中国建筑工业出版社，1992：182.

④ 蘅塘退士，陈书良.唐诗三百首 [M]. 海口：海南出版社，1994：1.

⑤ （瑞士）W·博奥席耶.勒·柯布西耶全集·第 2 卷·1929–1934 年 [M]. 牛燕芳，程超，译.北京：中国建筑工业出版社，2005：15.

⑥ （瑞士）W·博奥席耶.勒·柯布西耶全集·第 2 卷·1929–1934 年 [M]. 牛燕芳，程超，译.北京：中国建筑工业出版社，2005：15.

⑦ （瑞士）W·博奥席耶.勒·柯布西耶全集·第 2 卷·1929–1934 年 [M]. 牛燕芳，程超，译.北京：中国建筑工业出版社，2005：15.

⑧ 密斯：建造方法工业化，1924 年。转引自：刘先觉.密斯·凡·德·罗 [M]. 北京：中国建筑工业出版社，1992：212.

⑨ 密斯：两座玻璃摩天楼，1922 年。转引自：刘先觉.密斯·凡·德·罗 [M]. 北京：中国建筑工业出版社，1992：211.

⑩ （美）肯尼斯·弗兰姆普敦.现代建筑：一部批判的历史 [M]. 张钦楠，等，译.北京：三联书店，2004：263.

⑪ （德）华尔德·格罗比斯.新建筑与包豪斯 [M]. 张似赞，译.北京：中国建筑工业出版社，1979：12~13。引者注：华尔德·格罗比斯即 Walter Gropius，今译沃尔特·格罗皮乌斯，下同。

⑫ （德）华尔德·格罗比斯.新建筑与包豪斯 [M]. 张似赞，译.北京：中国建筑工业出版社，1979：11~12.

⑬ （英）弗兰克·惠特福德.包豪斯 [M]. 林鹤，译.北京：三联书店，2001：171.

⑭ （德）华尔德·格罗比斯.新建筑与包豪斯 [M]. 张似赞，译.北京：中国建筑工业出版社，1979：34.

⑮ （美）肯尼斯·弗兰姆普敦.现代建筑：一部批判的历史 [M]. 张钦楠，等，译.北京：三联书店，2004：178.

⑯ （意）L·本奈沃洛.西方现代建筑史 [M]. 邹德侬，巴竹师，高军，译.天津：天津科学技术出版社，1996：449~450.

⑰ 邹德侬.中国现代建筑论集 [M]. 北京：机械工业出版社，2003：112.

⑱ （意）P·L·奈尔维.建筑的艺术与技术 [M]. 黄运升，译.北京：中国建筑工业出版社，1981：4.

⑲ （意）P·L·奈尔维著.建筑的艺术与技术 [M]. 黄运升译.北京：中国建筑工业出版社，1981：4.

⑳ （意）P·L·奈尔维.建筑的艺术与技术 [M]. 黄运升，译.北京：中国建筑工业出版社，1981：15.

㉑ （德）柯特·西格尔.现代建筑的结构与造型 [M].成莹犀，译.北京：中国建筑工业出版社，1981：122.

㉒ （意）P·L·奈尔维.建筑的艺术与技术 [M].黄运升，译.北京：中国建筑工业出版社，1981：86.

㉓ （意）P·L·奈尔维.建筑的艺术与技术 [M].黄运升，译.北京：中国建筑工业出版社，1981：9.

㉔ 作者译。Heinz Ronner, Sharad Jhaveri.Louis I.Kahn：Complete Work 1935-1974（2nd edition）[M].Basel：Birkhäuser, 1987：83。原文为 "The Trenton Bath House gave me the first opportunity to work out the separation between the serving and served spaces.It was a very clear and simple problem.It was solved with absolute purity.Every space is accounted for, there is no redundancy." "After the completion of the Bath House I never had to look to another architect for inspiration."

㉕ 作者译。Heinz Ronner, Sharad Jhaveri.Louis I.Kahn：Complete Work 1935-1974（2nd edition）[M].Basel：Birkhäuser, 1987：106。原文为 "In this architecture, form comes from the characteristics of the spaces and how they are served …"

㉖ 原文为 "Notwithstanding international accolades（Vincent Scully called it' one of the greatest buildings of modern times'）, many scientists who worked at Richards expressed disdain for Kahn's design of the labs." 作者译。英文原文载（美）埃兹拉·斯托勒.萨尔克生物研究所 [M].熊宁，译.北京：中国建筑工业出版社，2001：12.

㉗ （美）埃兹拉·斯托勒.萨尔克生物研究所 [M].熊宁，译.北京：中国建筑工业出版社，2001：25.

㉘ （美）埃兹拉·斯托勒.萨尔克生物研究所 [M].熊宁，译.北京：中国建筑工业出版社，2001：27.

㉙ （美）迈克尔·坎内尔.贝聿铭传：现代主义大师 [M].倪卫红，译.北京：中国文学出版社，1997：237.

㉚ （美）迈克尔·坎内尔.贝聿铭传：现代主义大师 [M].倪卫红，译.北京：中国文学出版社，1997：243~244.

㉛ （美）迈克尔·坎内尔.贝聿铭传：现代主义大师 [M].倪卫红，译.北京：中国文学出版社，1997：246.

㉜ （美）迈克尔·坎内尔.贝聿铭传：现代主义大师 [M].倪卫红，译.北京：中国文学出版社，1997：246~247.

㉝ （美）迈克尔·坎内尔.贝聿铭传：现代主义大师 [M].倪卫红，译.北京：中国文学出版社，1997：247.

㉞ （美）迈克尔·坎内尔.贝聿铭传：现代主义大师 [M].倪卫红，译.北京：中国文学出版社，1997：249.

㉟ （美）迈克尔·坎内尔.贝聿铭传：现代主义大师 [M].倪卫红，译.北京：中国文学出版社，1997：250.

㊱ （美）迈克尔·坎内尔.贝聿铭传：现代主义大师 [M].倪卫红，译.北京：中国文学出版社，1997：241.

㊲ （美）迈克尔·坎内尔.贝聿铭传：现代主义大师 [M].倪卫红，译.北京：中国文学出版社，1997：249.

㊳ （美）迈克尔·坎内尔.贝聿铭传：现代主义大师 [M].倪卫红，译.北京：中国文学出版社，1997：250.

㊴ （美）迈克尔·坎内尔.贝聿铭传：现代主义大师 [M].倪卫红，译.北京：中国文学出版社，1997：250~251.

㊵ （美）埃兹拉·斯托勒.流水别墅 [M].屠苏南，译.北京：中国建筑工业出版社，2001：17.

㊶ 作者译。Robert McCarter.Frank Lloyd Wright [M].London：Phaidon, 1997：205.

㊷ 作者译。Robert McCarter.Frank Lloyd Wright [M].London：Phaidon, 1997：206.

㊸ 作者译。Robert McCarter.Frank Lloyd Wright [M].London：Phaidon, 1997：206~207.

㊹ （美）肯尼斯·弗兰姆普敦.现代建筑：一部批判的历史 [M].张钦楠，等，译.北京：三联书店，2004：207.

㊺ 参见（美）埃兹拉·斯托勒.流水别墅 [M].屠苏南，译.北京：中国建筑工业出版社，2001：14~21.

㊻ （美）戴维·拉金，布鲁斯·布鲁克斯·法依弗，布鲁斯·布鲁克斯·法依弗.弗兰克·劳埃德·赖特：建筑大师 [M].苏怡，齐勇新，译.北京：中国建筑工业出版社，2005：109.

㊼ 马丘比丘宪章·城市与建筑设计，陈占祥，译。转引自：许溶烈.建筑师学术·职业·信息手册 [M].郑州：河南科学技术出版社，1993：741.

㊽ （美）埃兹拉·斯托勒.流水别墅 [M].屠苏南，译.北京：中国建筑工业出版社，2001：23.

㊾ （美）戴维·拉金，布鲁斯·布鲁克斯·法依弗，布鲁斯·布鲁克斯·法依弗.弗兰克·劳埃德·赖特：建筑大师 [M].苏怡，齐勇新，译.北京：中国建筑工业出版社，2005：115.

㊿ （美）埃兹拉·斯托勒.朗香教堂 [M].焦怡雪，译.北京：中国建筑工业出版社，2001：17.

51 （美）埃兹拉·斯托勒.朗香教堂 [M].焦怡雪，译.北京：中国建筑工业出版社，2001：27.

㉒（美）埃兹拉·斯托勒.朗香教堂[M].焦怡雪,译.北京:中国建筑工业出版社,2001:27、29.

㉓Juan Jenger.勒·柯布西耶:为了感动的建筑[M].周嫄,译.上海:世纪出版集团,上海人民出版社,2006:24.

㉔Juan Jenger.勒·柯布西耶:为了感动的建筑[M].周嫄,译.上海:世纪出版集团,上海人民出版社,2006:25.

㉕（荷）亚历山大·佐尼斯著.勒·柯布西耶:机器与隐喻的诗学[M].金秋野,王又佳,译.北京:中国建筑工业出版社,2004:26~27.

㉖（荷）亚历山大·佐尼斯著.勒·柯布西耶:机器与隐喻的诗学[M].金秋野,王又佳,译.北京:中国建筑工业出版社,2004:178~181.

㉗（美）埃兹拉·斯托勒.朗香教堂[M].焦怡雪,译.北京:中国建筑工业出版社,2001:19.

㉘（美）埃兹拉·斯托勒.朗香教堂[M].焦怡雪,译.北京:中国建筑工业出版社,2001:23~25.

㉙（法）勒·柯布西耶基金会.勒·柯布西耶与学生的对话[M].牛燕芳,程超,译.北京:中国建筑工业出版社,2003:41.

㉚（法）勒·柯布西耶基金会.勒·柯布西耶与学生的对话[M].牛燕芳,程超,译.北京:中国建筑工业出版社,2003:58~59.

㉛（英）G·勃罗德彭特.建筑设计与人文科学[M].张韦,译.北京:中国建筑工业出版社,1990:346.

㉜（荷）亚历山大·佐尼斯.勒·柯布西耶:机器与隐喻的诗学[M].金秋野,王又佳,译.北京:中国建筑工业出版社,2004:26.

㉝作者译。Robert Venturi.Complexity and Contradiction in Architecture[M].New York:the Museum of Modern Art,2002:9.

㉞（西）利维希（Levehe),（西）塞西利亚（Cecilia,F.M.).弗兰克·盖里作品集[M].薛皓东,译.天津:天津大学出版社,2002:6.

㉟参见（日）渊上正幸.世界建筑师的思想和作品[M].覃力,等,译.北京:中国建筑工业出版社,2000:154.

㊱杨晓龙译。Jury Citation.The Pritzker Architecture Prize,1989:Frank Gehry[R].Los Angeles:Hyatt Foundation,1989.

㊲（西）利维希（Levehe),（西）塞西利亚（Cecilia,F.M.).弗兰克·盖里作品集[M].薛皓东,译.天津:天津大学出版社,2002:26.

㊳（西）利维希（Levehe),（西）塞西利亚（Cecilia,F.M.).弗兰克·盖里作品集[M].薛皓东,译.天津:天津大学出版社,2002:25.

㊴（西）利维希（Levehe),（西）塞西利亚（Cecilia,F.M.).弗兰克·盖里作品集[M].薛皓东,译.天津:天津大学出版社,2002:2~3.

㊵（西）利维希（Levehe),（西）塞西利亚（Cecilia,F.M.).弗兰克·盖里作品集[M].薛皓东,译.天津:天津大学出版社,2002:178.

㊶（西）利维希（Levehe),（西）塞西利亚（Cecilia,F.M.).弗兰克·盖里作品集[M].薛皓东,译.天津:天津大学出版社,2002:180.

㊷（西）利维希（Levehe),（西）塞西利亚（Cecilia,F.M.).弗兰克·盖里作品集[M].薛皓东,译.天津:天津大学出版社,2002:7~8.

㊸参见（英）内奥米·斯汤戈.弗兰克·盖里[M].陈望,译.北京:中国轻工业出版社,2002:10.

㊹作者译。Francesco Dal Co,Kurt W.Forster.Frank O.Gehry:The Complete Works[M].New York:The Monacelli Press,1998:431.

㊺作者译。Francesco Dal Co,Kurt W.Forster.Frank O.Gehry:The Complete Works[M].New York:The Monacelli Press,1998:431.

㊻（西）利维希（Levehe),（西）塞西利亚（Cecilia,F.M.).弗兰克·盖里作品集[M].薛皓东,译.天津:天津大学出版社,2002:26.

第2章
Chapter 2

建筑设计手法
On the Manner of Architecture Design

　　"建筑设计手法"是一个颇为宽泛亦颇具歧义的概念，对其基本涵义的界定可定位于哲理意义上的探讨，也可定位于源自建筑设计实践的具体设计手法研究，本章论述基于后者。作为人类共同财富的典范性现代建筑作品蕴涵着许多优秀建筑设计手法，除少数特例如美国建筑师弗兰克·劳埃德·赖特、菲利普·约翰逊、罗伯特·文丘里、彼得·埃森曼，法国建筑师勒·柯布西耶，意大利建筑师阿尔多·罗西，荷兰建筑师雷姆·库哈斯等外，大多数一流建筑师的设计思想与设计手法并非体现于其建筑理论著述，而是体现于他们创作的优秀建筑作品，在很大程度上仍属源于直觉思维的感性思维成果。分类研究整理这些蕴涵于典范性建筑作品中的设计手法，爬梳剔抉，钩玄提要，从零散片段的个案研究成果升华到建筑理论层面的共性表述，将体现于一流建筑师优秀建筑作品的感性思维成果转化为理性表达的建筑设计手法论述，就是普适性的建筑设计手法，这是作者研究建筑设计手法的基本思路。

　　基于这一基本思路，本章从广义的"手法"概念探讨入手，阐述"建筑设计手法"的特定涵义及其基本特征，由此引申出"建筑设计手法"的分类研究和论述，通过相应的经典建筑案例剖析，具体论述若干种典范性建筑设计手法。需要说明的是，因篇幅所限，本章所述仅涉及部分整体构思层面的建筑设计手法，局部应用层面的建筑设计手法则仅在第1节论述之。作者以为，在建筑设计的方案构思阶段，根据设计项目的具体条件采用最适宜的整体构思层面的建筑设计手法至关重要，这种前期抉择往往直接影响方案设计的水准，甚至影响方案设计的成败。舍弃包罗万象泛泛而谈的概略论述，注重每种设计手法深入到位的详尽剖析，使优秀建筑作品的影响从初级阶段的模仿克隆上升到理论层面的启迪借鉴，是本章论述的基本准则。

　　"手法"一词，英文称为 Manner，可译为"手法"，亦可译为"技巧"或"技法"。对建筑创作而言，"设计手法"与"设计构思"既有本质区别，又有紧密联系，设计构思是方案设计的根基，设计手法则是落实设计构思的手段、技巧或技法。建筑设计手法同样需要创新，按创新程度可划分为创新层面的设计手法与借鉴层面的设计手法，但是不可能、也不需要每个建筑师、每件建筑作品都有设计手法创新，借鉴前人首创的优秀建筑设计手法是很正常的现象。

　　建筑设计手法具备具体操作层面的"技巧"或"技法"属性，按照建筑师的设计意图，可以服务于不同的设计思想和设计观念。同一设计手法，可以应用于保守的、落后的设计思想和设计观念，创作落后于时代潮流的陈旧建筑作品；也可以应用于先进的、创新的设计思想和设计观念，创作适应时代潮流的创新建筑作品。以后文论述的处理建筑层面与结构层面和功能层面关系的建筑设计手法为例，早在19世纪后半叶，西方流行的复古主义、折中主义建筑就曾应用建筑层面与结构层面和功能层面分离的建筑设计手法，使用与结构层面、功能层面无关的复古主义、折中主义风格的建筑层面遮掩新结构和新功能，反映的是保守落后的建筑思想和审美观念；而当时萌芽状态的新建筑，如1851年伦敦世界博览会水晶宫，则已采用建筑层面与结构层面和功能层面合一的建筑设计手法，适应新时代新的功能要求，大胆暴露新结构和新材料，创造了全新的建筑形式和建筑空间，反映的是适应时代发展潮流的创新建筑思想和审美观念。

　　当代中国因在不同层次借鉴或模仿西方建筑设计手法而呈现鱼龙混杂、优劣并存结局的典型例证是 20 世纪 80 年代的"波特曼旅馆"现象。1967 年美国建筑师约翰·波特曼设计的亚特兰大海亚特摄政旅馆（1963~1967）落成，波特曼创造性地运用现代中庭建筑设计手法，营造了一个 22 层高的巨大中庭空间，创造了旅馆内部富有生活气息和人情味的室内空间，令人耳目一新。现代中庭建筑设计手法并非波特曼首创，规模尺度较小的建筑中庭自古有之，极具创造性和影响力的现代中庭建筑则始于赖特 1943 年开始方案设计构思、1959 年建成的纽约古根海姆博物馆，波特曼设计的海亚特摄政旅馆借鉴纽约古根海姆博物馆的现代中庭建筑设计手法，并加入透明观光电梯和屋顶旋转餐厅两种非常商业化的设计要素，在商业化的旅馆设计领域获得巨大成功（图 2-1、图 2-2）。[①]

　　此后至 20 世纪 80 年代，波特曼不懈探索现代中庭建筑设计手法在旅馆建筑中的应用，陆续设计建成一批风格一致又互不雷同的旅馆建筑，因有"波特曼旅馆"之称，巨大的中庭空间、透明观光电梯与屋顶旋转餐厅也因此被称为"波特曼旅馆"的三大法宝，借鉴或模仿者甚多，但因建筑师职业素质与创作水准的高下而有明显的优劣之分。20 世纪

图 2-1　纽约古根海姆博物馆中庭。极具创造性和影响力的现代中庭建筑构思自赖特开始

图 2-2　亚特兰大海亚特摄政旅馆中庭。约翰·波特曼首次将现代中庭建筑设计手法运用于商业化的旅馆建筑

67

图2-3 广州白天鹅宾馆中庭。将波特曼旅馆的现代中庭设计手法与岭南园林设计手法融为一体的典范性建筑作品

80年代，"波特曼旅馆"使用的现代中庭建筑设计手法在中国曾经达到不问建筑性质、不管功能要求、不顾设计条件到处套用的地步，是为特定历史条件下盲目模仿、滥用建筑设计手法的负面典型建筑现象；但是同一时期中国建筑师也创作了若干在借鉴现代中庭建筑设计手法的基础上二次创新的优秀建筑作品，其中的佼佼者如广州白天鹅宾馆即将现代中庭建筑设计手法与岭南园林设计手法融为一体，在中庭空间内融入假山、瀑布、亭子等岭南园林构成要素，其"家乡水"瀑布构思更是独具匠心，使中庭空间具备浓郁的侨乡人文特色与岭南建筑风格，成为中国建筑师创造性地借鉴现代中庭建筑设计手法的典范性建筑作品（图2-3）。

　　不理解其实质性内涵的浅层次"手法"模仿和抄袭是建筑创作，也是所有门类艺术创作的大忌，文学评论家称为"以词害意"。《红楼梦》第48回曹雪芹借"香菱学诗"为题，生动地阐明了不可"以词害意"的文学观，可供建筑师借鉴。书中述香菱随宝钗住进大观园，便往潇湘馆求黛玉教她作诗，雪芹先生借黛玉之口讲作诗的宗旨云："什么难事，也值得去学？不过是起、承、转、合，当中承、转，是两副对子，平声的对仄声，虚的对实的，实的对虚的。若是果有了奇句，连平仄虚实不对都使得的。"②黛玉讲的是作诗的具体手法，初学者香菱难以领悟，简单地误解为"原来这些规矩，竟是没事的，只要词句新奇为上。"于是雪芹先生再借黛玉之口点出真谛："词句究竟还是末事，第一是立意要紧。若意趣真了，连词句不用修饰，自是好的：这叫作'不以词害意'。"③简言之，即立意第一，手法其次，不可本末倒置，以词害意，文学创作如此，建筑创作亦如此。本章从理论层面剖析论述蕴涵于典范性建筑作品之中的建筑设计手法，目的是概括性地提炼具备借鉴和启迪价值的建筑设计手法模式，倡导建立在领悟和理解的基础之上二次创新性质的高层次借鉴和应用，避免生搬硬套，以词害意，浅层次的表层模仿和抄袭。

2.1　处理建筑层面与结构层面和功能层面关系的建筑设计手法

为清晰地论述这一设计手法，作者创立了 3 个专用概念："建筑层面""结构层面"与"功能层面"，以下是作者拟定的这 3 个专用概念的定义。一般情况下，建筑形体的外部形态由建筑的墙体和屋顶围合形成，墙体和屋顶的界面可能截然分开，也可能相互融合浑然一体，由此构成建筑的外界面。建筑的外界面可以使用不同的建筑要素构成，由此引发"建筑层面""结构层面"与"功能层面"的概念。其一，"建筑层面"可定义为显现于建筑外部，直接构成建筑形体外部形态特征的建筑构件。其二，建筑的结构体系自身亦具有特定的形体特征，即"结构形体"，"结构形体"可能隐匿于"建筑层面"之内，也可能直接构成建筑形体的外部形态，作者称之为"结构层面"。其三，对绝大多数建筑而言，作为建筑之本的建筑功能约束也会产生对建筑形态构成的制约，直接影响建筑形体的基本形态构成，如剧院的前厅和休息厅、观众厅、舞台各有不同的功能高度要求，即使将前二者设计为等高，舞台也将在后部高高耸起，形成剧院特有的由功能约束引发的建筑形体特征。作者将这种由于建筑功能约束影响而形成的建筑形态构成制约定义为建筑形式意义上的"功能层面"。与"结构层面"一样，"功能层面"可能隐匿于"建筑层面"之内，也可能直接构成建筑形体的外部形态特征。

综上所述，受不同的建筑约束条件制约，或受建筑师不同的设计构思理念影响，"建筑层面"可能成为影响建筑形态的主要因素，"结构层面"和"功能层面"同样可能成为影响建筑形态的主要因素，这正是本节论述的"处理建筑层面与结构层面和功能层面关系的建筑设计手法"的基本出发点。

纵览载入中外建筑史册的诸多经典建筑作品，处理建筑层面与结构层面和功能层面关系的设计手法可以归纳为两种类型，即建筑层面与结构层面和功能层面合一的建筑设计手法，以及建筑层面与结构层面和功能层面分离的建筑设计手法，两类建筑设计手法并无高下之分，二者都曾产生过许多优秀建筑作品，包括传世之作层次的经典建筑作品，成功的关键取决于根据建筑的具体约束条件作出的正确的前期抉择，以及在此基础上极高水准而富有创意的后期实施。

人类原始社会时期的建筑，直接构成建筑内部和外部形态特征的建筑构件就是建筑的结构构件，同时也明确体现建筑的功能特征，建筑层面与结构层面和功能层面合而为一，直接构成建筑形体的内部和外部形态特征。如仰韶文化时期的中国陕西西安市半坡村遗址原始社会方型房屋半坡 F39 复原图，以及考古学家根据考古发掘成果绘制的法国尼斯（Nizza）附近的泰拉阿马塔（Terra Amata）大约30 万年前形成的旧石器时代原始人类聚居地建筑复原图，都明显具备建筑层面与结构层面和功能层面合一的基本特征（图 2-4、图 2-5）。

进入文明社会之后，建筑层面与结构层面和功能层面合一或分离的建筑设计手法并存，二者都有长足进展，产生了许多优秀建筑作品。中国古代建筑如天津蓟县独乐寺山门与山西朔县崇福寺弥陀殿；西方古代建筑如意大利罗马万

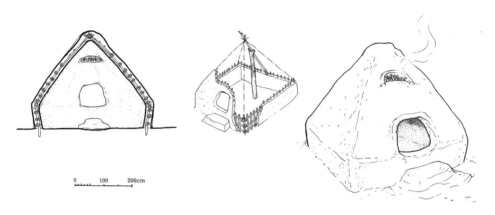

图 2-4　陕西西安市半坡村遗址原始社会方型房屋半坡 F39 复原图

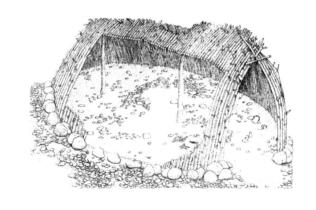

图 2-5　法国尼斯（Nizza）附近的泰拉阿马塔（Terra Amata）原始人类聚居地建筑复原图

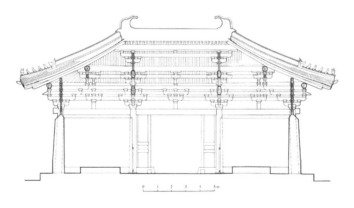

图 2-6　天津蓟县独乐寺山门纵剖面图

神庙（The Pantheon，Rome，Italy）与维琴察的巴西利卡（The Basilica，Vicenza，Italy）等都具备建筑层面与结构层面和功能层面合一的基本特征（图 2-6~图 2-9）；中国古代建筑如天津蓟县独乐寺观音阁与北京故宫太和殿；西方古代建筑如意大利佛罗伦萨主教堂的穹顶（The Dome of Florence Cathedral，Florence，

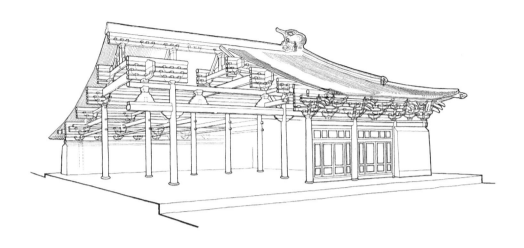

图 2-7　山西朔县崇福寺弥陀殿剖视示意图

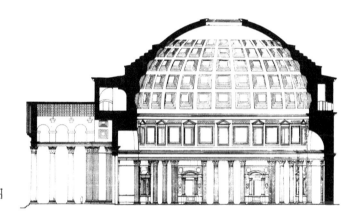

图 2-8　罗马万神庙剖面图

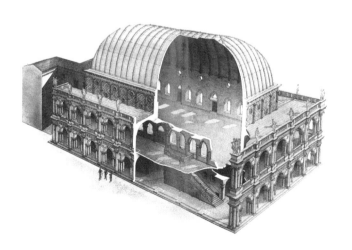

图 2-9　维琴察的巴西
利卡剖切透视图

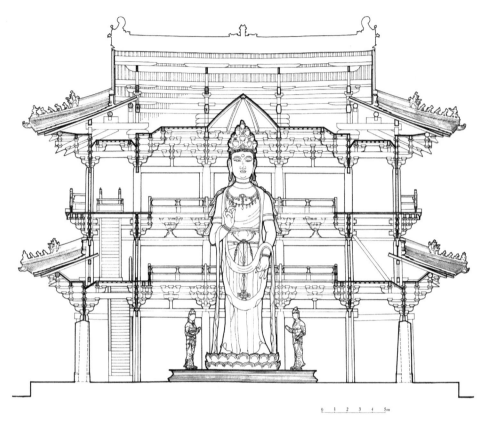

图 2-10　天津蓟县独乐寺观音阁纵剖面图

Italy）与英国伦敦圣保罗教堂的穹顶（St Paul's Cathedral，London）等都具备建筑层面与结构层面和功能层面分离的基本特征（图 2-10~图 2-13）。

　　试将罗马万神庙与伦敦圣保罗教堂的穹顶做一比较。同为穹顶，前者结构界面、功能界面与建筑界面重叠，使用的是建筑层面与结构层面和功能层面合一的建筑设计手法。后者由不同功能、不同形态的 3 个层面组合而成，内层直径 30.8m 的砖砌半球形拱顶是穹顶的"结构层面"，也是教堂的"功能层面"，从教堂中殿内可见拱顶下部的天顶画；中层圆锥形砖砌筒体也是穹顶的"结构层面"，其作用是支撑穹顶之上重达 850t 的采光亭，外层是按建筑整体比例、尺度和建筑形式要求设计的外露穹顶，在木结构外覆以铅皮，与采光亭一起构成穹顶的"建筑层面"，这个"建筑层面"穹顶在减轻结构自重、满足教堂

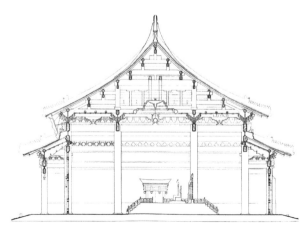

　图 2-11　北京故宫太和殿横剖面图

图 2-12　佛罗伦萨主教堂的穹顶剖面透视图

功能要求的前提下创造了完美的建筑形式，使用的是建筑层面与结构层面和功能层面分离的建筑设计手法。

19 世纪后半叶，现代主义建筑进入萌芽时期。随着社会的发展，在物质层面上，科学技术革命与新材料新结构的产生为建筑创新提供了实现的可能性；在精神层面上，社会风气的转变、哲学和艺术思想的影响、建筑审美观念的改变促成了建筑师对新建筑风格的探索。这一时期建筑进展的重大成果之一是使用铁结构与玻璃的大跨度建筑的成功实施，这一成果也促进了建筑层面与结构层面和功能层面合一的建筑设计手法的发展，1851 年伦敦世界博览会水晶宫与 1889 年巴黎世界博览会机器馆都是现代

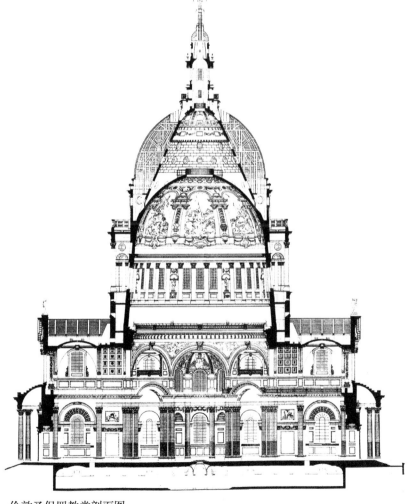

图 2-13　伦敦圣保罗教堂剖面图

图 2-14   1851 年伦敦世界博览会水晶宫

主义建筑萌芽时期使用这种建筑设计手法的经典建筑作品（图 2-14、图 2-15）。

　　建筑层面与结构层面和功能层面合一的建筑设计手法是体现现代主义建筑的重要准则"形式服从功能"（Form Follows Function）的建筑设计手法，因此颇受现代主义建筑师的青睐，如结构工程师兼建筑师奈尔维设计的罗马小体育宫、建筑大师赖特设计的纽约古根海姆博物馆都是使用建筑层面与结构层面和功能层面合一的建筑设计手法的典范性建筑作品。二战之后，社会相对稳定，经济快速发展，建筑规模不断扩大，建筑功能日趋复杂，建筑审美观念逐渐更新变异，支持这些变化的社会财富投入与科学技术发展也有大幅度进展，这一切促成社会和建筑师探求复杂化建筑形式的趋势，建筑层面与结构层面和功能层面分离的建筑设计手法恰恰是适应这种探求的建筑设计手法之一，从 20 世纪 50 年代的澳大利亚悉尼歌剧院到 90 年代的西班牙毕尔巴鄂古根海姆博物馆，都是成功使用建筑层面与结构层面和功能层面分离的建筑设计手法的典范性建筑作品。

　　处理建筑层面与结构层面和功能层面关系的建筑设计手法是常用的基本建筑设计手法，在方案设计阶段的整体构思层面与局部应用层面都得到广泛应用，本节亦从整体构思层面与局部应用层面较为详尽地予以论述。

图 2-15   1889 年巴黎世界博览会机器馆

2.1.1　建筑层面与结构层面和功能层面合一的建筑设计手法

体现于建筑本体，或无意识、或有意识运用的建筑层面与结构层面和功能层面合一的建筑设计手法，在很大程度上取决于建筑技术与建筑材料的发展。前文所述无意识体现这种建筑设计手法的原始社会建筑，只是当时原生状态的建筑技术与建筑材料的本能性产物；体现于现代建筑的这种建筑设计手法，则已经是现代科学技术发展的产物，现代建筑技术与建筑材料成为建筑设计手法创新的关键性要素。

本节从建筑设计手法的视角剖析 20 世纪 50 年代至 80 年代初不同时期创作的大跨度大空间经典建筑作品，论述其基于当时先进的建筑技术约束与建筑材料约束背景，创造性地运用建筑层面与结构层面和功能层面合一的建筑设计手法，在方案设计整体构思层面的构思突破与创新。突破与创新的关键性要素之一是建筑设计方案构思与结构技术和材料运用的完美结合。

1）皮埃尔·奈尔维，罗马小体育宫，意大利，罗马，1956~1957（Pier Luigi Nervi，Palazzeto Dellospori of Rome，Rome，Italy，1956~1957）

本书第 1 章已从方案设计阶段构思思维模式的视角详尽论述罗马小体育宫，本节则从建筑设计手法的视角论述之。皮埃尔·奈尔维（Pier Luigi Nervi，1891~1979）设计的众多建筑作品多数由他本人同时兼任建筑师与结构工程师，如 1960 年罗马奥林匹克运动会的主馆罗马大体育宫，罗马小体育宫则是奈尔维与建筑师阿尼巴尔·维特罗齐合作的成果。将罗马大体育宫与小体育宫相比，各种版本的建筑史对小体育宫评价更高。小体育宫充分展现了与建筑形式融为一体的结构体系自身的形式美，建筑形式更纯粹、更完美；大体育宫因周边一周回廊的遮挡使结构体系自身的形式美只能表现于室内空间而无法表现于建筑外部形态，其建筑艺术价值略微逊色（图 2-16、图 2-17）。

关于这一点，奈尔维本人并不讳言，他称赞"钢筋混凝土结构的大体育宫从基础到屋盖在 1958 年 1 月到 1959 年 6 月的 18 个月的时间里完成了施工，这项工程代表了我们研究过和我们公司所施工过的预制结构中最重要的预制工程"。同时也承认，"显然，我是不能客观地判断它的艺术效果的。如果说还存在什么不足之处的话，那并不是因为施工体系的局限性所致，而是来自我应用它的方式和感受上的缺陷"。[④]

罗马小体育宫则因建筑师与结构工程师的和谐合作避免了这种缺陷，奈尔

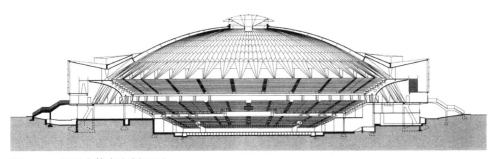

图 2-16　罗马大体育宫剖面图

图2-17　罗马大体育宫临近竣工时的外景。穹顶结构形态已被周围回廊遮挡

维这样回顾这一合作过程："1955年，过去曾经和我一起探讨过球顶结构预制方法的建筑师阿尼巴尔·维特罗齐（Annibale Vitellozzi）要我把预制结构用在他已经设计好了的一个小体育宫的屋盖上，这项工程的造价投资限制得非常之紧。按照维特罗齐的总体方案，屋盖净跨会有将近200ft，又打算把屋盖结构与看台座席、各种设备以及适用于各种室内运动的多功能运动场完全分离。从经济、建筑和施工的各个角度看来，这种情况下特别适于采用预制球顶。"[5]建筑师维特罗齐的设计方案将屋盖结构与室内的多功能运动场、观众看台及各种设备用房分离，这种分离从方案设计开始，一直延伸到整个施工过程——首先完成屋盖结构施工，再开始室内运动场、看台和设备用房的施工。但是从建筑设计手法的视角考察，体育馆的运动场和观众看台应当与其上的建筑空间，即屋顶之下、运动场和观众看台之上的空间视为一个整体，视为整体性的"功能层面"，所以罗马小体育宫运用的仍然是建筑层面与结构层面和功能层面合一的建筑设计手法。

维特罗齐将屋盖结构与室内的多功能运动场、观众看台及各种设备用房分离的设计方案为奈尔维的工作创造了最有利的条件，使奈尔维可以充分发挥他的特长专心设计屋盖结构体系，而不必分心解决体育馆复杂的观众厅座席、比赛场地、附属用房等各种专业性很强的功能问题。奈尔维驾轻就熟地设计了应用钢筋混凝土预制结构的直径约61m的穹顶屋盖，使小体育宫成为建筑设计、结构设计和施工技术完美结合的经典建筑作品。穹顶用钢丝网水泥预制的带肋菱形板拼装而成，奈尔维根据结构计算的结果，以及对建筑尺度和韵律的直觉和敏感对预制菱形板的尺度作了精细调整，使加劲肋交错形成的精美顶棚图案具有渐变的韵律感，使用石膏正模生产的精确的构件使预制构件体系的室内外露表面不必抹灰，形成充分体现质朴自然的现代建筑结构美的室内空间效果。形体优雅的穹顶由沿圆周均匀分布的36根Y形斜撑支撑，与大体育宫不同的是，小体育宫附属用房退缩到Y形斜撑之后，Y形斜撑无遮挡地突出于小体育宫周圈，重复36次的Y形斜撑形成了体现真实结构美的韵律感，成为建筑形式美的重要构成要素。附属用房屋顶与Y形斜撑相交处一圈增强支撑结构构件整体性的联系梁也成为重要的建筑构图要素，位置、尺度处理恰到好处；穹顶下缘在Y形斜撑两个支点之间的屋顶轮廓略微起拱，是结构要求，也呈现出优美的波折曲线；穹顶下部的一周玻璃幕墙位置、尺度处理俱佳，与其上的实体屋顶和其下的实体附属用房形成比例适宜的虚实对比关系。

由于使用建筑层面与结构层面和功能层面合一的设计手法，罗马小体育宫优雅的屋顶结构体系得以充分展现，建筑外部形态与室内空间效果同样呈现出与结构体系完美结合的现代建筑美。罗马小体育宫是奈尔维使用预制钢筋混凝土结构的典范性建筑作品，也是 20 世纪 50 年代后期，借助于当时已经发展成熟的预制钢筋混凝土结构技术，建筑层面与结构层面和功能层面合一的建筑设计手法得以完美体现的典范性建筑作品（图 2-18）。

2）丹下健三，东京代代木国立室内综合体育馆，日本，东京，1961~1964（Kenzo Tange，National Gymnasiums for Tokyo Olympics，Tokyo，Japan，1961~1964）

日本建筑师丹下健三（Kenzo Tange，1913~2005）设计的东京代代木国立室内综合体育馆是为 1964 年东京奥林匹克运动会建造的体育馆。代代木体育馆由大小两馆——第一体育馆和第二体育馆——以及附属部分组成，第一体育馆是 1,3246 座游泳馆，游泳池的活动顶盖移出后可用于其他比赛，此时加上活动看台观众席最多可达 1,6246 座；第二体育馆是为篮球和拳击比赛设计的体育馆，篮球比赛时观众席为 3,831 座，拳击比赛时观众席为 5,351 座。代代木体育馆是丹下健三建筑师职业生涯的巅峰之作，也是 20 世纪的经典建筑作品之一。体育馆采用悬索屋顶结构，建筑层面即结构层面，建筑层面即功能层面，表里如一，却又富于变化；两馆并列，大馆小馆各具特色，同样创造出新颖动人的外部建筑形态与内部建筑空间，是创造性地运用建筑层面与结构层面和功能层面合一的建筑设计手法的典范性建筑作品。

1961 年岁末丹下健三接受委托与结构工程师坪井善胜合作设计代代木体育馆，1962 年 1 月正式开始设计工作，1963 年 2 月开始施工，1964 年 8 月竣工，设计和施工时间都很紧张。当时悬索结构尚处于发展探索阶段，代代木体育馆是早期获得成功的大跨度悬索结构建筑。对于大跨度、大空间的体育馆建筑而言，结构选型至关重要，悬索结构是适宜的结构形式之一：受力合理，用材较省；施工方便，工期较短；而且跨度越大经济效益越佳，一般用于跨度 60m 以上的大空间建筑较为合理。更重要的是，悬索结构为建筑师提供了采用多种平面形式、创造多种建筑形态和建筑空间的可能性，而且屋盖自重较轻，悬索结构形成的双曲下凹天花自然具备良好的音响效果，这也为使用建筑层面与结构层面

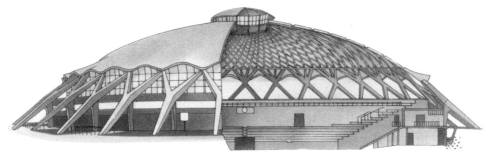

图 2-18　罗马小体育宫剖面透视图。穹顶采用建筑层面与结构层面和功能层面合一的建筑设计手法

77

图 2-19　代代木体育馆第一体育馆结构体系图

和功能层面合一的建筑设计手法创造了有利条件。

代代木体育馆从方案设计开始就建立了建筑师与结构工程师之间良好的合作关系，曾作为坪井善胜研究室成员参加代代木体育馆设计工作的斋藤公男这样回顾当时的设计过程："首先分成建筑与结构两组，开始构思建筑的基本形状。各自制作多种小模型，以都市与景观、功能与形态、结构与施工为背景进行了深入分析讨论。在这个过程中逐渐形成并完善的造型是漩涡状的吊挂结构。"⑥经过建筑师与结构工程师的共同探讨，代代木体育馆决定采用双曲面悬索结构，"从前丹下研究室的大谷幸夫曾透露：'当看见坪井先生与丹下先生在一起讨论问题时，分不清楚哪位是建筑师，哪位是结构师。丹下先生所讲的是力流及结构上的方案。'因为相互之间既不是支配地位，也不是隶属关系，建立平等的合作关系，建筑师一方必须主动地理解与自己所创作的建筑形象相对应的结构计划的基本思路与其细部处理。另一方面，结构师一方并不仅是在力学上提供适合建筑师造型的结构形式，而是追求从建筑设计整体的视野出发使其发展起来的综合能力。在 1950 年前后，在建筑师之间开始强烈地呼吁要求这种建筑师与结构师之间的合作。在这种氛围下起到先锋作用的就是丹下先生。"⑦斋藤公男还这样论述坪井善胜的结构观："如果说建筑是艺术，那么，结构也必须漂亮。""结构的美存在于稍许偏离结构合理性的地方。"⑧

一流建筑师与一流结构工程师的相互理解、相互启发，产生了建筑构思独出心裁而又具备合理性和可实施性的大跨度悬索结构体育馆设计方案。第一体育馆纵向跨度 126m，横向跨度 120m，纵向在高度 27.5m 的两根立柱之间张拉 2 根外径 33cm 的钢缆主悬索，两端用钢缆斜拉至地面的锚固墩上锚固之，主悬索两端最高点距地 27.5m，中部最低点距地 17.87m，斋藤公男称主悬索的结构形态有"从若户大桥得到启发的'吊桥'的感觉"，主悬索与观众席外缘的钢筋混凝土环梁之间用 H 形工字钢连接构成屋面骨架，工字钢腹板穿孔，纵向预应力稳定索从孔中穿过，屋面覆以 4.5cm 厚的焊接钢板。第二体育馆在直径 65m 的圆形平面东侧的圆周上设置一根 35.8m 高的立柱，立柱通过地下的巨型联系梁与外侧的锚固墩连成一体，螺旋状的空间主悬索是直径 40.6cm 的钢管，上端锚固于立柱柱顶，下端锚固于地面锚固墩上，主悬索与观众席看台外缘的钢筋混凝土环梁之间用向心布置的型钢桁架连接构成屋面骨架，屋面覆以 3.2cm 厚的焊接钢板（图 2-19、图 2-20）。

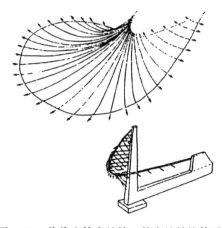

图 2-20　代代木体育馆第二体育馆结构体系图

代代木体育馆是二战之后日本建筑史上里程碑式的建筑作品，建成后历时 40 余年仍不失新颖性，仍具迷人魅力。第一体育馆建筑形态端庄大气，支撑主悬索的立柱、主悬索构成的"屋脊""屋脊"南北两侧的半月形双曲屋面，以及因观众席的一部分埋入地下而形成的尺度比例适宜的看台外缘的钢筋混凝土环梁等，一系列创新建筑构成要素共同构成颇富特色的整体建筑形态。体育馆东西两侧立柱至地面锚固墩的斜拉索及看台外缘钢筋混凝土环梁的延伸部分随同屋顶逐渐降低，自然形成相向而立的南北两个观众席入口，也是建筑构思的点睛之笔。第一体育馆的室内空间效果同样新颖动人，悬索结构固有的结构形态自然形成丰富生动的室内建筑空间，悬索结构屋顶中

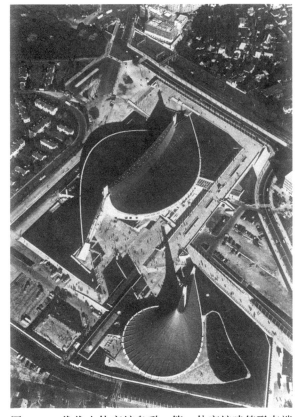

图 2-21　代代木体育馆鸟瞰。第一体育馆建筑形态端庄大气，第二体育馆小巧玲珑独具特色，建成后历时 40 余年仍具迷人魅力

部高两侧低的特征与体育馆的功能要求十分吻合，屋顶的凹曲面自然具备良好的音响效果；主悬索在水平方向从立柱向中央逐渐向外张开，索间天窗呈梭形，使室内空间光影效果丰富动人。与第一体育馆相比，第二体育馆建筑形态相似，细部处理手法相同，但小巧玲珑，另具特色，因突出独柱的螺旋状主悬索而构成的特殊建筑形态，以及由此构成的螺旋状向上伸展的室内空间效果，都使之与第一体育馆相比同中有异，建筑形态与室内空间同样完美而又各具特色。而这一切，从建筑设计手法的视角考察，都是使用建筑层面与结构层面和功能层面合一的建筑设计手法的成果，换言之，代代木体育馆是使用建筑层面与结构层面和功能层面合一的建筑设计手法的极佳范例（图 2-21~ 图 2-23）。

图 2-22　代代木体育馆第一体育馆内景。悬索结构固有的结构形态自然形成丰富生动的室内建筑空间

图 2-23　代代木体育馆第二体育馆内景。独柱支撑的螺旋状主悬索构成的螺旋状向上伸展的室内空间具备独特魅力

3）菲利普·约翰逊与约翰·伯吉，加登格罗夫社区教堂，美国，加利福尼亚，加登格罗夫，1977~1980（Philip Johnson and John Burgee，Garden Grove Community Church，Garden Grove，California，USA，1977~1980）

美国加利福尼亚州加登格罗夫社区教堂是美国建筑师菲利普·约翰逊（Philip Johnson，1906~2005）与约翰·伯吉（John Burgee，1933~ ）20 世纪 70 年代后期的作品，于 1980 年建成。建成后的教堂规模宏大，外观晶莹剔透，因此获得更受欢迎广为流传的美称——水晶教堂（Crystal Cathedral）。

约翰逊与伯吉于 1967 年合作成立约翰逊 / 伯吉建筑师事务所，被誉为最佳合作伙伴，从 1973 年开始，约翰逊所有的作品都是与伯吉合作的成果，水晶教堂也不例外。约翰逊是富家子弟，因继承父亲的遗产而不必为金钱工作，后来约翰逊这样回忆："我很幸运，我从未受雇于人，为别人干活。如果我受雇于人，我未必能干得好，因为他们要我干的不见得是我关注的东西。"[9]除超人才华、勤奋敬业，以及能与最佳搭档伯吉合作等因素外，"不必为金钱工作"也是约翰逊事业成功的重要因素。

水晶教堂是按美国著名牧师罗伯特·舒勒（Robert Schuller）的要求设计的，"可以说，舒勒确切地知道他需要什么，为此他找到一个能给予他这一切的最合适的建筑师，即菲利普·约翰逊。1955 年，正当电视成为家用电器时，舒勒租借加登格罗夫的一个汽车剧场作百人驾车布道，所有座位都在信徒的车上，他在快餐店的屋顶上布道。从这以后，舒勒喜欢回忆'他在天空下撒播爱'（He fell in love with the sky）。"[10]舒勒的露天布道实践促成了他的"无边界理念"（No-limits Ideology），因此希望建造一座能看见蓝天的教堂。约翰逊和伯吉从约瑟夫·帕克斯顿（Joseph Paxton）设计的 1854 年伦敦世界博览会水晶宫得到启迪，成功地满足了舒勒的特殊功能要求。他们的设计方案是采用四角星形平面、使用空间桁架结构、墙面和屋顶融为一体、全部使用反射玻璃的半透明教堂，外观晶莹璀璨，室内开敞通透，因此得名水晶教堂。

约翰逊和伯吉将西方教堂建筑的希腊十字形平面转换为四角为锥形的四角星形平面，并将平面旋转 90°，布道讲台位于短轴北端，教堂中殿座位至布道讲台的视距缩短，使每个座位都尽可能接近布道讲台。水晶教堂建筑规模宏大，四角星形平面长 415ft（约 126.5m），宽 207ft（约 63.1m），教堂最高点高度为 128ft（约39m），但是宏大的规模因平面旋转创造的座位接近布道讲台的亲近感而得到平衡。教堂中部的主厅 1,778 座，东西挑台各 403 座，南面挑台 306 座，总座位数达2,890 座。水晶教堂也是电视普及时代的产物，室内照明音响效果都能满足电视转播要求。舒勒牧师的礼拜日电视节目"权威时间"（Hour of Power）据称在全世界拥有 3,000 万电视观众（图 2-24）。

为达到"能看见蓝天的教堂"的设计要求，约翰逊和伯吉使用的是典型的建筑层面与结构层面和功能层面合一的建筑设计手法。"结构设计是塞维卢德做的，将屋顶与墙壁形成一个整体构架，一般称为空间桁架，但严格地说不都是空间桁架。在墙桁架的内侧不设水平构件，所以力的传递只有纵向的。与建筑师要求结构体的'力流的表现'相一致"。[①]水晶教堂充分利用空间结构的特定结构特征，屋顶和墙面都是空间结构的组成部分，建筑层面与结构层面和功能层面合为一体，创造了超越常规教堂建筑型制的、全新的建筑形体和建筑空间。

值得倡导的是，结构工程师特别注意将空间桁架结构所有的下弦杆都设计为沿教堂的长轴方向布置，以免视觉效果杂乱。如果从纯粹的结构计算结果考虑，这也许不尽合理，但是从建筑整体效果考虑，却符合建筑的整体合理性要求，与上例东京代代木体育馆一样，堪称建筑师与结构工程师相互理解、相互配合的典范。建筑屋顶和墙面都覆以银色反射玻璃，透光率为 8%，室内光线柔和明亮，而且教堂不必使用空调，由机械设备控制开闭的玻璃窗通风即可满足使用要求。教堂使用两种厚度（6mm 和 9.5mm）的玻璃，而且两种厚度的玻璃是错落安装

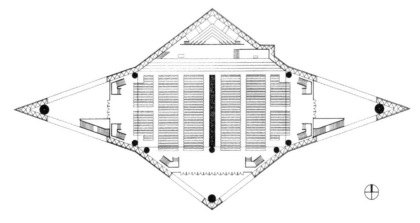

图 2-24　水晶教堂平面图。西方教堂建筑的希腊十字形平面转换为四角为锥形的四角星形平面，布道讲台位于短轴北端，使教堂中殿的座位尽可能接近布道讲台

图2-25 水晶教堂外景。全部使用反射玻璃的半透明教堂外观晶莹璀璨，因此得名水晶教堂

在屋顶和墙面上的，目的是避免声音谐振，获得良好的音响效果。这一构思将建筑层面与功能层面巧妙结合于一体，除影响声学效果外，还直接影响建筑层面的光影效果；厚薄不同的玻璃反射光线的效果各不相同，这使建筑外观的光影效果斑驳错落，完全不同于同样厚度的反射玻璃产生的光影效果。

水晶教堂使用建筑层面与结构层面和功能层面合一的建筑设计手法，创造了电视普及时代的新型教堂建筑，建筑功能、建筑形态与室内空间效果都令人耳目一新，圆满地满足了业主提出的所有要求——容纳近3,000名教徒、满足电视转播要求、建筑外观新颖动人、室内光感声学效果俱佳。此外，水晶教堂还满足了牧师罗伯特·舒勒的特殊愿望：建造一座能看见蓝天的教堂，因而教堂建成后牧师欣喜地赞叹"上帝喜欢水晶教堂胜过石头建造的教堂"（图2-25、图2-26）。

纵观前文所述罗马小体育宫（1956~1957）、东京代代木国立室内综合体育馆（1961~1964）与美国加利福尼亚州加登格罗夫社区教堂（1977~1980），三

图2-26 水晶教堂内景。满足牧师罗伯特·舒勒特殊愿望的教堂——一座能看见蓝天的教堂

者都是创造性地运用建筑层面与结构层面和功能层面合一的建筑设计手法的典范性建筑作品，其设计过程的共同特性是这一建筑设计手法的成功运用都建立在建筑师与结构工程师密切合作的基础之上。奈尔维自不待言，代代木体育馆的结构工程师坪井善胜、水晶教堂的结构工程师塞维卢德都是既精通本专业，又善于与建筑师精诚合作的结构专家，这些建筑作品都是建筑师与结构工程师和其他专业工程师相互理解、共同探讨的成果。如前文所引，"建筑师一方必须主动地理解与自己所创作的建筑形象相对应的结构计划的基本思路与其细部处理。另一方面，结构师一方并不仅是在力学上提供适合建筑师造型的结构形式，而是追求从建筑设计整体的视野出发使其发展起来的综合能力"。这种设计团队成员相互理解、共同探索的互补性合作关系对建筑设计而言至关重要，这是每一个从业建筑师都会遇到的问题，也是有作为的优秀建筑设计团队应当遵循的合作准则。

2.1.2　建筑层面与结构层面和功能层面分离的建筑设计手法

建筑层面与结构层面和功能层面分离是处理二者关系的另一种建筑设计手法。如前文所述，二战之后，社会相对稳定，经济快速发展，建筑规模不断扩大，建筑功能日趋复杂，建筑审美观念逐渐更新变异，支持这些变化的社会财富投入与科学技术发展也有大幅度进展，这一切促成社会和建筑师探求复杂化建筑形式的趋势，建筑层面与结构层面和功能层面分离的建筑设计手法恰恰是适应这种探求的建筑设计手法之一，澳大利亚悉尼歌剧院则是较早应用这种建筑设计手法的经典建筑作品。

多年来研究或介绍悉尼歌剧院的书籍、论文、图照数不胜数，但是探讨其建筑设计手法者却不多，佩德森（Peterson）曾经这样评论悉尼歌剧院："它最大的优点是结构上的统一性。设计歌剧院最大困难之一是处理升起舞台与相邻建筑的关系。此方案中两个厅堂为一连串混凝土拱壳所覆盖，而舞台只是众壳中的一个。"⑫佩德森此论是涉及悉尼歌剧院建筑设计手法的中肯评价，从建筑设计手法的视角探讨，悉尼歌剧院的杰出成就与其采用的适应特定环境约束和复杂功能要求约束的建筑设计手法密切相关，本节论述就从悉尼歌剧院开始。

1）乔恩·伍重，悉尼歌剧院，澳大利亚，悉尼，1957~1973（Jorn Utzon，Opera House，Sydney，Australia，1957~1973）

剧院是功能要求最复杂的建筑类型之一，因其复杂的功能要求产生的"功能层面"也理所当然地复杂化，人流集中的前厅和休息厅，大跨度的观众厅，空间向上延伸的高耸的舞台，都直接影响剧院建筑形体的基本形态构成，如后部高耸的舞台就已成为常规剧院建筑的基本形体特征之一。如果几个不同规模、不同剧种的剧院合为一体，功能要求就更加复杂，"功能层面"也因此更加复杂化，而这正是国家级剧院功能要求的发展趋势。国家级剧院又是对建筑形式，即"建筑层面"的美学要求最高的建筑类型，这使之成为建筑设计最复杂的课题之一。这一复杂课题最受欢迎又颇具歧义的答案是按1956年乔恩·伍重（Jorn Utzon，1918~2008）的国际设计竞赛获奖方案建造的悉尼歌剧院。

　　1956 年，澳大利亚政府举办悉尼歌剧院（Opera House，Sydney）方案设计国际竞赛，乔恩·伍重的设计方案获奖并得以实施。当时，参赛建筑师面临的是极富挑战性的设计条件，除剧院建筑必然具备的普遍约束条件外，还有两个该项目独有的、极为重要的特殊约束条件：环境条件约束与功能要求约束。

　　其一，悉尼歌剧院的建设基地是悉尼港伸入海中的一个小半岛，南端与陆地相连，不远处是政府大厦和植物园。悉尼湾是一个美丽的海湾，环绕海湾的绿色丘陵地带散布着红瓦屋顶的低层住宅，市中心区是成片的高层建筑群，西面隔海可见 1932 年建成的连接悉尼市南北两部分的海湾大桥，总长度 1,150m、最大跨度 503m、当地人昵称为“衣架”的灰色钢结构拱桥横贯海湾，宏大壮观。在这个伸入海湾三面环水的半岛上建造的歌剧院，必然成为从四面八方——陆地上和海湾的过往船只上——观赏的景观焦点，也是从市中心的高层建筑和跨海大桥上俯瞰的景观焦点，因此建筑不应当维持传统的正立面、侧立面和背立面的概念以及墙面与屋顶组合的概念。这是悉尼歌剧院不同于一般剧院建筑的特殊环境条件约束。

　　其二，悉尼歌剧院由一个 2,700 座音乐厅、一个 1,530 座歌剧院、一个 550 座小剧场、一个话剧场，以及排练厅等表演建筑的附属设施、展览厅等文化设施、餐厅等服务设施组成，总建筑面积约 88,000m^2，同时可容 7,000 人在其中活动，规模宏大，功能复杂，名为歌剧院，实际上是一个国家级综合性文化艺术中心。这是悉尼歌剧院不同于一般剧院建筑的特殊功能要求约束。

　　这两个特殊约束条件大大增加了建筑设计方案构思的难度，但是这并没有阻塞伍重的设计思路，反而激发了他的设计灵感，引发了适应这两个特殊约束条件的独特建筑设计方案构思。而伍重构思独特的设计方案得以获奖建造，则得益于方案设计竞赛的评委埃罗·沙里宁（Eero Saarinen），其时正在设计塑性造型壳体建筑纽约肯尼迪国际机场环球航空公司（TWA）候机楼（1956~1961）的沙里宁对伍重富有想象力的壳体建筑设计方案十分赞赏，因此促成评委会将伍重方案从淘汰的方案中取回重新评审而得以获奖。

　　从建筑设计手法的视角考察，伍重使用建筑层面与结构层面和功能层面分离的建筑设计手法，将复杂的功能要求约束导致的复杂功能层面和结构层面隐匿于适应环境条件约束的简洁创新的建筑层面之后，成功地解决了特殊约束条件带来的设计难题而引发创新方案设计构思。

　　设计方案的建筑层面由伸入海湾的半岛状平台基座与基座之上的三组壳体屋顶两大建筑要素构成，二者结合，宛如一件巨型雕塑作品，建筑层面自身极富雕塑美，与悉尼海湾优美环境也十分融洽协调。半岛状平台基座上耸立着三组宛如风帆的巨大壳体屋顶，临海的北面是两组各由三个向前一个向后的四个壳体组合而成的壳体群，两组壳体群的中轴线从南向北略微张开，以适应其从南向北逐渐加宽的建筑体量，西面较大的壳体群建筑层面之内是 2,700 座音乐厅，东面较小的壳体群建筑层面之内是 1,530 座歌剧院。作为音乐厅和歌剧院建筑层面的这两组壳体群已经完全脱离当时人们心目中传统音乐厅和歌剧院的建筑形象，展现了全新创意的建筑构思，令世人耳目一新；建筑层面与结构层面和功能层面分离的结果，又使隐匿于这两组壳体群建筑层面之内的音乐厅和歌剧院可以不必考虑建筑形态，只需考虑最合理的结构设计和功能要求，因此获得局部结构设计与功能处理的最大自由度，这是悉尼歌剧院方案设计成功的建筑设计手法因素之一。

平台基座南面通向市区的一端近 90m 宽的大台阶是歌剧院的入口，平台上大台阶的西侧一组由两个壳体组成的小壳体群是主餐厅。与其上的三组壳体屋顶一样，伸入海湾的半岛状平台基座也是悉尼歌剧院建筑层面的重要组成部分，巨大的基座分为两层，包括 550 座小剧场、话剧场、可举办酒会的接待厅、陈列厅、图书室、大小排练厅、演员休息室、布景库和其他各种辅助房间，将许多复杂、零散、功能要求与结构要求各不相同的建筑统统隐匿于整体建筑层面——伸入海湾的半岛状平台基座之内，化零散杂乱为简洁规整，这是悉尼歌剧院方案设计成功的建筑设计手法因素之二。

悉尼歌剧院是成功运用建筑层面与结构层面和功能层面分离的建筑设计手法的先驱性建筑作品，伸入海湾的半岛状平台基座与其上的三组创新壳体屋顶一起构成简洁优雅的整体建筑形态，方案设计构思极富想象力，与优美环境十分融洽，建筑形体参差错落，构图完美，雅俗共赏，美不胜收，建成后已成为悉尼乃至澳大利亚的标志，成为 20 世纪著名经典建筑作品之一，并于 2007 年列入世界文化遗产名录（图 2-27~ 图 2-30）。

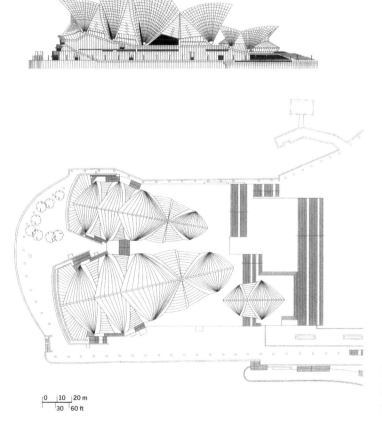

图 2-27　悉尼歌剧院屋顶平面图与西立面图

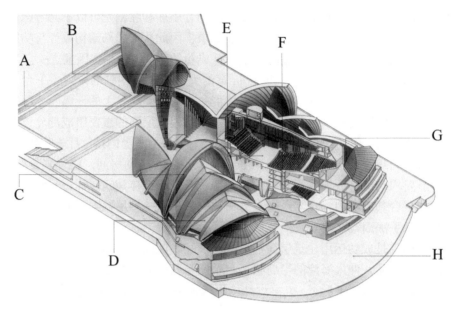

图 2-28　悉尼歌剧院剖切透视图。建筑层面与结构层面和功能层面分离
A. 使用预制构件以节省屋顶造价。屋顶的肋由分段制造、用环氧树脂粘结的钢筋混凝土构件拼合而成，并使用通长的张拉钢缆加固。屋顶表皮覆以高光白色瓷砖和亚光浅棕色瓷砖。
B. 三组壳体屋顶中最小的一组由两个钢筋混凝土壳体组成，壳体屋顶之下是主餐厅。
C. 每组壳体屋顶最靠内的两个壳体开口端面满饰由钢筋混凝土内衬支撑的带边肋青铜片。
D. 歌剧院共 1530 个座位，比音乐厅小一些，屋顶由 4 个壳体组成，下面是入口大厅、观众厅和北侧大厅。入口大厅之下是一个观景平台，化妆室和排练厅位于旋转舞台之后。
E. 音乐厅最大，共有 2700 个座位。屋顶结构由 4 个壳体组成，覆盖着入口大厅、舞台、观众厅，以及可以眺望海湾的北侧大厅。墙壁和顶棚都饰以白色桦木板。
F. 音乐厅北侧大厅之下是一个独立的 550 座小剧场，有独立的门厅。歌剧院和音乐厅之间的夹层是约 334.45m² 的排练区。音乐厅南面入口大厅之下的空间可供室内演奏会、电影放映和展览使用。
G. 每组壳体屋顶最外面的壳体开口都由琥珀色玻璃幕墙封闭，玻璃幕墙由垂直方向的钢框和水平方向的铜窗棂支撑。
H. 巨大的钢筋混凝土室外平台及其侧面都覆盖着花岗岩饰面的钢筋混凝土板。平台之内是舞台和观众厅的下部座位，以及辅助剧场。歌剧厅后面靠陆地一侧是巨大的地下停车场。

　　无论是方案设计的获奖者建筑师伍重，还是设计竞赛的评委会，以及建造悉尼歌剧院的决策者们都没有预料到的是，伍重所寻求的方案构思突破因采用建筑层面与结构层面和功能层面分离的建筑设计手法而得以实现，但是建筑层面的上半部分——半岛状平台基座之上的三组壳体屋顶本身的结构实施问题却成为获奖方案实施的重大障碍，并因此导致设计施工周期延误、工程造价大幅上涨的后果。1956 年伍重的设计方案获奖后，英国著名的奥雅那（Ove Arup）结构工程师事务所接受委托探索这个特殊的建筑层面——巨大的壳体群的结构实施方案，历时 4 年多亦未获成功。至 1961 年夏，伍重提出将原设计方案由随机定义的抛物面壳体改为统一曲率的球面壳体，所有壳体都是 75m 直径圆球的一部分，从而使壳体结构纳入规则的"球面几何体"范畴，结构设计方案才得以确定并开始技术设计。施工图设计与施工建造过程同样艰难曲折，建造过程中又历经政府缺少资金募集公债、各政党间相互攻讦、政府中途辞退建筑师伍重改由澳大利亚本国建筑

图 2-29 悉尼歌剧院鸟瞰。极富雕塑美的建筑与悉尼海湾优美环境融洽协调

图 2-30 悉尼歌剧院夜景。建筑形体参差错落，构图完美，雅俗共赏，美不胜收

师完成室内设计等变故，前后历时 17 年，造价由 1957 年预计的 700 万美元上升至竣工时的 1.2 亿美元，最终于 1973 年落成。

今日回顾这段曲折历程，其根源并非建筑设计构思与建筑设计手法不当，而是初期构想的巨大抛物面壳体群的建筑技术要求超越了当时建筑技术约束与建筑材料约束的发展水平，因而暂时不具备可实施性。同样的艰难曲折历程 30 年后再现于弗兰克·盖里 1987 年设计的美国洛杉矶迪士尼音乐厅，因不规则双曲面屋顶的建造技术与材料问题迟迟不能解决而未能建造，直至盖里 1991 年设计的西班牙毕尔巴鄂古根海姆博物馆在设计与建造过程中解决了这些建造技术与材料问题，并于 1997 年建成后，洛杉矶迪士尼音乐厅才于 1999 年开工建造，2003 年建成。综上所述，结论应当是，建筑设计方案构思及其运用的建筑设计手法不能脱离当时社会可提供的经济技术支持体系约束的水平。

2）拉菲尔·维诺里建筑事务所，金慕表演艺术中心，美国，宾夕法尼亚，费城，1997~2001（Rafael Viñoly Architects，The Kimmel Center for the Performing Arts，Philadelphia，Pennsylvania，USA，1997~2001）

金慕表演艺术中心是美国宾夕法尼亚州费城市政府为在布劳特大街（Broad Street）建设"区域性表演艺术中心"（Regional Performing Arts Center）而建造的文化设施，既为重塑费城的传统文化城市形象，推动城市复兴，也是城市名片费城交响乐团的演出场所。1997 年在包括西萨·佩里、巴腾·麦尔斯、贝聿铭及其合伙人、蔡德勒与罗勃斯、拉菲尔·维诺里建筑事务所在内的 5 家有音乐厅设计经历的建筑事务所参加的设计竞赛中，拉菲尔·维诺里建筑事务所（Rafael Viñoly Architects）的设计方案获奖并接受委托完成建筑设计。金慕表演艺术中心于 2001 年 12 月建成，次年即获 2002 年纽约工程师顾问协会优秀工程奖和 2002 年美国工程公司理事会杰出奖。

金慕表演艺术中心总建筑面积 39,860m^2，包括两座各自独立的观演建筑：沃莱容音乐厅（Verizon Hall）和帕拉曼剧场（Perelman Theater），音乐厅和剧场用基座层之上通长的半圆筒形折板式钢结构玻璃拱顶覆盖，拱顶端部封闭，形成巨大的玻璃拱券。玻璃拱顶覆盖着音乐厅和剧场以及其周边空间，形成一个有充足自然采光的室内广场，使表演艺术中心在很大程度上成为一个市民活动场所。表演艺术中心以两个独立的观演建筑为主体形成丰富的室内空间，在这个空间里，音乐厅和剧场如同独立的建筑一样，仍然具有各自不同的建筑外部形态，不同的是其建筑外部形态隐匿于金慕表演艺术中心的整体建筑层面之内，成为表演艺术中心室内空间的主要构成要素。

邻街入口处的 650 座帕拉曼剧场拥有一个小型多功能演出厅，内设可旋转的舞台以适应现代演出活动的功能要求，其下半部分平面按剧场的功能要求设计，建筑形体结合表演艺术中心的入口作重点处理，错落有致的弧形墙面构成丰富的建筑形体，入口处的花岗岩弧形墙面具有导向性，高度较低的黑色花岗石弧形墙面上嵌有金慕表演艺术中心的英文名称；剧院的上半部分变为方形平面，简洁规整的立方体用金色铝板贴面，与下半部分形成强烈对比，屋顶上按规整网格摆放着 16 株盆栽树木，形成别具一格的屋顶活动场所。2,500 座沃莱容音乐厅则采

用长宽比接近 2：1 的八边形平面，除底层地座外，还有三层曲线形楼座，因此
观众厅与舞台的顶部等高，这为音乐厅自身使用建筑层面与结构层面和功能层面
合一的建筑设计手法创造了条件。

与体量较小的帕拉曼剧院相比，体量很大的音乐厅建筑形态处理简洁，外立
面是暖色调的木板墙，与地座和三层楼座呼应设计了高度渐变的凹廊，三层楼座
的凹廊都有天桥与表演艺术中心整体矩形平面周边的三层回廊相连，是楼座的入
口，也打破了音乐厅简洁立面的单调感。

室内广场是金慕表演艺术中心规整的整体矩形平面与两座观演建筑之间的
"剩余"空间，因两座观演建筑错落分隔而形成的室内广场空间形态复杂多变，
周边有三层回廊环绕，通向音乐厅的三层天桥纵横交错，使这个室内市民广场的
空间构成复杂、丰富而颇具魅力（图 2-31）。

金慕表演艺术中心运用处理建筑层面与结构层面和功能层面关系的建筑设计
手法颇具创意，方案设计兼顾城市空间层次的建筑层面与室内广场空间层次的建
筑层面，前者指金慕表演艺术中心的整体建筑层面，使用的是建筑层面与结构层
面和功能层面分离的建筑设计手法；后者指表演艺术中心内部两座独立观演建筑
音乐厅和剧场的建筑层面，使用的是建筑层面与结构层面和功能层面合一的建筑
设计手法。作为城市空间的组成部分，与周边大体量的高层建筑共处，金慕表演
艺术中心需要一个整体感很强、建筑体量与周边环境协调的整体建筑层面，这个
整体建筑层面的下半部分是以实墙面为主的规整的矩形平面建筑基座，上半部分
是透明的半圆筒形折板式钢结构玻璃拱顶。下半部分的矩形平面建筑基座与紧邻
的多层建筑尺度接近、建筑形态协调；表演艺术中心的整体建筑层面则与较远处
的高层建筑尺度接近，并与其后部的高层建筑处于同一条中轴线上，共同构成颇

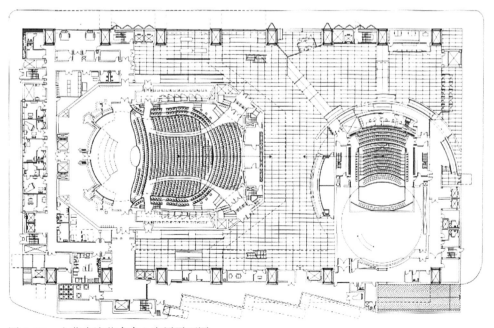

图 2-31　金慕表演艺术中心底层平面图

为壮观的整体城市景观。金慕表演艺术中心整体建筑层面之内的两座独立观演建筑音乐厅和剧场本身使用建筑层面与结构层面和功能层面合一的建筑设计手法，而且两座建筑有意识地创造不同的建筑风格，使用完全不同的外墙饰面材料和色彩，因此产生很强烈的反差，使室内广场空间景观丰富多变，形成简洁的整体建筑层面之内复杂丰富的室内建筑空间效果。

金慕表演艺术中心整体建筑层面注重城市景观效果，室内广场空间则注重小范围内的室内景观效果，同一个建筑综合体在不同空间层次使用不同的建筑设计手法，其结果是建筑功能与结构合理，整体建筑形态与局部建筑形态俱佳（图2-32~图2-35）。

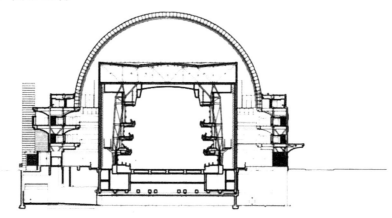

图2-32　金慕表演艺术中心沃莱容音乐厅处的横剖面图。整体建筑层面与沃莱容音乐厅的结构层面和功能层面分离；音乐厅自身的建筑层面与结构层面和功能层面合一，在不同层次上两种设计手法并用

图2-33　金慕表演艺术中心夜景。整体建筑层面与较远处的高层建筑尺度接近并处于同一条中轴线上，共同构成颇为壮观的整体城市景观

图 2-34　金慕表演艺术中心外景。下半部分以实墙面为主的矩形平面建筑基座与紧邻的多层建筑尺度接近、建筑形态协调

图 2-35　金慕表演艺术中心的室内广场。近处是邻街入口处的 650 座帕拉曼剧场，黑色花岗石弧形墙与剧场上部的金色铝板贴面对比强烈；远处是 2,500 座沃莱容音乐厅，使用简洁的暖色调木板墙面，地座与三层楼座高度渐变的凹廊通过天桥与周边的三层回廊相连

3）诺曼·福斯特及其合伙人事务所，塞奇表演艺术中心，英国，格茨海德，1997~2004（Norman Foster and Partners, Sage Performing Arts Centre, Gateshead, U.K, 1997~2004）

1997 年，诺曼·福斯特（Norman Foster，1935~）及其合伙人事务所在塞奇表演艺术中心设计竞标中获胜，随后接受委托主持该项目设计。塞奇表演艺术中心位于英国东北部泰恩河（Tyne River）畔的美丽城市格茨海德（Gateshead），于 2004 年建成开放。建筑临河耸立，面向泰恩河及河对岸开阔壮丽的景观，交通方便，功能齐全，拥有具备卓越音响效果的音乐厅及一流的音乐教学设施，是一

91

个国际性的音乐演出与教学中心。

塞奇表演艺术中心是由三个独立的音乐厅、一个音乐教育中心，以及相应的后勤服务设施组成的综合性文化建筑，沿河一侧是景观优美、设施齐全、规模巨大的服务性中央大厅。面对优美的临河环境，面对由多项独立建筑组合而成的建筑综合体，诺曼·福斯特也使用了与金慕表演艺术中心同样的建筑设计手法，方案设计兼顾城市空间层次的建筑层面与室内广场空间层次的建筑层面，前者使用建筑层面与结构层面和功能层面分离的建筑设计手法，后者则使用建筑层面与结构层面和功能层面合一的建筑设计手法。不同的是，塞奇表演艺术中心面对的是泰恩河畔优美的临河环境，视野开阔，周边是广阔的原野，在这样的自然环境之中，表演艺术中心需要创造一种构思新颖独特并体现高科技美感的整体建筑形态，诺曼·福斯特的设计方案达到了这个目标。

塞奇表演艺术中心覆盖所有单体建筑的整体建筑层面是一个巨大的不规则双曲面屋顶，与泰恩河平行的东西方向呈现三起三伏的不规则波浪形双曲面建筑形态，与泰恩河垂直的南北方向北侧临河面屋顶曲率较陡，建筑形态完整，南侧背河面屋顶曲率较缓，有三个不同形态的拱洞。整个屋顶如同一枚巨大的海贝，但并非直接模仿克隆的自然形态的海贝，而是出自建筑师的创造性构思、使用建筑语言表述的、极富想象力的"建筑海贝"，优雅的不规则双曲面建筑形态似乎由三枚海贝糅合而成，也暗示巨大屋顶之下覆盖着三个高度不等的音乐厅。临河面大面积透明玻璃幕墙提供了广阔的视野，使巨大的中央大厅秀丽风光尽收眼底，朝北的临河面没有强烈的阳光直射，有利于改善夏季中央大厅的室内降温条件；南侧背河面屋顶的三个拱洞既方便使用又使建筑形式富于变化，设计者强调的体现了空气动力学原理的建筑形体可引导当地的夏季主导风西南风从三个拱洞进入中央大厅，使中央大厅和教育中心具备良好的自然通风条件。表演艺术中心只有音乐厅的观众厅设有不影响音质的高水平空调系统，其余部分的温度调节依靠置于地下层的混合模式供热和通风系统实施，当某处温度过高或过低时系统自动开始工作。

值得称道的还有表演艺术中心的结构设计，由工程师布罗·哈波尔德（Buro Happold）主持设计的双曲面屋顶是一个独立的结构体系，由四榀南北跨度80m的曲线钢结构主拱架，以及支撑在中央大厅钢筋混凝土结构平台上的附加钢柱组成结构骨架，其上是波浪形的东西向钢构架，成功地解决了异型双曲面屋顶的结构难题，附加钢柱既减小了南北主拱架跨度又创造了新颖的建筑形态，是颇具创意的结构构思。为了节省工程造价，结构工程师设计了合理的标准化建筑构件组装这个复杂的双曲面几何结构体系，屋顶覆盖着3,000块亚光不锈钢板和280块玻璃，全部使用平面不锈钢板和平板玻璃，其表面面积也控制到最小值12,000m^2。这并没有影响建筑形象的完美，屋顶折面组合的不锈钢平板因方向不同折光率也不相同，因此产生参差错落的光影效果，并随视点移动不断变化，使之具备特定的动态感（图2-36、图2-37）。

这个城市空间层次的建筑层面——"建筑海贝"巨大双曲面屋顶之下覆盖着三个规模不同、各自独立的音乐厅，三个音乐厅东西并列，音乐厅之间与临河的北侧是巨大的中央大厅，从中央大厅沿河一侧向外望去，充满活力的纽卡斯尔码

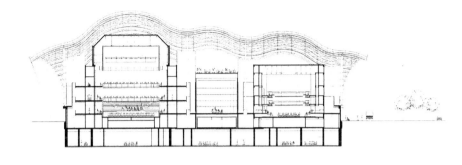

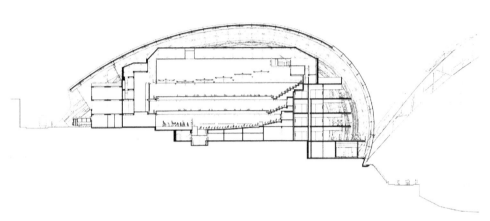

图 2-36　塞奇表演艺术中心东西方向剖面图与南北方向剖面图。方案设计兼顾城市空间层次的建筑层面与室内广场空间层次的建筑层面，前者使用建筑层面与结构层面和功能层面分离的建筑设计手法，后者则使用建筑层面与结构层面和功能层面合一的建筑设计手法

图 2-37　泰恩河畔的塞奇表演艺术中心临河外景。新颖优雅的建筑形态极富想象力，屋顶折面组合的亚光不锈钢平板产生参差错落的光影效果

图2-38　塞奇表演艺术中心中央大厅内景之一。巨大的中央大厅视野开阔，景观效果极佳

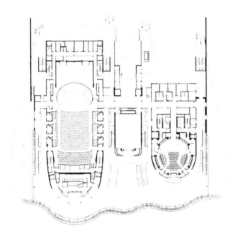

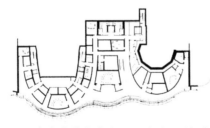

图2-39　塞奇表演艺术中心一层平面图与音乐教育中心层平面图。三个音乐厅东西并列，音乐厅之间与临河的北侧是巨大的中央大厅；利用建筑基地向河边逐渐倾斜降低的自然地形，在中央大厅沿河一侧局部设计了比大厅低一层的音乐教育中心

头和远处的都市风光尽收眼底，景观效果极佳（图2-38）。

同时中央大厅也是一个每天开放16个小时的"城市空间"，内设咖啡厅、酒吧、商店、办事处、音乐信息中心等，还有一些非正式的表演场地，使表演者可以与他们的听众、学生和孩子们打成一片。连接塞奇表演艺术中心西面的低平悬索桥（The Low-level Swing Bridge）和东面的新千禧桥（The New Millennium Bridge）的主要步行道路从中央大厅穿过，这条步行道路连接着格茨海德和纽卡斯尔，这使表演艺术中心与周边环境紧密地联系在一起。

设计方案还巧妙地利用了建筑基地向河边逐渐倾斜降低的自然地形，在中央大厅沿河一侧局部设计了比大厅低一层的音乐教育中心，这个为英国整个东北地区服务的音乐教育中心拥有26个音乐练习室和工作室，从音乐教育中心沿河一侧的蛇形通廊可以观赏河滨景观以及其上中央大厅的活动。同样巧妙利用地形的结果，每个剧场的表演区和装卸台都在同一个标高上，并且可以从南面的三个拱洞处很方便地出入而不影响中央大厅内观众的活动。作为塞奇表演艺术中心整体建筑层面的巨大屋顶覆盖着三个独立的音乐厅，三个音乐厅在室内广场空间层次也使用了建筑层面与结构层面和功能层面合一的建筑设计手法，与上例金慕表演艺术中心不同的是，三个音乐厅的建筑形态只是规模、形体各异，其外饰面的材质、色彩与细部处理手法则维持同一格调（图2-39、图2-40）。

将塞奇表演艺术中心与上例金

慕表演艺术中心做一比较，两者的功能要求相似，建筑规模与建筑在城市中的重要地位相似，因此两位一流建筑师使用的是同一种建筑设计手法，即在城市空间层次使用建筑层面与结构层面和功能层面分离的建筑设计手法，在室内广场空间层次使用建筑层面与结构层面和功能层面合一的建筑设计手法，二者兼顾，效果极佳。但是因为周边城市环境要素迥然不同，一为风光秀丽的开阔河畔，一为繁华闹市的街道一侧，建筑师由特定环境约束引发完全不同的设计构思，其作品风格迥异但同样是富有创意的优秀建筑作品。由此可证：设计构思是建筑设计的根基，设计手法则是实现设计构思的手段，对富有创意的优秀建筑作品而言，二者缺一不可。

图 2-40　塞奇表演艺术中心中央大厅内景之二。三个音乐厅规模与形体各异，其外饰面的材质、色彩与细部处理手法则维持同一格调

2.1.3　建筑层面与结构层面和功能层面分离的建筑设计手法在方案设计局部构思层次的应用

　　日本结构工程师斋藤公男在《空间结构的发展与展望——空间结构设计的过去·现在·未来》一书中从结构工程师的视角探讨了建筑师与结构工程师的合作关系，斋藤引用 K·基格尔的话，认为他的观点也适用于今天："随着技术的不断发展，形式主义在各个领域恣意泛滥。技术使所有的东西都成为可能，即使是再不合理的建筑也可建造出来。由于技术上的不可行性而进行设计修正的情况现在几乎已经不存在了。在这种渐变的过程中追求时尚之风开始盛行。"[13] 基格尔所言"追求时尚之风开始盛行"应当是贬义的评价，"技术使所有的东西都成为可能，即使是再不合理的建筑也可建造出来"却是不争的事实，但是这种现代科技成果的应用应当控制在适宜合理的范畴之内，不可无节制地滥用。对极少数极重要的特殊建筑而言，不惜代价追求建筑的独创性未尝不可；但是对绝大多数建筑而言，这种追求违背了建筑设计的基本宗旨，也不具备现实的可行性，往往只能停留在"纸面建筑"阶段。数量占建筑总量绝大多数的常规建筑设计更重要的是寻求建筑师与业主、建筑师与设计团队中的结构工程师和其他专业工程师相互理解融洽合作的途径。建筑师在建设项目特定的建筑设计约束条件的制约下探求建筑构思创新产生的建筑层面，往往与结构工程师按严谨科学的结构力学规律设计的结构层面，以及建筑师按功能要求约束构思的合理适用的功能层面产生矛盾，建筑师及其设计团队的重要职责之一是寻求解决这种矛盾的最佳途径。

从建筑师的视角探讨，选择适宜的建筑设计手法至关紧要，其一即为建筑层面与结构层面和功能层面分离的建筑设计手法，这一设计手法的恰当运用赋予建筑师以充分的创作构思自由度，为结构工程师提供了探求适宜与合理的结构体系的可能性，使业主满足合理功能要求与控制建筑造价的权益得到保障，从而促成建筑创作具备现实的可行性，在适应社会需求的基础上获得最佳创新成果。这种建筑设计手法不仅应用于方案设计的整体构思层次，也广泛应用于方案设计的局部构思层次。

1）墨菲西斯事务所，交通运输局第七区总部大楼，美国，加利福尼亚，洛杉矶，2001~2004（Morphosis，Caltrans District 7 Headquarters，Los Angeles，California，USA，2001~2004）

美国加利福尼亚州交通运输局 2004 年落成的新办公楼——交通运输局第七区总部大楼是墨菲西斯事务所（Morphosis）的新作，2001 年设计，2002 年开工，2004 年建成。墨菲西斯事务所由 2005 年普利茨克建筑奖得主汤姆·梅恩（Thom Mayne，1944~）与合伙人于 1975 年创办，这一项目的建成使汤姆·梅恩和墨菲西斯事务所在他的家乡洛杉矶赢得很高的声誉。

洛杉矶地处沙漠地带，水和交通是城市的命脉，交通运输局第七区总部大楼因此成为城市中最重要的建筑之一。总部大楼的主楼是规整的 13 层板式高层办公楼，西南面 4 层规整的方盒子裙房限定了楼前开放式广场的边界，主楼的西北和东南立面用热塑性膜覆盖，其外罩以由三种不同规格穿孔金属板构成的麻织物状墙板，以减弱阳光照射，阻隔热空气影响，是方案设计局部构思层次与主楼的结构层面和功能层面分离的建筑层面。麻织物状的建筑层面在阳光下微微发光，

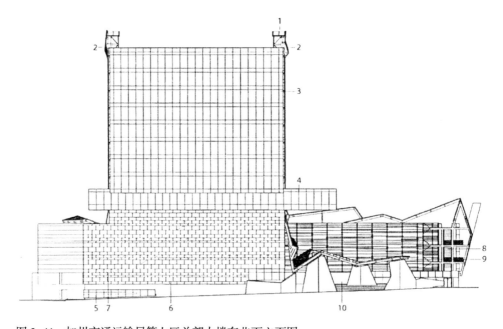

图 2-41 加州交通运输局第七区总部大楼东北面立面图
1—维修甬道；2—穿孔铝板表皮；3—玻璃幕墙；4—光栅（Lightbar）；5—玻璃陈列窗；6—石棉水泥板；
7—可控穿孔板；8—紧急疏散楼梯（远处）；9—装饰板（远处）；10—公共广场

夜晚被室内灯光照亮，呈现繁华都市特有的诗意感；构思独特的可开启百叶打开时可改善通风条件，并形成随机性的不规则立面构图。钢构架和麻织物状穿孔金属板构成的建筑层面在底部向水平方向伸展，伸向楼前的开放式广场，构成广场上的雨篷；同时也向 4 层裙房的顶部及其西北立面伸展，构成与裙房的结构层面和功能层面分离的局部建筑层面，构思新颖构图完美的不规则折板状建筑层面使裙房的建筑形态丰富生动，巨大的钢构架阿拉伯数字"100"嵌入裙房西北立面倾斜的建筑层面墙板，成为建筑的标识，也是建筑的门牌号码，给人留下深刻印象。简洁的方盒子裙房的建筑形态因建筑层面的介入而复杂、丰富、生动。

　　梅恩认为，在全球化的背景下，建筑师应该把握新时代的特征，以设计的复杂性来对应社会生活的复杂性。局部使用建筑层面与结构层面和功能层面分离的建筑设计手法是梅恩达到这一目标的手段之一，这种设计手法的应用使加州交通运输局第七区总部大楼在功能合理、结构合理的前提下呈现全新的高科技建筑形象，同时还在减少能耗、节省能源方面获得进展，建设周期也缩短到两年（图 2-41~图 2-44）。

图 2-42　加州交通运输局第七区总部大楼西南面外景。主楼和裙房在局部构思层次与结构层面和功能层面分离的建筑层面采用高科技建筑材料，构成复杂丰富的建筑形态，汤姆·梅恩"以设计的复杂性来对应社会生活的复杂性"

图 2-43　加州交通运输局第七区总部大楼裙房西北面局部外景。巨大的钢构架阿拉伯数字"100"嵌入裙房西北立面倾斜的建筑层面墙板，成为建筑的标识，也是建筑的门牌号码（左图）

图 2-44　加州交通运输局第七区总部大楼西南面由三种不同规格穿孔金属板构成的麻织物状墙板表皮及构成不规则立面构图的可开启百叶（右图）

2）NOX 建筑事务所，拉尔斯·斯伯伊布里克，瓦泽姆疯狂之屋（艺术中心），法国，里尔，2001~2004［Practice NOX，Lars Spuybroek，Maison Folie de Wazemmes（Arts Centre），Lille，France，2001~2004］

随着城市经济结构的变化和城市功能的转型，许多城市传统工业衰退，废弃的产业建筑面临全面拆毁重建新建筑或改造和再利用老建筑的抉择。产业建筑的改造和再利用可以减少投资，缩短工期，减少建筑垃圾和环境污染，降低旧建筑拆除与新建筑建造过程中的多重能耗，体现了可持续发展的观念。在欧洲的许多城市，废弃的产业建筑被成功地改造成为艺术展示和艺术活动建筑。

20 世纪 90 年代初，从巴黎连接英吉利海峡隧道（The Channel Tunnel）的高速铁路（TGV）建成，里尔成为欧洲主要的交通枢纽，莱姆·库哈斯策划了雄心勃勃重建里尔的"欧洲里尔"计划——一座邻近里尔·佛兰德斯车站（Lille-Flanders Station）的庞大的建筑综合体，包括办公楼、商场、住宅和娱乐场所。里尔连同热那亚（Genoa）一起，逐渐改造成为"欧洲文化之都"，城市中许多废弃的产业建筑也得到改造和再利用。

2001 年，拉尔斯·斯伯伊布里克（Lars Spuybroek）和他的 NOX 事务所在改建邻近里尔市瓦泽姆（Wazemmes）市场的一座废弃纺织工厂的设计竞赛中获胜，2004 年这个由废弃的产业建筑改建的艺术中心建成，被称为"瓦泽姆疯狂之屋（Maison Folie de Wazemmes）"，这个构思前卫极富新意的创新建筑作品随即产生广泛影响，斯伯伊布里克的表现图已经成为"里尔2004"的标志，甚至出现在500 万张法国邮票上。

原有的纺织工厂由两栋低层红砖建筑组成，两者之间有一条狭窄的小巷，1990 年成为废弃建筑。斯伯伊布里克的设计方案在现有建筑之外增加了一座演出大厅，形成一条新的城市道路和一个供户外社交活动使用的公共广场。演出大厅的建筑形态简洁方整，是一个黑色的方盒子，原有的厂房改建后成为展览厅、工作室和办公用房（图 2-45）。

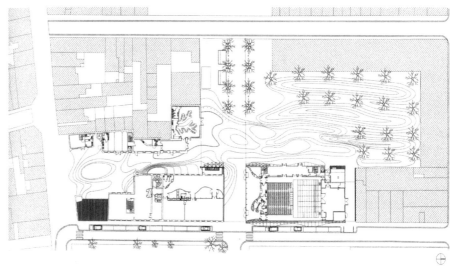

　　图 2-45　瓦泽姆疯狂之屋总平面图

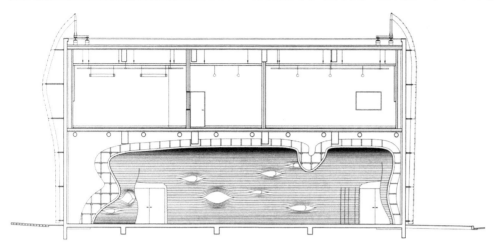

图 2-46 瓦泽姆疯狂之屋剖面图。局部构思层次建筑层面与结构层面和功能层面分离

重新组合处理黑色方盒子演出大厅和红砖建筑厂房的建筑形态，创造具备文化氛围的创新建筑形式，是设计方案的难点，也是获奖方案创造性构思的出发点。斯伯伊布里克使用局部构思层次建筑层面与结构层面和功能层面分离的建筑设计手法，在演出大厅和原有红砖建筑厂房基本建筑形体之外设计了与其结构层面和功能层面分离的、极富创意的建筑层面，没有影响建筑的基本结构，没有影响建筑的基本功能，没有付出昂贵的造价，却使建筑形态焕然一新，具有极强烈的视觉冲击力。

斯伯伊布里克设计的建筑层面是一层脱离建筑墙面、用钢构架支撑、形态扭曲的双曲面轻质钢板网，这种钢板网是现成的标准产品，造价不高、安装方便，但是建筑师极富创意的设计构思使之获得创新性应用，创造了令人耳目一新的全新建筑形态。形态扭曲的双曲面轻质钢板网表皮有如富有弹性的肌肉，白天在阳光下闪闪发光，并随天气变化景观变幻莫测；夜间方盒子建筑玻璃幕墙射出的光线经由钢板网过滤使其变幻成为柔和的荧光体，真实感与虚幻感并存，产生出乎意料令人惊喜的朦胧视觉效果。这一切正是符合现代文化中心特性的视觉效果（图 2-46~ 图 2-49 ）。

图 2-47 瓦泽姆疯狂之屋全景。建筑形态焕然一新，具有极强烈的视觉冲击力

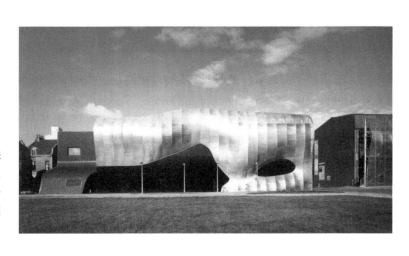

图 2-48　瓦泽姆疯狂之屋外景。局部构思层次与结构层面和功能层面分离的建筑层面是一层脱离原有建筑墙面、用钢构架支撑、形态扭曲的双曲面轻质钢板网

图 2-49　瓦泽姆疯狂之屋夜景。建筑射出的光线经由钢板网过滤使其变幻成为柔和的荧光体，真实感与虚幻感并存，产生出乎意料令人惊喜的朦胧视觉效果

　　3）古尔德·埃文斯，史迪威·埃勒舞蹈剧场，美国，亚利桑那，图森，2000~2003（Gould Evans, Stevie Eller Dance Theatre, Tucson, Arizona, USA, 2000~2003）

　　19世纪末成立的亚利桑那大学位于美国亚利桑那州东南部的图森市（Tucson），百余年的发展历程使之成为一所充满活力的大学，其艺术学院的舞蹈系已跻身美国最佳艺术院系行列。亚利桑那大学舞蹈系的教学理念强调现场表演的重要性，接受过严格的芭蕾舞、现代舞和爵士舞训练的学生们的演出受到广泛赞誉。2003年建成的史迪威·埃勒舞蹈剧场为亚利桑那大学舞蹈系的师生们提供了良好的教学训练和表演场所，也成为图森市重要的文化活动中心。

　　舞蹈剧场由建筑师古尔德·埃文斯（Gould Evans）设计。建筑的核心部分是一个 300 座小剧场，包括全套舞台塔（A Full Flytower）、舞台、乐池、300 座观众厅、前厅等，还有一个室外舞台。舞蹈剧场的基本平面格局与常规剧场相同，从首层南侧的架空层进入剧场的前厅，由南至北依次是观众厅和舞台。男女化妆室、服装商店和道具库等辅助用房在观众厅和舞台的西面，使新建的舞蹈剧场与原有的舞蹈系馆连为一体。男女化妆室演出时用活动卷帘分隔，上舞蹈课时可以合并成为一个工作室，打开南面大门，还可将工作室空间延伸到室外庭院。作为大学舞蹈系的剧场，根据教学的特殊需要在架空层和前厅之上设计了舞蹈工作室，工作室的南面和东面是整面玻璃幕墙，从工作室南面可以俯瞰校园幽雅的林荫大道，从校园林荫大道也可以看到工作室内学生们的优美舞姿。考虑到隔声和空气流通的要求，剧场与舞蹈工作室之间设计了一条狭长的走廊将二者隔离，走廊上设有采光天窗。由校园特定环境约束和剧场特定功能要求约束引发的整体设计构思注重建筑与周边环境的融洽协调，注重剧场各个组成部分的合理功能要求，方案设计在整体构思层次使用建筑层面与结构层面和功能层面合一的建筑设计手法，形成与周边环境协调、功能合理、结构合理的整体建筑形态。

　　设计构思的创新性突破源于舞蹈系负责人的建议：从 20 世纪 20 年代匈牙利舞蹈家鲁道夫·拉班（Rudolf Laban）开发的、运用简洁几何图形符号记录分析舞蹈动作的符号系统——图解舞蹈的"拉班舞谱"（Labanotation）获取灵感，将舞蹈艺术稍纵即逝的舞步意境融入静态的建筑形态构思。建筑师观看了芭蕾舞剧"小夜曲（Serenade）"，研究其"拉班舞谱"，从舞剧开场时方阵式的舞台站位组合获得启迪，构思了由架空层内的倾斜柱子支撑着的二层舞蹈工作室；又使用局部构思层次建筑层面与结构层面和功能层面分离的建筑设计手法，在观众厅和舞蹈工作室的东面设计了与剧场整体建筑形态分离的创新建筑层面，使方案构思萌发符合建筑个性的突破性创意（图 2-50、图 2-51）。

　　这个局部分离的建筑层面是一层错落扭折的波纹状钢丝网面板，垂直方向的立面面板在架空层的底面向内转折为水平方向，自然形成架空层的天花板。钢丝网面板的材质是经过处理的锈蚀状态的金属（Rusted Metal），这是新一代建筑师普遍采用的、代表美国西南部特点的建筑材料，也是对当地传统文化的追忆——锈蚀的钢铁建筑和结构在气候炎热干燥的亚利桑那州的乡村农场随处可见。这个与剧场整体功能层面和结构层

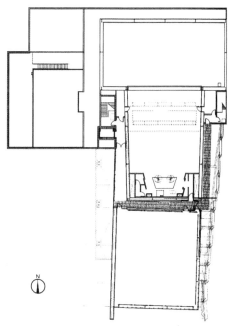

图 2-50　史迪威·埃勒舞蹈剧场二层平面图。规整的剧场建筑东面是局部构思层次与剧场整体功能层面和结构层面分离的建筑层面——室外走廊外侧的波纹状钢丝网面板

101

图 2-51　史迪威·埃勒舞蹈剧场建筑构思图解。创新构思灵感的源泉——倾斜支柱支撑的架空层与折叠起伏的建筑层面构思源于图解舞蹈的"拉班舞谱"（Labanotation）

图 2-52　史迪威·埃勒舞蹈剧场夜景。舞蹈工作室的灯光透过玻璃幕墙映射到钢丝网面板上，朦胧夜色中舞蹈工作室内舞蹈学员们翩翩起舞的朦胧身影与折叠起伏光影变幻的建筑层面相映成趣，同样洋溢着迷人的艺术魅力

图 2-53　从东面二层外廊看史迪威·埃勒舞蹈剧场与整体结构层面和功能层面分离的波纹状钢丝网建筑层面

面分离的建筑层面完全不影响建筑的整体结构和使用功能，也没有大幅度增加建筑造价，却创造了极富特色的创新建筑形态，错落扭折的建筑层面宛如用建筑语言表述的轻盈的舞蹈节奏，钢丝网面板质感色彩质朴沉静，一旦投射光影和画面又焕发变幻无常的勃勃生机，使方正规整的剧场建筑形态丰富生动、充满活力，成为剧场引人注目的标志，也成为艺术学院的骄傲。入夜，舞蹈工作室的灯光透过玻璃幕墙映射到钢丝网面板上，朦胧夜色中舞蹈工作室内舞蹈学员们翩翩起舞的朦胧身影与折叠起伏光影变幻的建筑层面相映成趣，同样洋溢着迷人的艺术魅力。从建筑设计手法的视角考察，这个小小的舞蹈剧场堪称使用局部构思层次建筑层面与结构层面和功能层面分离的建筑设计手法的典范性建筑作品（图 2-52、图 2-53）。

2.2　象征和比喻的建筑设计手法

在文学领域，象征（Symbol）和比喻（Figure of Speech）是一种表现手法；在语言学领域，则是一种修辞手法。无论是文学领域的表现手法，还是语言学领域的修辞手法，象征和比喻都具备三个必不可少的条件：本体、喻体和喻义。本体指被象征和比喻的对象，喻体指用于象征和比喻本体的事物，喻义指本体与喻体之间共有的相似性或类似性。建筑设计领域使用象征和比喻的建筑设计手法，同样具备本体、喻体和喻义，本体指方案设计阶段构思的或已建成的建筑实体，喻体指建筑实体象征和比喻的对象，喻义指建筑实体所蕴含的、用象征和比喻的建筑设计手法诠释的建筑内涵。

象征和比喻的建筑设计手法按其表述模式可以划分为两种类型：隐喻（Metaphor）的建筑设计手法与明喻（Simile）的建筑设计手法。使用隐喻的建筑设计手法创作的一流建筑作品寓象征意义于含蓄表述的建筑语言，朦胧、传神、内敛、耐人寻味，只可意会不可言传，不同的受众有不同的感受、领悟、理解和解读；使用明喻的建筑设计手法创作的一流建筑作品寓象征意义于直接表述的建筑语言，形象明确、直观、外露、一目了然，通俗易懂雅俗共赏，不同的受众有基本相同的感受、领悟、理解和解读。两种类型的表述模式均可应用于不同的建筑类型：既可应用于个案性范畴的特定建筑，如重要的纪念性建筑、文化建筑和宗教建筑等；也可应用于普适性范畴的普通建筑，如一般性纪念性建筑、有象征和比喻要求的公共建筑、甚至住宅建筑等。

阿恩海姆在论及纯艺术作品与应用性艺术作品的区别时有一段精彩的论述，这段论述同样适用于建筑作品，尤其是使用象征和比喻的建筑设计手法创作的建筑作品："一切生命或人造的东西不仅行使特定的功能，它们还参与到艺术表达之中。经常可以看到，设计精巧的机器造型也是很美的。为什么我们在纯艺术中拒绝将简单几何的、可以通过理智加以规定的图形置于重要地位而在应用艺术中却对之那么欢迎呢？理由似乎是这样的：人们期望一幅绘画或者一件雕塑作品——对于音乐作品来说情况也是如此——能够在最丰盛的程度上表现和说明人类经验的各个方面。倘若它们所提供的形象是片面的，它们就难以完成这一任务。

我们在博物馆里所见到的每一件绘画和雕塑作品和在音乐会里听到的每一首音乐作品都可以说是它自身的一个完整的和封闭的世界。这些作品或者是超然独立于它们所表现的更广大氛围——它们和我们都居于其中，或者在其中占据着一个要求有整、全表现的中心位置。不过，大多数对象只具有更为有限的功能。例如，一只酒杯是造来饮酒的。因此从艺术鉴赏的角度来看还是应该表现出盛和斟的有限功能来，并且在这样做时还必须依照一种适合于宴会场合的特定方式。如果这样一种器皿超出了其有限的功能，如果它觊觎成为绘画或雕刻作品，我们就会感到为难并且疑惑这是否出自糟糕的审美趣味。"⑭

建筑设计不能脱离社会人文环境约束、自然物质环境约束、建筑功能要求约束、社会可提供的经济技术支持体系约束等客观存在、不容回避的种种约束条件的制约，个案性范畴的特定建筑与普适性范畴的普通建筑概莫能外，差异只是建筑约束条件制约的重点与宽严程度不同，但是受特定约束条件制约的本质并没有改变。除极重要的纪念碑、纪念堂等特定纪念性建筑或极重要的特定文化宗教建筑等极少数特例外，使用象征和比喻的建筑设计手法创作的建筑作品也不能违背建筑设计的基本准则，只是在适用、经济、美观三要素中更注重美观要素，适用与经济要素则可能退居次要地位，但并不意味着可以完全放弃、置之不理。简而言之，使用象征和比喻的建筑设计手法创作的建筑作品不能觊觎成为基本不受物质条件约束的纯艺术作品。

2.2.1 隐喻的建筑设计手法

在传统修辞学领域，明喻（Simile）与隐喻（Metaphor）被当作两种并列的修辞手法。明喻是直接表述比喻本体和喻体之间的相似性的修辞手法，将具有共同特性的事物或现象并列对比，明言二者的相似性，本体和喻体都在句中明示，所以称为明喻。语言明喻的格式是"甲似乙"，使用明确表示比喻的引导词"如""似"等，如"其形也，翩若惊鸿，婉若游龙"（曹植·洛神赋）即为明喻。隐喻是间接表述比喻本体和喻体之间的相似性或类推性的修辞手法，涉及两个不同领域事物之间的关系，实为比喻而不明示，所以称为隐喻。语言隐喻的格式是"甲是乙"，引导词"是"也可以隐匿。隐喻将本体和喻体的相类说成相同，借助表示具体事物的词语表达抽象概念，以此代彼，含蓄内敛。隐喻要求受众有积极的、富于想象力的解码能力，才能获得有意义的思维转换。受众的多义性解读不可避免，但正是隐喻解码的多义性解读为受众提供了自由发挥想象力的多种可能性，使之更富魅力。中国古代戏台常见的一副对联云"戏台小天地，天地大戏台"，无独有偶，远在英国的莎士比亚也说过"All the world's a stage"（整个世界一台戏），二者都以"戏剧"隐喻"人生"，同属含蓄传神的隐喻表现手法。

贡布里希在《象征的图像：象征的哲学及其对艺术的影响》一文中引用西塞罗⑮的观点论述语言隐喻的功能："西塞罗的隐喻理论在这个方面也许更富有洞察力。西塞罗认为，隐喻'是在（语言的）贫困和匮乏的压力下必然萌发的，但是其后的流行则是由于它的欣然惬意和娱人心智的性质'。换句话说，西塞罗已经意识到语言中不一定包含所有单个事物和种类的名称，所以，'当某种几乎无法用一个合适的术语来表示的事物通过隐喻而得到了表现时，我们想要表达的意思将由于所借用的词与该物的相似而变得清晰明了'。"[16]语言隐喻源于语言表达力的匮乏，但是语言隐喻能否广泛流传，能否得到社会认可，则取决于其是否具备可以为大众理解的、令人愉悦的表现力，是否能够使本来难以表达的意思得到清晰明了的表达。贡布里希这样强调语言隐喻的重要性："正因为我们的世界是靠语言而相对稳定的，所以一个新的隐喻才会如此具有启发性。我们几乎会觉得这个新隐喻透过了平常言语的帷幕，增加了我们对世界结构的新见识[17]。"贡布里希进一步从日常语言引申到视觉语言，阐述与日常语言相比视觉语言更直观、更容易理解的观点，称之为"视觉直接性的特殊魅力"。他简明扼要地诠释这一观点云："这也许是我们为什么会把'看'（Seeing）和'理解'（Understanding）本能地等同起来的一个心理原因。甚至'掌握'（Grasp）也不如'看见'（See）来得直接。"贡布里希再次引用了西塞罗的观点："一个隐喻，只要是个好的隐喻，就能直接打动感官，特别是视觉，因为视觉是最敏感的感官：别的感官虽然可以提供'礼貌的芳香'（The Fragrance of Good Manner）、'仁慈的温柔'（The Softness of a Humane Spirit）、'海的咆哮'（The Roar of the Sea）和'言语的甜美'（The Sweetness of Speech）之类的隐喻，但是得之于视觉的隐喻却比这类隐喻要生动得多，它们几乎可以把我们不能辨认或不能看到的东西置于心灵之眼的面前。"[18]

　　贡布里希从图像学的理论层面阐述"视觉隐喻"的观念，诠释视觉艺术作品的象征意义，对解读和理解建筑艺术领域使用隐喻的建筑设计手法创作的建筑作品极具启迪价值。此类建筑的隐喻特征为受众提供了自由发挥想象力的多种可能性，使本来"不能辨认或不能看到的东西置于心灵之眼的面前"，因而使建筑具备特定的象征意义和文化涵义，其中的佼佼者往往成为某一地区或某一领域的象征性建筑。应当特别强调的是，隐喻的建筑设计手法仅仅适用于特定范畴的特殊建筑类型，即便这一范畴的建筑也并非全部需要强调其象征意义和文化涵义；换言之，使用隐喻的建筑设计手法获得成功的佳作自有其特定的社会人文背景与建筑文化背景，这种机遇可遇而不可求，注重的应当是从这些特定建筑作品获得的启迪价值。

　　应用隐喻的建筑设计手法创作的优秀建筑作品往往存在受众领悟、理解和解读的歧义现象——不同受众有不同的，甚至完全相反的领悟、理解和解读。那么，如果将包括建筑作品在内的视觉图像视为艺术表达语言，视觉图像如何与受众交流呢？贡布里希认为，"我们不必深入研究就可以把卡尔•比勒提出的语言分类法，即把语言的功能分为表现、唤起和描述的功能用于我们的目的［我们也可以把这三种功能称为征象（Symptom）、信号（Signal）和象征（Symbol）］"。[19]"从语言的观点来看交流，我们得问，视觉图像能行使这三种功能中的哪一种？我们将看到，图像的唤起能力优于语言，但它在用于表现目的时则很成问题。而且，如果不依靠别的附加手段，它简直不可能与语言的陈述功能相匹敌"。[20]包括建筑作品在内的视觉图像很难具备日常语言所具备的陈述功能，更多地具备的是图像的唤起能力，所以不能苛求视觉图像如同日常语言表达一样获得受众明确统一的反馈，受众领悟、理解和解读的歧义现象是很正常的现象。

艺术创作不能等同于艺术交流，艺术家的思想不一定能得到他所期盼的受众的领悟、理解和解读，受众的领悟、理解和解读也不一定是艺术家创作某件作品的本意。所以贡布里希这样论述："感情的表现征象在信息交流理论中与唤起或描述这两方面大不相同。有声望的批评家常把艺术称为信息交流，这样说通常意味着产生艺术品的情感被转移到了观看者的身上，即观看者从作品中也体会到了这些情感。这种幼稚的观点受到了一些哲学家和艺术家的批评。而我认为最简明扼要的批评是几年前《纽约人》（*The New Yorker*）杂志上的一幅画。这幅画抨击的目标正是自我表现这一术语最流行的领域。一位小舞蹈演员傻乎乎地认为，她正在表现着一朵花，可是，请看不同的观众心里所想到的不同东西。赖因哈德·克劳斯（Reinhard Krauss）几十年前在德国所做的一系列实验证实了这幅漫画所描绘的怀疑论观点。他请被试者们通过各种抽象的图形传达某种情感或观点，并让其他一些人来猜他们的情感和观点。他发现，这种猜测自然是随机性的。当这些人被提供了一系列不同的可能出现的意思时，他们的猜测变得稍好些了，随着被否定的给定意义的增加，他们的猜测越来越准确。要猜出一根线条表现了悲哀还是欢乐，表现了石头还是水，那是很容易的。"[21]（图 2-54）

贡布里希还以凡高的画《在阿尔的卧室》为例进一步论证这个论点："许多读者都看过凡高在 1888 年画的他在法国阿尔（Arles）的简陋卧室。这幅画碰巧是很少几幅艺术家自己解释了其表现意义的作品中的一幅。在凡高写的精彩书信中，有三封是关于这幅画的，它们稳固地确立了这幅画对他所具有的意义。他在 1888 年 10 月写给高更的信中说：……我想用这些极不相同的色调表现一种绝对的宁静，你瞧，画上没有白色，除了那面黑框镜子之外……凡高正是把这种代码的更改体验为平静和休息的表现。卧室这幅画交流了这种感情吗？我在首次参加试

图 2-54 对非语言交流的怀疑，CEM 作。出自《纽约人》

验的被试者中间进行过调查，没有谁提到这层意思。尽管他们知道文字说明（即凡高的卧室），但他们缺乏上下文和代码。他们没法得到这幅画的信息，这并不证明艺术家不在行或他的作品不行。这只是证明，把艺术和交流等同起来的做法是不对的。"[22]（图 2-55）

图 2-55　文森特·凡高的绘画作品"在阿尔的卧室"，1889 年

艺术家的创作意图与受众的领悟、理解和解读可能相同，也可能截然不同，舞蹈、绘画如此，建筑亦如此。受众往往根据头脑中储存的经验信息领悟、理解和解读艺术家和建筑师的创新作品，这将导致双方解读的歧义，但是正如前文所引赖因哈德·克劳斯在德国所做的一系列实验所证实的，歧义必然产生，歧义也可以在一系列引导过程中逐渐统一。所以贡布里希这样评论悉尼歌剧院："我们需要一种震惊才会注意到我所谓的'观看者的本分'，即我们根据储存在心里的图像对任何一种再现物所做的解释。同样，只有当我们因为缺乏这些记忆而无法发生这一过程时，我们才会意识到这些记忆的作用……我们见过许多类似的房子，所以我们能够，或者说，认为我们能够从我们的记忆中提供补充信息。只有当我们面对着完全陌生的建筑时，我们才会意识到某一再现物中令人迷惑不解的成分。澳大利亚悉尼歌剧院就是这样一座新颖的建筑。"[23]悉尼歌剧院特殊的建筑形态使人们面对一个完全陌生的建筑，不能从以往记忆储存的建筑形态提供补充信息，所以在悉尼歌剧院建成之初，人们会产生疑问：这是歌剧院么？但是随着时间的推移，随着人们对悉尼歌剧院建筑形态的高度熟悉，人们的审美观念发生了变异，接受了悉尼歌剧院特有的建筑形态，并逐渐认为这也是歌剧院应有的建筑形态之一。同样，人们也接受了朗香教堂、接受了华盛顿越南战争阵亡将士纪念碑……仍然是"根据储存在心里的图像对任何一种再现物所做的解释"，但是"储存在心里的图像"已经更新换代了。

1）勒·柯布西耶，朗香教堂，法国东部上索恩地区，1950~1955（Le Corbusier，The Chapel at Ronchamp，France，1950~1955）

关于朗香教堂，本书第 1 章已经从方案设计阶段构思思维模式的视角作了详尽论述。朗香教堂是内涵极为丰富的经典建筑作品，是百读不厌的建筑教材，可以从不同层面、不同深度、不同视角解读，从而获得不同的感受和启迪。从建筑设计手法的视角解读，朗香教堂是采用隐喻的建筑设计手法创作的典范性建筑作品。

1950 年勒·柯布西耶（Le Corbusier，1887~1965）接受委托开始方案设计，时年 64 岁，至 1955 年朗香教堂建成时已届 68 岁，这件在当时惊世骇俗的建筑作品是柯布西耶暮年变法、设计理念更新的产物，也是其长期建筑体验积淀形成的建筑观念约束引发的里程碑式创新建筑作品。正因为其超越时代的创新意识与审美观念的颠覆性变异，产生朗香教堂超凡脱俗、惊世骇俗的超前设计构思，因而从方案设计初始构思阶段开始，质疑与赞赏并存的评论就从未间断。"教堂受到了各种批评：彻底丧失理性的建筑，现代主义运动的倒退，对披着现代装饰的陈旧技术的妥协。但支持者们把它看作是由建筑师的理性主义修饰过的雕塑般具有诗意的范例，现代主义者语言发展中的逻辑进步，以及具有强烈美感和情绪的场所——对建筑精神根源的大胆回归。"^㉘"正如建筑史学家威廉·柯蒂斯（William

图 2-56　希勒尔·肖肯绘制的朗香教堂隐喻分析图。关于朗香教堂的种种不同诠释与朗香教堂不同方位的建筑形态一一对应，图式语言表达惟妙惟肖

Curtis）所言，'似乎战后世界共同促成终止勒·柯布西耶的社会影响，可能遗忘这位不断深入探索隐喻这一私人领域的具备非凡想象力的异质形式创造者。'对这样一位具备非凡想象力的创造者而言，一座小教堂是理想的宣泄途径。'我没有宗教信仰的圣迹体验，'建筑师言，'但是我经常领悟到无法用语言表达的作为创造性典范的空间圣迹。'正如他在《走向新建筑》一书中所言，他的探寻是'纯净的精神创造。'"⑳

朗香教堂早在 1955 年已经使用隐喻的建筑设计手法表述了建筑内涵的多义性（Multivalence），20 世纪 60 年代初罗伯特·文丘里从理论层面概括的"建筑的复杂性与矛盾性"在朗香教堂这一观念超前的建筑作品中已经得到充分体现。作品问世后引发世人种种或褒或贬的不同诠释——或理性褒扬，或通俗解读，或精辟到位，或陈词滥调。希勒尔·肖肯（Hillel Schocken）绘制了精彩的隐喻分析图表述朗香教堂的多重译码（Multiple Codes）与多重诠释：向上帝祈祷的双手、渡向彼岸的巨轮、嬉水的鸭子、戴着博士帽的博士背影、正襟危坐的圣母子，与朗香教堂不同方位的建筑形态一一对应，图式语言表达惟妙惟肖。肖肯的领悟想象能力和图式语言表达能力与柯布西耶超越常人非同凡响的设计构思创新能力一样令人叹服（图 2-56~图 2-59）。

图 2-57　朗香教堂南面外景。正宗的宗教性隐喻解读：向上帝祈祷的双手或渡向彼岸的巨轮；世俗的戏谑性隐喻解读：嬉水的鸭子

图 2-58　朗香教堂东南面外景。褒义的戏谑性隐喻解读：戴着博士帽的博士背影

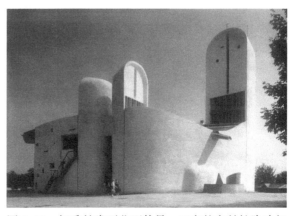

图 2-59　朗香教堂西北面外景。正宗的宗教性隐喻解读：正襟危坐的圣母子

除了坦言蟹壳对屋顶建筑形态的启示，称教堂东立面反曲翘起的壳体屋顶为"可见的声学"，以及称朗香教堂为"一个强烈的集中精神和供冥想的容器"外，柯布西耶本人并未对他的作品作更多的诠释，种种不同的诠释都出自林林总总形形色色的受众。对包括建筑作品在内的各个领域的艺术作品而言，受众欣赏的过程可以视为一种再创作的过程，艺术作品的评价应当由受众和批评家完成，他们对艺术作品的解读和理解存在差异、符合或偏离作者本意都属正常现象。所以西方人言"有一千个读者就有一千个哈姆雷特"；中国人言"横看成岭侧成峰，远近高低各不同"。包括建筑作品在内的优秀艺术作品，尤其是成功使用隐喻的建筑设计手法创作的优秀建筑作品，因其矛盾包容性而导致受众和批评家解读和理解的巨大差异，这正是其艺术魅力所在，也正是其中的佼佼者朗香教堂永恒的艺术魅力所在。

2）乔恩·伍重，悉尼歌剧院，澳大利亚，悉尼，1957~1973（Jørn Utzon，Opera House，Sydney，Australia，1957~1973）

如同朗香教堂一样，悉尼歌剧院也是采用隐喻的建筑设计手法创作的典范性建筑作品；不同的是，悉尼歌剧院是国家级公共建筑，影响范畴和影响因素远远超过朗香教堂。在长达17年的设计建造过程中，悉尼歌剧院一直是极富争议的建筑作品，褒之者不吝赞美之词；贬之者极尽声讨之意。因此查尔斯·詹克斯（Charles Jencks）在其《后现代建筑语言》一书中称："若是不知道声名狼藉的'悉尼歌剧院诉讼案'，解雇该建筑师，造价等，就事实上不可能感知这座建筑物。因此这些当地的特殊含义也变成了这些'奢华'壳体所象征的意思。"[26]詹克斯记述当时对悉尼歌剧院建筑形态隐喻涵义的不同诠释，尤其是负面诠释颇为周详："某些评论家指出：一个个堆叠起来的壳体就像一朵花的成长开放——不谢的花蕾。但澳大利亚建筑系学生却把同一特点漫画化为'乌龟交尾'。从某种观点，把它看成一堆砸扁的物体，'一次无人得救的交通事故'。也还可能表达出另一种可能的生物性隐喻——'大鱼吃小鱼'。在离得很近时，那鱼鳞般闪亮的陶质面砖增强了这一意境。但最出人意料，也是澳大利亚人运用得令人愕然的隐喻是'修女的头巾'。所有壳体成对相背而列，就像背靠背的修道院牧师的头巾和僧衣。"[27]（图2-60）

图2-60　澳大利亚建筑系学生描绘悉尼歌剧院的漫画。贬义的戏谑性隐喻解读"乌龟交尾"

詹克斯此书初版于1977年，40多年后的今天再度审视，观点过激，论据片面，立论失之偏颇。"爱屋及乌"，人之常情，恨一物又何尝不是如此呢？

当年悉尼歌剧院的建造曾在澳大利亚引发许许多多的麻烦，缺乏理性思维判断能力者张冠李戴，将许多本属社会因素范畴的麻烦归咎于悉尼歌剧院建筑本身，借题发挥，褒贬悉尼歌剧院的建筑形态，这是当时特定历史文化背景的产物，是可以理解的历史事件。但是建筑作品在建造过程中遭遇的种种挫折、付出的巨大代价与其文化艺术价值不可混为一谈，世界上传世之作层次的经典建筑作品，如埃及吉萨金字塔群、中国北京故宫建筑群、印度泰姬·玛哈尔等，都是屡遭挫折、付出巨大代价才得已建成的。印度泰姬·玛哈尔在长达 18 年的建造时间里，每天役使 20,000 工匠，连同当时大兴土木建造的其他建筑一起，几乎耗尽国家财富，致使莫卧尔王朝从此一蹶不振。滥兴土木，劳民伤财，后人当引以为戒，但这并不影响泰姬·玛哈尔的文化艺术价值。同样，当年建造悉尼歌剧院遭遇的挫折与引发的麻烦也不应当影响其文化艺术价值。

2003 年，乔恩·伍重终于获得姗姗来迟的最高荣誉——普利茨克建筑奖，评委们这样评价伍重，评价他设计的悉尼歌剧院："乔恩·伍重是植根于历史的建筑师——他接触过玛雅、中国、日本、伊斯兰等文化，还有他的本土斯堪的纳维亚的遗产，把这些古老的遗产和他自己的平衡原则相结合，他认为建筑是艺术，是建造和基地有关的有机结构的自然本能……他的建筑不只是给人们提供私密的居所，还有令人愉悦的景观，还有可适应个人习惯的灵活性，简言之，设计以人为本。毫无疑问，悉尼歌剧院是他的著名杰作，是 20 世纪最伟大的建筑之一……他总是站在时代的前列。他加入当时屈指可数的现代主义者的行列，用不朽的建筑和永恒的品质塑造了 20 世纪的建筑。"[⑧]普利茨克建筑奖的评委们赞许悉尼歌剧院是 20 世纪最伟大的建筑之一，是对悉尼歌剧院文化艺术价值名副其实的准确评价。时过境迁，伤口痊愈，如同印度人民视泰姬·玛哈尔为"印度的明珠"一样，澳大利亚人民早已将悉尼歌剧院视为澳大利亚的骄傲。2005 年 7 月 12 日，澳大利亚政府宣布悉尼歌剧院列入澳大利亚国家文化遗产名单；2007 年，悉尼歌剧院列入世界文化遗产名录，其文化价值从人类共同文化财富的最高层次获得肯定，这在 20 世纪建造的建筑中寥寥无几。至此，悉尼歌剧院的文化艺术价值获得充分肯定，其优美建筑形态的隐喻涵义也回归正面诠释，如海上风帆，如洁白贝壳，诗情画意，引人遐想（图 2-61）。

3）玛雅·林璎，越战纪念碑，美国，华盛顿特区，1981~1982（Maya Ying Lin，Vietnam Veterans Memorial，Washington，D.C.，USA，1981~1982）

美国华盛顿特区越战纪念碑是为纪念越南战争阵亡和失踪将士建造的纪念碑。1979 年 4 月 27 日，一群参加过越南战争的老兵成立了一个社团，发起在首都华盛顿建造越南战争阵亡将士纪念碑的运动。他们提出纪念碑必须满足以下基本要求：特征明显并与周边景观环境协调；镌刻所有阵亡和失踪将士姓名；对越南战争不作任何介绍和评价。1980 年 7 月 1 日，美国国会批准在靠近林肯纪念堂的宪法公园尽端建造越战纪念碑。当年秋季，由美国建筑师学会（the American Institute of Architects）组织在全美公开征集纪念碑设计方案，年满 18 岁的美国公民都可以参加。届期共收到 1,421 个应征方案，所有设计方案匿名评审，由 8 位国际知名艺术家和建筑师组成评委会，于 1981 年 5 月 1 日投票选出最佳

图 2-61　悉尼歌剧院隐喻涵义的意境表述——回归正面诠释，如海上风帆，如洁白贝壳，诗情画意，引人遐想

设计方案，当时年仅 21 岁的耶鲁大学建筑系学生林璎创作的 1026 号设计方案获一等奖。

　　林璎的设计方案引发了广泛争议，虽然艺术界与新闻界赞许有加，但退伍军人协会却表示不满，认为纪念碑对阵亡将士不敬，不应当陷入地下。为慎重起见，评委会重新审查了林璎的设计方案，最终没有接受退伍军人协会改变设计方案的要求。几经波折，林璎与华盛顿特区的库珀—莱基（Cooper-Lecky）建筑师事务所和新泽西州普林斯顿的亨利·阿诺德（Henry Arnold）景观建筑师事务所合作，于 1982 年 3 月完成设计。多年后的 1996 年 6 月 13 日，景观建筑师亨利·阿诺德在接受尼尔·科克伍德的访谈时说："玛雅选择我作景观建筑师，SOM 和库珀—莱基因为我以前和它们在华盛顿的合作工作而推荐我。玛雅从头到尾参与了设计，但是她没有参加后来增加的细部的设计，包括用鹅卵石带加宽铺地、照明设备和防止拥挤的栅栏。"⑥纪念碑于 1982 年 3 月 26 日开工，当年 11 月建成开放。值得一提的是，纪念碑占地 6 英亩（约 2,4281m²），造价为 390 万美元（图 2-62）。

　　对纪念性建筑而言，隐喻的建筑设计手法也许是最恰当、也最难运用的建筑设计手法，运用不当，可能成为庸俗的图解建筑，运用得当，就能赋予建筑以丰富的内涵。林璎的设计方案使用隐喻的建筑设计手法可谓得法，摆脱常规

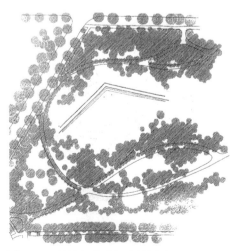

　图 2-62　越战纪念碑概念性设计

纪念碑建筑高耸的碑体模式或雕像模式，以凹陷的地面 V 形裂痕这一独特构思隐喻战争的伤痕。V 形裂痕外侧维持原有地面标高，内侧地面标高由两侧至中心逐渐降低，形成内外侧地面交界处逐渐增高的 V 形墙体，墙

图 2-63 越战纪念碑鸟瞰。凹陷地面形成的 V 形裂痕隐喻战争伤痕

体用黑色抛光花岗岩饰面，镜面般的墙面上按阵亡或失踪时间顺序用相同大小的字母镌刻着 5,7661 位越战阵亡或失踪将士的姓名。与传统的纪念碑模式不同，人们不是瞻仰越战纪念碑，而是进入其中，可以接近，可以寻找，可以抚摸，可以借此寄托哀思。"玛雅·林璎的竞赛说明说：纪念碑不是一个永恒的纪念物，而是一个动态的组成，这可以理解为我们的进出，通道本身是有坡度的，越向下行动速度越慢。"[⑩] 评委会的评语这样评价林璎的设计方案："在提交的所有构思中，这一份最清晰地符合计划的精神和形式的需要，它是经过深思熟虑的，壮丽地与基地和谐，把参观者从周围城市的喧闹与交通中解放出来。它的开放性质鼓励了各个方向各个时间段内的参观，没有障碍，它的位置和材料是简单而直接的。"[⑪]（图 2-63）

　　时光流逝，越南战争已经成为历史，越战纪念碑也已经获得普遍认同，美国人不再讳言其地面 V 形裂痕隐喻"战争伤痕"的涵义，亨利·阿诺德在接受尼尔·科克伍德的访谈时就指出："在墙基处和在墙顶部让草接近墙体对于大地上的伤痕这一构思很重要，后来对下面的石头铺地的加宽只会削弱这一构思。"[⑫] 与二战胜利后载誉归来的退伍军人不同，当年从东南亚战场归来的老兵在美国遇到的是冷漠甚至敌意，还有饱受战争折磨的痛苦和愤怒。许多年后，美国人民的态度开始转变，越战老兵受到应有的尊重，越战纪念碑的落成标志着他们得到社会认可。每年，成千上万的祭拜者在纪念碑前留下鲜花、照片、信笺和个人物品等以悼念死者，他们也认可了隐喻"战争伤痕"的越战纪念碑。一位阵亡士兵的母亲在信中这样表达她对越战纪念碑的认可和她借以寄托的哀思："我们也一有机会就会到越战纪念碑前去看一看。我们能看得出哪一位老兵的日子不好过，有许多的老兵至今仍心存愧疚，只因为他们活着回来了，而有些人则没有，就像我们的儿子们。我们会上前安慰他们，告诉他们这不是他们的错，我们很高兴看到他们回家……我每次站在纪念碑前，都会感到你就在那里，和我在一起。每当我用手指去摸花岗岩墙上的名字，我都会感到你笑容的余温。你好像在说：'妈妈，我在这儿。'我知道我永远也不会再把你抱在我怀里了。但你会永远在我的心里，因为你永远是我的大儿子——我的骄傲。我爱你。"[⑬]

2.2.2　明喻的建筑设计手法

明喻（Simile）的建筑设计手法也可称为应用具象象征建筑语言的建筑设计手法。具象象征建筑语言的原始素材取自日常生活中的具体事物，如人物、动物、植物、飞机、火车、汽车、轮船、生产工具、日常用具等，将这些具体事物的形态建筑化，转化为建筑语言表达，按照建筑尺度缩放，使用建筑材料制作，通俗易懂，雅俗共赏，虽有立意浅显欠缺含蓄之嫌，但只要应用得当，自有质朴自然的建筑美，并不影响建筑品位。如中国汉代至宋代宫殿寺庙屋脊两端的饰物"鸱尾"，即源于汉时方士之说——以海中鱼虬之形置于屋脊两端可防火灾，遂有鱼尾形脊饰"鸱尾"，其形态为建筑化的鱼形，明喻建筑"防火"意愿。元代鸱尾逐渐向外卷曲，有的已改称鸱吻，明清改称兽吻或大吻，建筑形态亦由自然形态的鱼形逐渐转化为程式化的鱼形。"鸱尾"是中国古代建筑颇具特色的装饰构件，虽然名称与形态不断演变，但其局部构思层次的建筑"防火"意愿明喻则始终未变[⑫]（图 2-64）。

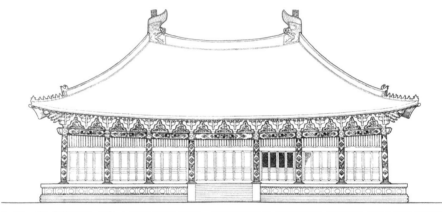

图 2-64　宋《营造法式》立面处理示意图。屋脊两端鱼虬形脊饰"鸱尾"的形态为建筑化的鱼形，明喻建筑"防火"意愿

图 2-65　小心狗。出自庞贝城。那不勒斯，国家博物馆

贡布里希在收入《图像与眼睛——图画再现心理学的再研究》一书的《视觉图像在信息交流中的地位》一文中论及庞贝城内发现的一幅镶嵌画："在庞贝城内一间房子的门口发现的一幅镶嵌画上，有一条套着链条的狗和 Cave Canem（小心狗）的字样。不难看出这类画与它的唤起功能之间的联系。我们对这只画着的狗作出的反应会和我们对一只冲着我们狂吠的真实的狗所作出的反应是一样的。因此，这幅画有效地加强了警告可能入侵者的冒险行动的说明文字的作用。这幅画本身是否能行使这种交流功能？如果我们熟悉社会习俗和惯例的话，那么它是能够具有这种功能的。"[⑬]（图 2-65）

图 2-66　1968 年墨西哥奥林匹克运动会使用的符号。5 个符号中 4 个看上去不解自明，中间一个则难以理解，这也许是文化隔阂和生活习惯差异引发的图式语言误读？

这幅镶嵌画可视为西方古代建筑局部构思层次应用明喻的建筑设计手法的例证，用镶嵌画上凶猛狂吠的狗警示可能的入侵者，为避免图像语言表达的歧义和误读，还辅之以文字表达——Cave Canem（小心狗），这一提示性明喻通俗易懂，一目了然。这种建筑局部构思层次使用提示性明喻的建筑设计手法在现代社会得到越来越普遍的应用，"在有些场合，即便不用文字，上下文本身也足以使视觉信息变得清晰明确。国际性活动的组织者们对这种可能性颇感兴趣，因为在这些场合，人们使用的语言太繁杂，以至于没法用语言进行交流。为 1968 年墨西哥奥林匹克运动会设计的这套图像看上去不解自明，考虑到被预测的信息和选择性都有限——这在头两个符号中表现得最清楚——这些图像确实是不解自明的。我们可以看到，图像的目的和上下文要求简化代码，只需注意少数的几个区别性特征就行了"。[⑥]（图 2-66）

明喻的建筑设计手法可以应用于方案设计的局部构思层次，也可以应用于方案设计的整体构思层次。整体构思层次夸张性应用明喻的建筑设计手法创作的现代建筑设计

图 2-67　阿道尔夫·路斯创作的 1922 年芝加哥论坛报大厦设计竞赛方案。方案设计整体构思层次明喻陶立克柱式

方案滥觞于 1922 年美国芝加哥论坛报大厦国际设计竞赛阿道尔夫·路斯（Adolf Loos）提交的先锋（Avant-garde）设计方案，路斯极夸张地应用经典的多立克柱式，设计了整体构思层次明喻多立克柱式的高层建筑设计方案，虽然未能获奖，其富有想象力的夸张性设计构思与设计手法却颇富启迪价值（图 2-67）。

1）埃诺·沙里宁，肯尼迪国际机场环球航空公司（TWA）候机楼，美国，纽约，1956~1961〔Eero Saarinen，Trans World Airlines（TWA）Terminal，John F.Kennedy International Airport，New York，USA，1956~1961〕

埃诺·沙里宁（Eero Saarinen，1910~1961）是芬兰著名建筑师伊利尔·沙里宁（Eliel Saarinen，1873~1950）的长子，1910 年出生于芬兰，1923 年随家庭移

居美国，1934 年毕业于耶鲁大学建筑学院。其后游历欧洲，回到美国后进入其父创办的手工艺学校——匡溪学校，二战期间，沙里宁一直在学校教学并在父亲的建筑事务所工作，1950 年父亲去世后，沙里宁接管父亲的建筑事务所。

20 世纪 50~60 年代是现代主义建筑盛行的年代，1956 年环球航空公司委托沙里宁设计候机楼是因为赏识他设计的密斯风格的密歇根州沃伦通用汽车公司（1948~1956），但是，接受此项委托时沙里宁已经抛弃了密斯风格，他说："我强烈感到现代建筑设计正陷入一种模式中，建筑作品越来越单调，这是很危险的……那种曾经对建筑的热情已经变为了一种对固定模式的机械重复，并且这种重复不分场合……我推崇勒·柯布西耶，反对密斯风格。"[⑰]沙里宁宣称，他的目标是"为环球航空公司创造一个'独特的、令人难忘的'标志性建筑……激起人们对航空旅行特有的刺激感和兴奋感"。[⑱]他成功地实现了这个目标，候机楼还没有建成开放，赞誉之词已经充斥建筑杂志，1958 年 1 月号《建筑论坛》（Architectural Forum）特刊称"环球航空公司壮观的新候机楼"是"一个引人注目的航空标志"；其后，《建筑实录》（Architectural Record）称"它的独特性和戏剧性超出了人们的一般评价标准，它是一个令人激动和兴奋的动态体"；《进

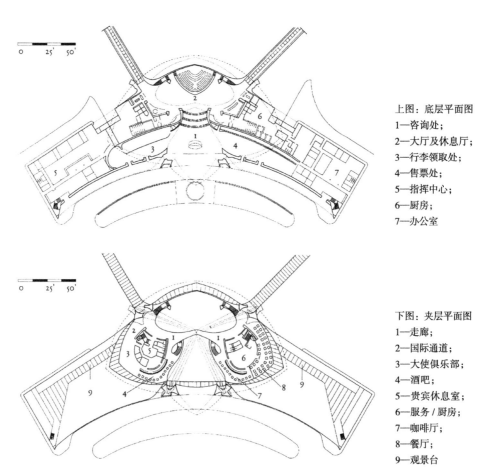

上图：底层平面图
1—咨询处；
2—大厅及休息厅；
3—行李领取处；
4—售票处；
5—指挥中心；
6—厨房；
7—办公室

下图：夹层平面图
1—走廊；
2—国际通道；
3—大使俱乐部；
4—酒吧；
5—贵宾休息室；
6—服务 / 厨房；
7—咖啡厅；
8—餐厅；
9—观景台

　图 2-68　环球航空公司候机楼平面图

步建筑》(*Progressive Architecture*)则赞许其室内设计是"几十年来最独特的室内设计"。建筑史学家约翰·雅各布斯(John Jacobus)赞扬候机楼厅堂设计"极具想象力，是非常令人难忘的，也是 20 世纪其他候机楼所无法比拟的"。[39]

1962 年 5 月底，环球航空公司候机楼建成开放。这个构思奇特的候机楼平面类似曲线构成的 V 字形，首层是大厅、休息厅、售票处、咨询处、行李领取处、指挥中心、办公室等主要候机空间，局部二层是餐厅、酒吧、咖啡厅、俱乐部、贵宾休息室等服务设施（图 2-68）。

候机楼的屋盖由四片钢筋混凝土薄壳组合而成，支撑在四个曲面形态的 Y 形墩座上，沿曲线构成的 V 字形平面左右伸展逐渐升高的两片大薄壳与前后两片较小的薄壳组合成一个整体，四片薄壳交接处是采光天窗。"在进耶鲁大学建筑学院学习以前，沙里宁曾在巴黎学习雕刻，所以他的设计总是倾向于那种雄伟的雕塑感很强的感觉"。[40]环球航空公司候机楼同样是雕塑感很强的塑性造型建筑，其建筑形态从外到内都由各种不同的曲面构成，设计从模型推敲开始，扭曲的薄壳采用标定等高线的方法绘制施工图。

环球航空公司候机楼是使用明喻的建筑设计手法创作的经典建筑作品，明喻展翅欲飞的大鸟或飞机，直接表述毫无含蓄，明白如话一看便知，没有歧义不致误读，所以建成后雅俗共赏，颇受欢迎。"尽管它不切实际，但它一直为公众所喜欢。它已经渗入了美国现代文化，甚至启发了像《黑衣人》这样昙花一现的电影"。[41]发人深省的是，引发人们种种猜测的不是建筑本身的明喻喻义，而是建筑师设计构思灵感的来源。"多数人说它像一只即将起飞的大鸟或飞机。有一种传说是人们通常不会想到的葡萄柚(Grapefruit)。说是有一次早餐沙里宁把一个掏空的葡萄柚从中间压了下去，从其造型获得了建筑形式的灵感。'这个传说确实有真实的地方，不过也有虚构'，沙里宁当时的主要助手凯文·罗奇(Kevin Roche)如是说。……他认为，沙里宁设计这座候机楼并未特定地仿照什么东西（尽管他乐意让人们随意猜测），他说他只是想加深人们对航空旅行的印象"。[42]无须考证这些猜测的真实程度，如同柯布西耶从"蟹壳"获得朗香教堂屋顶的设计灵感一样，沙里宁如果是从压扁的葡萄柚壳获得设计灵感也同样不会贬低他独具匠心的创造性明喻构思（图 2-69~ 图 2-71）。

图 2-69　环球航空公司候机楼南面外景。候机楼的明喻喻义——展翅欲飞的大鸟或飞机

图 2-70 环球航空公司候机楼廊桥和大厅内景。室内建筑形态同样采用雕塑感很强的曲面形态塑性造型

图 2-71 黄昏时分华灯初上的环球航空公司候机楼正面外景

环球航空公司候机楼是有争议的建筑作品，负面评价不仅仅产生于其建筑形态与建筑功能的关系，奇特的塑性造型建筑形态及其明喻喻义引发的轰动效应过去后，人们发现候机楼很快就已经不能适应美国快速发展的民航事业的需求，这在很大程度上是航空工业高速发展的结果，不能完全归咎于沙里宁的明喻设计方案。"'环球航空公司最初是按螺旋桨式飞机设计候机楼的'，这点罗奇也承认。他解释说：'那时期还没有商用喷气机。'确实，头一批商用喷气机波音 707 和道格拉斯 DC-8 分别是 1958 年和 1959 年才出现，而那时候机楼已建完了。新型飞机的诞生给这个耗资 1,520 万美元的工程带来了一系列的问题……尽管环球航空公司候机楼最初为了使乘客飞行方便作了大量细致的分析研究工作，有许多特色设计，诸如旋转式行李运输带，卫星对接口，但这并不能改变它的被动局面。"[43]

环球航空公司候机楼的被动局面丝毫没有遏制埃诺·沙里宁的创作热情，他是风格多变的建筑师，也是不懈探索的建筑师，继环球航空公司候机楼之后，1962 年美国华盛顿特区杜勒斯国际机场候机楼（Dulles International Airport, Washington, D.C., 1958~1962）问世，建筑评论家认为这是沙里宁建筑师职业生涯的最佳作品。沙里宁没有重复环球航空公司候机楼使用的明喻的建筑设计手法，转而探索建筑美与结构美的融合，简洁大气，端庄典雅，处处显现官方性质的礼仪气派。与环球航空公司候机楼的商业氛围不同，地处美国首都的杜勒斯国际机场候机楼理所当然应当强调官方性质的礼仪气派，建筑性质的差异导致设计构思的差异，沙里宁因此使用了契合不同品位设计构思需要的、完全不同的建筑设计手法。两座候机楼开始设计的时间仅隔 1 年，竣工时间仅隔 2 年，却已经是设计手法不同，建筑风格迥异的优秀建筑作品，一雅俗共赏，一典雅华贵，春兰秋菊，各具特色。埃诺·沙里宁的创作潜力令人叹服，两座候机楼体现的同一建筑师的不同设计构思思路也印证了作者始终强调的基本准则：设计构思是建筑设计的根基，设计手法则是服务于设计构思的手段（图 2-72）。

图 2-72　美国华盛顿特区杜勒斯国际机场候机楼外景。注重建筑美与结构美的融合，简洁大气，端庄典雅，充分体现官方性质的礼仪气派

2）伦佐·皮亚诺，国家科学技术中心，荷兰，阿姆斯特丹，1992~1997（Renzo Piano，National Center for Science and Technology，Amsterdam，Netherlands，1992–1997）

1978 年，巴黎蓬皮杜中心建成，随即成为巴黎代表性的文化建筑之一，设计者意大利建筑师伦佐·皮亚诺（Renzo Piano）与英国建筑师理查德·罗杰斯（Richard Roges）也因此引起世人关注。20 年后，不断有创新佳作问世的伦佐·皮亚诺于 1998 年获普利茨克建筑奖。皮亚诺 1937 年出生于意大利西北部城市热那亚（Genoa）一个建筑承包商的家庭，从小就接触建筑。1964 年从米兰工学院毕业后，曾在父亲的工程公司工作，后来在费城路易斯·康事务所和伦敦麦考斯基（Z·S·Mackowsky）事务所工作。1970 年皮亚诺与罗杰斯合作，成立皮亚诺与罗杰斯设计事务所，巴黎蓬皮杜中心就是这一时期的作品。1977 年，皮亚诺与彼得·莱斯（Peter Rice）合作，成立皮亚诺与莱斯设计事务所。1980 年他成立了自己的事务所——伦佐·皮亚诺建筑工场（Renzo Piano Building Workshop），这是因为皮亚诺认为他的事务所不仅从事建筑设计，还要参与制造和实验，这更贴近家族传统，也更具技术含量，更注重团队精神。

普利茨克建筑奖的评委们这样评价皮亚诺："伦佐·皮亚诺的作品展示了少见的艺术、建筑与工程的真正而非凡的融合。他的探索精神与解决问题的技术与他本土的两位早期大师达·芬奇和米开朗基罗一样出色。他使用着我们时代最先进的技术，但他的根源显然在于意大利古典哲学和传统……普利茨克建筑奖庆祝皮亚诺的建筑重新定义了现代和后现代建筑，他对解决当前技术时代问题的介入、贡献和探索增加了建筑艺术的深度。"[⑩]对一位当代建筑师而言，这是很高的评价。

荷兰阿姆斯特丹国家科学技术中心 1992 年开始设计，1994 年开工建造，1997 年建成。这个项目的整体城市环境、建筑周边环境与建筑基址都与众不同，极具个性。阿姆斯特丹是荷兰的法定首都（The Constitutional Capital）和最大城市，位于艾瑟尔湖（Ijsselmeer）畔，经过内河航道与北海相连。与其他欧洲城市不同，阿姆斯特丹地势平坦，没有山丘，也没有广场、城墙、台地（Terraces）等城市公共活动场所，这是科学技术中心的特定环境约束条件之一。1968 年 10 月连接阿姆斯特丹北部与南部旧城（Old Nickel）的水底隧道（IJ Tunnel）建成开通，南部旧城的隧道入口从旧城码头边缘伸入东港（Oosterdok），如同一个伸入湖中的规整的弧形半岛，半岛中部是进入水底隧道的入口，两侧是码头，科学技术中心的基址就是弧形半岛北端的平台，这使建筑与港口紧紧联系在一起，成为港口的组成部分。这是科学技术中心的特定环境约束条件之二（图 2-73）。

因此，特定环境约束成为方案设计的主要约束条件。方案构思的应对策略之一是突出科学技术中心高耸的巨大建筑体量，与平坦铺开的城市肌理形成强烈对比，屋顶广场成为俯瞰城市美景的制高点和开放性公共空间；应对策略之二是采用明喻的建筑设计手法，设计构思明喻"巨轮"，基本建筑形态构思与特定的港口环境融洽协调，这在皮亚诺简洁传神的初始构思草图中已有明确表达（图 2-74）。

图 2-73　国家科学技术中心基址原状

　　基本构思意向确定后，不断探索调整周边环境、建筑功能与建筑形态等诸多设计要素错综复杂的关系，多次制作方案构思阶段使用的工作模型，反复推敲修改设计方案。科学技术中心的建筑形态如同巨轮的船头，两条逐渐降低的坡道从"船头"屋顶的东、西两侧通至码头地面，这种对称构图模式使建筑形态略显平淡呆板。设计方案的大幅度修改是取消西面坡道，只留下东面坡道，形成不对称的整体建筑形态，又在"船头"屋顶逐渐降低的南端设计了必备的功能设施——入口处的电梯塔，作为垂直方向的构图要素平衡整体建筑形态。参观者可以从东面缓缓上升的步行坡道到达屋顶广场，那里有自助餐厅，可以俯瞰城市景观，然后从屋顶广场下行，进入各个楼层的展厅参观；也可以从西面码头到达主入口前的三角形小广场，从首层大厅进入科学技术中心。从东面隔海相望的海事博物馆一侧看到的是从绿色的"船头"倾斜延伸直至地面的"巨轮"，

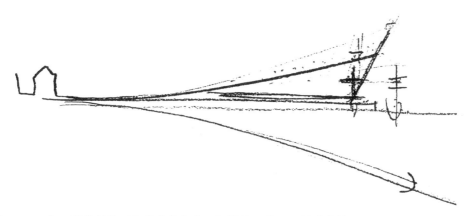

图 2-74　皮亚诺绘制的国家科学技术中心初始构思草图。简洁传神地表达了方案设计的初始构思意向

坡道后面并没有建筑实体，分界处设计了断裂的缺口，并将坡道墙面色彩改为砖红色，以明示建筑形态的变化，并与老城区的红砖建筑呼应，断裂的缺口处坡道变换为天桥；从老城区看到的是博物馆的南面和西面，巨轮"船头"和南面入口处垂直耸立的电梯塔以及远处东面倾斜延伸的坡道同样构成完美的建筑形态（图2-75~图2-77）。

图2-75　国家科学技术中心东面外景。建筑明喻"巨轮"，从绿色的"船头"倾斜延伸直至地面的坡道后面并没有建筑实体，分界处设计断裂缺口并将坡道墙面色彩改为砖红色以明示建筑形态的变化，断裂的缺口处坡道变换为天桥

图2-76　国家科学技术中心西面外景。建筑巨轮的"船头"和南面入口处垂直耸立的电梯塔以及远处东面倾斜延伸的坡道同样构成完美的建筑形态

图2-77　国家科学技术中心南入口外景。南面入口处垂直耸立的电梯塔与东面倾斜延伸的坡道构成完美的不对称构图，道路通向建筑之下进入水底隧道的入口

　　皮亚诺使用明喻的建筑设计手法创作的科学技术中心获得了广泛认可。究其原因，一是因为建筑明喻轮船的建筑形态，建筑化的"巨轮"既体现了轮船的基本特征，又不是真实轮船的简单克隆，而是极富建筑美的、与周边环境融洽协调的"建筑巨轮"；二是因为建筑师对建筑整体感的强调与对建筑整体尺度的准确把握，科学技术中心建筑长 225m，宽 44m，最高点距地 32m；4 万吨级"泰坦尼克"号游轮长 259m，宽 28m，不计烟囱高 31m，二者总体体量大致相同，这在建筑尺度的层面上进一步加强了明喻"巨轮"的视觉效果。因此，在阿姆斯特丹，科学技术中心常常被昵称为"皮亚诺的巨轮"或荷兰的"泰坦尼克"（the Titanic）。

　　3）弗兰克·盖里，鱼舞餐厅，日本，神户，1986~1987（Frank O.Gehry，Fishdance Restaurant，Kobe，Japan，1986~1987）

　　1987 年 4 月，弗兰克·盖里设计的日本神户鱼舞餐厅建成。鱼舞餐厅坐落于神户港海滨美利坚公园（American Park）的入口处，阪神高速公路的高架道路一侧。盖里将自然形态的具象的"鱼"与几何形态的抽象的"蛇"组合在一起，形成餐厅的基本构思（图 2-78）。

　　"盖里对鱼有着特殊的感情，这种感情是从幼儿时的体验发展起来的。据他讲，小时候，在多伦多的家中，每逢星期四，他和祖母都要到市场去买回活的鲤鱼，然后先放到大澡盆中，等待周五用来做菜，在整整的这一天时间里，盖里养成了与鱼游玩的习惯。这段非常有趣的鱼游戏在盖里的记忆中留下了非常深刻的烙印"。[⑧]也许正是这种童年时期的"鲤鱼"情结，使鱼的造型在盖里的建筑设计作品和工艺美术设计作品中反复出现，同时出现的还有蛇的造型，从灯具到雕塑再到建筑，从室内到室外，从建筑局部装饰到建筑整体形态，从具象造型到抽象造型，盖里都曾做过种种尝试和探索。为 1992 年西班牙巴塞罗那奥林匹克运动会设计的大型雕塑"巴塞罗那鱼"（Barcelona Fish，1989~1992）是稍晚创作的抽象造型雕塑作品，神户鱼舞餐厅则是在"巴塞罗那鱼"之前创作的具象造型建筑作品。餐厅入口处巨大的具象造型鲤鱼与抽象造型的"蛇"形螺旋塔实际上是建筑的标识性雕塑或广告性雕塑，虽然盖里的构思是具象造型的"鱼"与抽象造型

图 2-78　盖里绘制的鱼舞餐厅构思草图。自然形态的具象的"鱼"与几何形态的抽象的"蛇"的组合

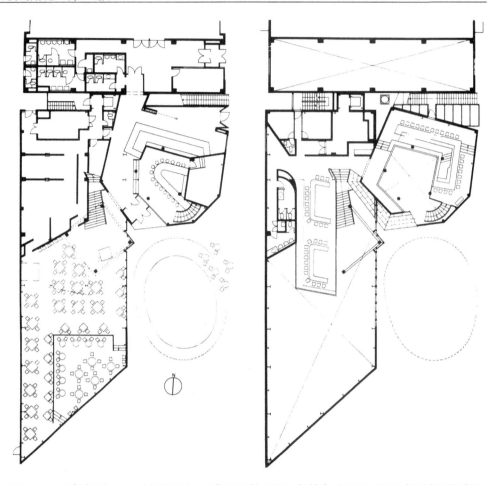

图 2-79　鱼舞餐厅一、二层平面图。具象造型的"鱼"与抽象造型的"蛇"都是餐厅的标识性雕塑或广告性雕塑，作为建筑主体的餐厅和厨房仍是功能合理的普通餐馆建筑

图 2-80　鱼舞餐厅沿街景观。具象造型的"鱼"与抽象造型的"蛇"成为城市沿街景观的主角，但是人们更关注具象造型的"鱼"

的"蛇"的组合，但是人们
的注意力似乎都集中于具象
造型的"鱼"，并不关注抽
象造型的"蛇"（图 2-79、
图 2-80 ）。

图 2-81　鱼舞餐厅鸟瞰。远处是阪神高速公路的高架道路

盖里本人似乎认为鱼舞
餐厅使用的明喻的建筑设计
手法过于浅显通俗，自我评
价不高。他于 1992 年获高
松宫殿下文化奖的建筑奖后
赴日领奖，曾这样回答渊上
正幸关于鱼舞餐厅的问题：
"谢谢！好像我在日本人的
印象中是只会搞鱼形建筑
的，因为没有什么事可做才
到这里来的（笑）……希望
你向日本的朋友们转告，我
盖里也设计不是鱼形的建筑
（笑）。"[⑬]但是，如果从普通受众的视角考察，使用明喻的建筑设计手法创作的高
达 22m 的具象的"鱼"切合餐厅主题，尺度巨大、形象通俗、引人注目，符合
普通百姓的认同感和归属感，为普通百姓所喜闻乐见，建成后很快成为鱼舞餐厅
的标志。"事实上在该建筑建成后的日子里，一到节假日，餐厅客人满席的盛况
一直会持续到晚上 10 点，当地居民在打点游客问路时，更是以'那条大鱼'作
为重要的路标。该建筑所具有的象征性、信息性已超出其功能性，在都市中发挥
着重要作用。"[⑭]（图 2-81 ）

4）奥斯卡·尼迈耶，奥斯卡·尼迈耶博物馆，巴西，库里提巴，2002（Oscar
Niemeyer，Oscar Niemeyer Museum，Curitiba，Brazil，2002 ）

1988 年普利茨克建筑奖同时授予两位现代主义建筑大师，美国的戈登·斑沙
夫特（Gordon Bunshaft，1909~1990 ）和巴西的奥斯卡·尼迈耶（Oscar Niemeyer，
1907~2012 ），这是为了纪念两位老人的终生贡献并将这种贡献载入建筑史册。

尼迈耶 1907 年出生于巴西里约热内卢，1934 年毕业于里约热内卢国家美
术学院。当时的学院院长卢西奥·科斯塔（Luco Costa）是巴西最优秀的建筑师，
也是现代主义建筑在拉丁美洲的传播者，巴西现代主义建筑的奠基人，尼迈耶
毕业后就在科斯塔的事务所工作。1936 年，年仅 29 岁的尼迈耶参与科斯塔主持、
勒·柯布西耶任咨询顾问的里约热内卢教育与卫生部大楼设计（1936~1945 ），因
此深受柯布西耶影响。20 年后的 1956 年，科斯塔出任巴西新都巴西利亚总规划
师，尼迈耶任总建筑师，巴西利亚是科斯塔总体规划与尼迈耶建筑作品的完美结
合，使巴西拥有了具备本土特征的现代城市与建筑，1987 年，当时建城不足 30
年的巴西利亚因此列入世界文化遗产名录。1961 年尼迈耶成立了自己的建筑事

125

图 2-82　里约热内卢艺术博物馆（Art Museum, Rio De Janeiro, 1991-1996）外景。位于里约热内卢伊卡拉伊海滩旁的山丘上，弯曲的坡道从地面通往倒圆锥形的博物馆，与地形完美结合的建筑如同飘浮在碧海青山之上的精美雕塑，成为远近闻名的优美景观

务所，他不懈地探求诗意的建筑表达方式，探求现代主义建筑的南美表达方式。尼迈耶从故乡的自然环境感受到动人的曲线之美，并应用于他的建筑作品，使建筑与自然环境和谐融合，其晚年作品里约热内卢当代艺术博物馆（Art Museum, Rio De Janeiro, 1991~1996）就充分体现了这种建筑理念（图 2-82）。

普利茨克建筑奖的评委们高度尊重尼迈耶的成就："在一个国家的历史上，总有人能抓住文化的精华并赋予它以特定的形式，这形式可以是音乐、绘画、雕塑或文学。在巴西，奥斯卡·尼迈耶用建筑抓住了文化的精华，他的建筑是他的国家本土色彩、光线和感觉的提炼……尼迈耶被称为南半球最早接受新建筑理念的先锋建筑师之一，他的建筑在艺术的姿态下混合了潜在的逻辑性及建筑的本质。他对伟大建筑的追寻是与其本土的根源相连的，在巴西乃至世界形成了建筑中新的塑性造型与抒情方式。"[⑤]尼迈耶成功地用钢筋混凝土创造了属于巴西和南美的现代主义建筑，至今仍有巨大的震撼力；同样令人震撼的是，时至 2002 年，已届 95 岁高龄的尼迈耶创造力依然旺盛，他再次成功地创作了库里提巴独特的抒情雕塑建筑作品——奥斯卡·尼迈耶博物馆。

库里提巴是巴西东南部的百万人口城市。2001 年初，古根海姆基金会曾经考虑在巴西建造博物馆，里约热内卢（Rio de Janeiro）、萨尔瓦多（Salvador）和库里提巴（Curitiba）是可能入选的城市。库里提巴提供给古根海姆基金会的博物馆方案是修复和扩建奥斯卡·尼迈耶 1973 年设计的一座建筑。馆址最终选择在里约热内卢，但是经过激烈的争论后设计方案并没有建造。而库里提巴修复和扩建老建筑的博物馆方案却得以实施，政府决定将现有建筑修复改造成为展览空间，并扩建新博物馆，修复和扩建工程理所当然地聘请原设计者尼迈耶承担。

尼迈耶将原有建筑改造为常规博物馆，又构思了与原有建筑联成一体的新博物馆，使之组合成一个文化建筑综合体，这个建筑综合体还整合了四周废弃的仓库，将其改造成为教室、演讲室以及工作室等，整个区域将改造成为文化公园和旅游胜地。原有建筑是扁平的矩形平面三层方盒子建筑，修复改造后成为常规博物馆，包括普通展厅、商店和餐厅。

新建博物馆沿袭尼迈耶的建筑风格，如同里约热内卢当代艺术博物馆一样，注重体现建筑的曲线之美，体现强烈的形式感和雕塑感。不同的是，这次尼迈耶使用了明喻的建筑设计手法，构思了明喻"眼睛"的新博物馆。新博物馆共 2 层，用于展览和多媒体演示。下层是耸立于水池之中的实体基座，内设视听演播间、酒吧间、楼梯、电梯和其他辅助房间。明黄色的实体基座侧面有抽象壁画、背面有具象壁画点缀，弯曲的曲线坡道从实体基座中伸出，将新博物馆与老建筑改造而成的常规博物馆连成一体。实体基座之上是形如"眼睛"的单曲面建筑形态展览空间，建筑面积约 2,100m^2，层高从 3~12m 不断变化。轻巧的白色外壳"眼睛"的正面和背面都覆以整面 45° 斜交网格玻璃幕墙。白天，蓝天、云影、树木、建筑映射于"眼睛"建筑形态的玻璃幕墙中，不断变幻寓意深邃；夜晚，室内辉煌灯火映射出玻璃幕墙的 45° 斜交网格，以另一种模式显现明喻"眼睛"的建筑形态，室内活动亦朦胧可见，彰显"眼睛"建筑的活力。

新博物馆建筑形象美丽动人、雅俗共赏，很快就成为库里提巴家喻户晓的标志。博物馆被命名为奥斯卡·尼迈耶博物馆，但是，这个颇具震撼力的、美丽抒情的明喻建筑作品，因其鲜明的可识别性和通俗易懂的标志性，更受普通民众欢迎得以广泛流传的倒是其昵称"眼睛"博物馆。这再一次证明，明喻的建筑设计手法与隐喻的建筑设计手法并无高下之分，建筑格调的高下取决于建筑师的设计构思水准而不是建筑作品使用的建筑设计手法（图 2-83~ 图 2-86）。

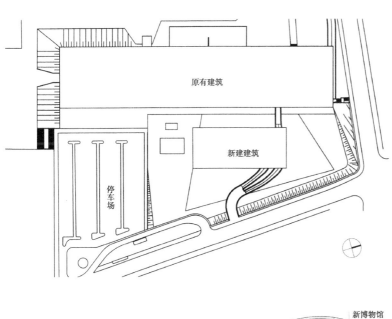

图 2-83 奥斯卡·尼迈耶博物馆总平面图

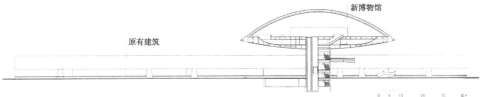

图 2-84 奥斯卡·尼迈耶博物馆剖面图

图 2-85　奥斯卡·尼迈耶博物馆外景。尼迈耶使用明喻的建筑设计手法，构思了明喻"眼睛"的新博物馆

图 2-86　奥斯卡·尼迈耶博物馆夜景。这个美丽抒情的明喻建筑作品因其鲜明的可识别性和通俗易懂的标志性更多地被昵称为"眼睛"博物馆

2.3　局部形式创新的建筑设计手法

　　建筑设计不能脱离社会人文环境约束、自然物质环境约束、建筑功能要求约束、社会可提供的经济技术支持体系约束等种种约束条件的制约，建筑形式创新与各种约束条件制约的矛盾使建筑师面临两难抉择：或削弱甚至放弃建筑形式创新追求；或付出功能缺陷、造价剧增的巨大代价追求建筑形式创新，对绝大多数普通建筑而言，二者都不是适宜的解决方案。正确处理这种矛盾的途径之一是在方案设计的整体构思层面采用局部形式创新的建筑设计手法，建筑的主体部分尽可能规范化地适应各种约束条件的制约，仅仅在相对于建筑整体而言体量很小的建筑局部摆脱各种约束条件制约大胆探求建筑形式创新，使之成为方案设计创新构思的点睛之笔，不影响建筑的整体功能要求，不强求高难度的结构设计，也不会大幅度增加建筑造价，建筑师即可获得很大的创作自由度，许多精品建筑由此产生。使用这种建筑设计手法，创新构思的建筑局部成为建筑的点睛之笔，付出很少而所获甚多，随意挥洒又不伤大局，是可以普遍应用的建筑设计手法。

　　使用局部形式创新的建筑设计手法，局部形式创新可以体现于建筑外部，也可以体现于建筑内部，以下分别论述建筑外部局部形式创新的建筑设计手法与建筑内部局部形式创新的建筑设计手法。

2.3.1 建筑外部局部形式创新的建筑设计手法

面对特定环境约束制约非常严格的建筑项目，建筑师可以将建筑的主体部分埋入地下，只留下标志性的入口大厅置于地面，使之成为局部形式创新的建筑部位。因其体量很小、功能单一而得以摆脱特定环境约束、复杂功能要求约束与经济指标约束的制约，获得最大限度的创作自由度，建筑师可以全力探索地面部分建筑局部的形式创新。这是运用建筑外部局部形式创新的建筑设计手法的模式之一，此种建筑设计手法模式的应用受益于现代建筑技术的进步与现代建筑设备的发展：建筑结构技术的进步使地下建筑坚固安全；建筑施工技术的进步使地下建筑施工快捷规范；建筑构造技术和建筑设施的进步使地下建筑的防水防潮问题得到妥善处理；建筑空调技术和照明技术的发展使地下空间的采光通风、温度调节等问题得以解决；建筑防灾设备和措施的完善使地下空间得以安全运转；电梯和自动扶梯的普及使地下空间交通顺畅。二战之后，社会相对稳定，科学技术快速发展，现代建筑技术和现代建筑设备的发展使运用此种建筑设计手法模式的建筑得以实施，留下许多经典建筑作品或建筑精品。

对大量建造的常规建筑设计而言，其各种常规约束条件要求建筑师必须综合权衡建筑的"适用、经济、美观"三要素，没有必要、也没有可能将建筑的大部分埋入地下。面对常规建筑设计，将某一建筑局部作为建筑外部形式创新的部位重点处理，这个相对于建筑整体而言体量很小的建筑局部因此得以摆脱各种约束条件的制约，获得最大限度的创作自由度。这是运用建筑外部局部形式创新的建筑设计手法的模式之二，也是应用面更为广泛、更适应普通中小型建筑方案构思的建筑设计手法。

1）密斯·凡·德·罗，新国家美术馆，德国，西柏林，1962~1968（Mies van der Rohe，New National Gallery，West Berlin，Germany，1962~1968）

1990 年 10 月 3 日德国统一前于 1968 年建成的西柏林新国家美术馆是密斯·凡·德·罗（Mies van der Rohe，1886~1969）晚年设计的国家级重要建筑作品。密斯一生热衷于高层建筑与单层大空间建筑的密斯风格创新探索，前者的代表性经典作品是纽约西格拉姆大厦，后者的代表性经典作品是芝加哥伊利诺理工学院克朗楼（Crown Hall，Illinois Institute of Techology，Chicago，USA，1950~1956），西柏林新国家美术馆只是密斯晚年创作的精品建筑。

新国家美术馆位于柏林市中心，与圣马修教堂（St.Matthew）和夏隆（Haus Scharoun）设计的名作爱乐音乐厅（Philharmonie Building，1963）毗邻，是特定环境因素约束制约非常严格的建筑项目。密斯的设计方案使用建筑外部局部形式创新的建筑设计手法，将建筑的主体部分埋入地下，地面部分只留下标志性的入口大厅。美术馆共二层，地下层是其主体部分，永久收藏 19 世纪和 20 世纪的艺术品，置于地下可以与外界完全隔绝，可以调动现代科技手段妥善处理艺术品收藏的特殊功能要求。地面部分是标志性的入口大厅，也可供短期展览使用。

密斯构思的建筑外部局部形式创新的入口大厅置于 346ft × 362ft（约 105m × 110m）的大平台上，平台正面和两侧都设有台阶，形成建筑的基座。入口大厅本身是一个宽敞的正方形玻璃大厅，214ft × 214ft（约 65m × 65m）的正方形屋盖由每边 2 根共 8 根钢柱支撑，没有角柱，28m 高的钢柱仍然是密斯习用的十字形断面。大厅的玻璃幕墙从边柱后退 24ft（约 7.3m），形成 166ft × 166ft（约 50m × 50m）的正方形玻璃大厅，周边是一圈开敞的回廊。正方形玻璃大厅室内没有支柱，只有必不可少的楼梯、电梯、衣帽间和设备间等，这就是密斯毕生追求的、体现"少就是多"设计准则的纯净大空间。大厅室内只设计了 4 段装饰性的绿色大理石墙分隔空间，临时展览使用的隔板悬挂在屋顶的梁上。大厅的屋盖结构系统是 8 柱支撑，跨度 65m、梁距 3.6m、梁高 1.8m 的钢结构井式梁屋盖，总重 1250t，在工厂预制现场焊接组装后，用 16 台水压千斤顶顶升就位。作为建筑外部局部形式创新的入口大厅，其屋顶结构已超出结构设计的合理性范畴。但是综合评价整个建筑，美术馆的主体部分地下层仍采用常规钢筋混凝土结构，整体结构基本合理；地下层的基本功能符合设计要求；建筑的整体造价得到适度控制，仅仅大厅部分造价提高，对于一个国家级的美术馆而言还是可以接受的。这一切都与使用建筑外部局部形式创新的建筑设计手法密切相关，适宜的设计手法功不可没（图 2-87~ 图 2-89）。

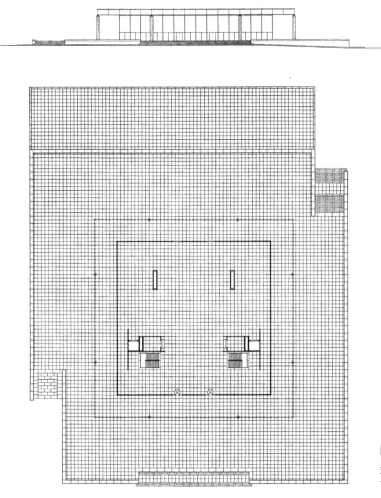

图 2-87 新国家美术馆地面层平面图与南立面图

图 2-88　新国家美术馆全景。建筑的主体部分埋入地下，地面部分只留下标志性的入口大厅

密斯使用建筑外部局部形式创新的建筑设计手法，摆脱了新国家美术馆复杂功能要求约束的制约，获得了最大限度的创作自由度。但是已届暮年的密斯并没有柯布西耶那种"暮年变法"的创新精神，一直停留在用钢和玻璃建造纯净大空间建筑的构思层次，新国家美术馆的建筑外部局部形式创新也就停留在密斯 12 年前创作的美国伊利诺理工学院克朗楼的构思层次，并没有新的构思突破。

2）贝聿铭，卢浮宫扩建工程，法国，巴黎，1983~1988（Ieoh Ming Pei，Grand Louvre，Paris，France，1983~1988）

1981 年，弗朗索瓦·密特朗当选法国总统。密特朗认为经济复苏必须与文化复兴并行，因此政府用于文化艺术事业的财政预算增长了一倍，文化部长雅克·兰甚至夸张地宣称："我们那些前任者在经济上一败涂地，其首要原因就是文化上的衰败。"[①] 于是，大规模的城市改造与建设列入议事日程，其中最重要的建设项目是巴黎卢浮宫博物馆扩建工程。1982 年，"密特朗第一次以总统身份举小记者

图 2-89　新国家美术馆局部外景。大厅采用 8 柱支撑的正方形钢结构井式梁屋盖结构系统，没有角柱，每边 2 根 28m 高的钢柱仍为密斯习用的十字形断面，大厅的玻璃幕墙从边柱后退 24ft（约 7.3m），形成 166ft × 166ft（约 50m × 50m）的正方形玻璃大厅，周边是一圈开敞的回廊，这就是密斯毕生追求的、体现"少就是多"设计准则的纯净大空间

131

招待会。他在会上许诺，为了能够按照预期目标修复卢浮宫，他要让财政部把总部迁出富丽堂皇的卢浮宫北部通道（那里通常被称为'里歇里欧厢房'）。然后，他要在雄心勃勃的修复博物馆的工程中把厢房改建成陈列室，把修复后的博物馆重新命名为"大卢浮宫"（Grand Louvre）"。⑩

出人意料的是，密特朗没有沿用传统的设计方案竞赛模式选择建筑师，而是直接委托贝聿铭设计这座法国最重要的文化建筑。这在法国引起轩然大波，但是密特朗总统坚持他的决定，因为这并非心血来潮的轻率决定，而是长时间周密细致调查的结果。"前文化部长比厄西尼是一名老练的公务员，密特朗任命他担任一家旨在监督管理卢浮宫整修工作的公共机构的负责人。比厄西尼花费 9 个月时间对居世界领先地位的各大博物馆进行参观访问。在此期间，比厄西尼特别留意询问各博物馆管理人员愿意聘用何人承担设计工作。每个被问到的人都脱口说出贝聿铭的名字"。⑪比厄西尼细致周详地全球性调查咨询结果增强了密特朗对贝聿铭的信任感，这是总统选择贝聿铭的直接原因之一。直接委托设计的另一个原因是因为贝聿铭多次表示不再参与设计竞争。1981 年 12 月，密特朗在爱丽舍宫会见贝聿铭，"当密特朗问起他是否愿意接受政府委托的业务时，贝聿铭礼貌地解释说，他的职业生涯已到晚期阶段，他不再参与竞争"。⑫1982 年初，比厄西尼与贝聿铭会面讨论卢浮宫扩建工程，"贝聿铭礼貌地重复了他对竞争的厌恶"。⑬这一切导致密特朗最终决定放弃传统的设计方案竞赛模式，直接委托贝聿铭承担设计工作。

贝聿铭则请求密特朗给他一段思考时间，"我告诉总统，我觉得那是一种殊荣，但我不能马上接受。我问他能否给我四个月时间，我的目的并不是考虑要不要接受——我已经决定我想做这个项目——而是看看我能不能真正把这个项目做下来"。⑭这段时间，贝氏夫妇以旅游者的身份三赴巴黎，贝聿铭在卢浮宫博物馆及其周围的街道上徜徉，苦苦思索方案设计构思思路。四个月后，贝聿铭第四次来到巴黎，向密特朗讲述他的初始构思方案，"贝聿铭的建议是，如果密特朗允许，他将在庭院中间新建一个通向地下大厅的入口。密特朗说：'很好，很好。'"⑮贝聿铭的初始构思方案将总建筑面积达 46,000m² 的扩建部分全部置于地下层，留在地面上的只是入口大厅，他使用的是典型的建筑外部局部形式创新的建筑设计手法，只是此时还没有确定入口大厅的建筑形态。对卢浮宫扩建工程而言，特定历史环境约束已经决定建筑师只能将建的主体部分埋入地下，别无其他选择，设计方案的优劣取决于地下部分的功能合理性与地面部分建筑局部的建筑形式创新。前者属常规建筑设计范畴，世界一流的建筑师事务所都有能力完成，也不会引发太多的争议；后者则体现了建筑师独特的设计构思思路，是"仁者见仁，智者见智"的敏感话题，理所当然地会引发激烈的争议。

贝聿铭事务所顺利地完成了常规性的地下部分建筑设计方案："在位于曼哈顿市中心的贝聿铭事务所的八层有一间不对外开放的设计室。在那里，贝聿铭和他最信任的助手们与世隔绝，极为秘密地设计一组错综复杂、占地面积达 5hm² 的地下室群体，其中包括宽敞的贮存空间、搬运艺术品的专用电车、一间配有

400 张座位的视听室，一些信息亭和会议室，还有一间书店和一家豪华亮丽的餐馆——所有这一切都将安置在卢浮宫古老的躯体内部。从这个中心出发，游客们只需走一百步就可沿着呈辐射状向外散开的支线，探寻到在三个厢房展出的有清晰标志的一批批收藏品（与此形成鲜明对照的是，当时从一头走到另一头的马拉松行程长达一千步）。沿第四条走廊向西则通向一座时髦的地下购物城。等到165 间新陈列室在 1993 年 11 月对外开放时，整修一新的卢浮宫将成为世界上最大的博物馆。庞大的管理人员队伍将对跨越诸多历史时代的 70,000 多件艺术作品进行重新安排。许多被遗忘在灰尘遍地的贮藏室中长达几十年的艺术品将重见天日。"⑧（图 2-90）

　　地面部分形式创新的建筑局部如何处理呢？贝聿铭的答案是建造一个 70ft（约 21.3m）高的玻璃金字塔，周围还有三个小金字塔和三个有喷泉的水池。这引发了激烈的争论。争论的焦点有二：一是金字塔建筑体量与卢浮宫建筑体量的关系；二是金字塔建筑形态与古埃及金字塔的关联性。当时的巴黎市长希拉克从城市整体视角肯定了贝聿铭的设计方案，但是对玻璃金字塔仍持保留态度，他要求在现场制作一个与实物等大的模型予以验证。在卢浮宫现场展示的金字塔模型是用吊车吊起的 4 根钢索，勾勒出真实尺度的金字塔轮廓，60,000 市民在好奇心的驱使下来到展出地点参加人行道上的公民投票，希拉克带着随从人员来到现场观看后也表示赞同。这个实际尺度的模型验证了金字塔建筑体量与卢浮宫建筑体量恰如其分的尺度关系。关于金字塔建筑形态与古埃及金字塔的关联性，贝聿铭的解释是："我们曾经尝试过许多其他形体，最终采用金字塔形体有许多原因：金字塔的形态与卢浮宫的建筑，尤其是其矩形平面以及屋顶形态最为谐调。金字塔也是结构稳定性最佳的建筑形体，这能确保实现主要的设计目标——透明。用玻璃和金属建造的金字塔意味着打破过去的建筑传统，是代表时代的作品。"⑨盖罗·冯·波姆（Gero Von Boehm）问及使用金字塔建筑形态的原因，贝聿铭回答说："什么原因？当然不是因为在法国人心目中留

图 2-90　卢浮宫扩建工程地下部分内景。贝聿铭设计了倒金字塔玻璃采光井与地面的玻璃金字塔呼应，扩建工程的地下部分很少引起争议

133

图 2-91 卢浮宫扩建工程形式创新的建筑局部——玻璃金字塔。引发无数争议后终于获得认可与赞颂

下极深印记的拿破仑出征埃及战役。您也正确地注意到埃及的金字塔是石头建造的。我曾经提醒过那些评论家：石头金字塔与玻璃金字塔之间没有关联性，一个为死者建造，另一个为生者建造。"[⑧]

1988 年 7 月 3 日，卢浮宫扩建工程一期工程竣工，玻璃金字塔以优雅的姿态出现在改造一新的卢浮宫庭院，与古老的卢浮宫和谐共处，为古老的卢浮宫增光添彩。人们的质疑转化为赞颂，贝聿铭再一次获得成功。单纯从建筑设计手法的视角评价，卢浮宫扩建工程的成功也是建筑外部局部形式创新的建筑设计手法的成功（图 2-91）。

3）BAAS 建筑事务所，霍尔迪·巴迪亚与何塞佩·巴尔，莱昂市立殡仪馆，西班牙，莱昂，2000（BAAS Architects，Jordi Badia and Josep Val，León Municipal Funerary Services，León，Spain，2000）

殡仪馆是很特殊的建筑类型，必须遵循完全不同于常规建筑的特定功能要求条件制约，这是其特定的功能要求约束；莱昂市立殡仪馆的基址位置极为特殊，建设基地位于居住区内，与周边的住宅建筑毗邻，殡仪馆不能干扰邻里小区的日常生活，这是其特定的社会环境约束。特定的功能要求约束与社会环境约束使建筑设计困难重重，建筑师的应对策略是使用建筑外部局部形式创新的建筑设计手法，将建筑主体全部埋入地下，地面只有作为地下建筑屋顶的水池、水池中地下建筑天井的 7 个采光口，以及水池东南角宛如"五指"的立体构成建筑小品。从公寓住宅俯瞰，看到的只是浅浅的矩形水池和水面映射的天光云影，这座与住宅区格格不入的特殊类型建筑谨慎地维持着与周边环境的心理距离，使之可与邻里小区的住宅建筑和谐共处（图 2-92、图 2-93）。

埋入地下的殡仪馆采用钢筋混凝土结构，地下层是规整简洁的长方形平面，纵向划分为窄长的三段。东面斜坡草坪直达地下层地面，通长的玻璃幕墙使之有良好的自然采光。中部是隐蔽的休息室，7 个有采光口的天井将自然光引入地下层的休息室，从休息室往外看，看到的只是天空。阴晴雨雪，天光云影，

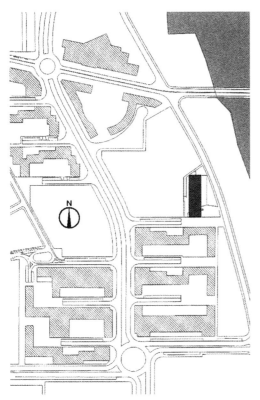

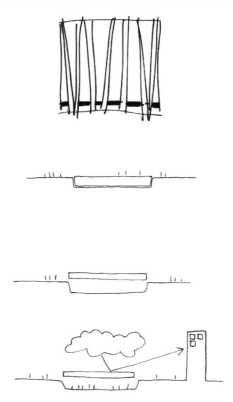

图 2-92　莱昂市立殡仪馆总平面图。殡仪馆建设基地位于居住区内，不能干扰邻里小区的日常生活，这是其特定的社会环境约束

图 2-93　莱昂市立殡仪馆的构思草图。主体建筑埋入地下，从周边公寓住宅看到的是屋顶水池映射的天光云影

生者与死者阴阳永隔，天空也许是生者寄托哀思最适宜的媒介。西部是服务设施，如办公室和车辆通道等。所有殡葬仪式都在地下建筑中举行，所有的哀悼悲伤都留在地下，对周边地区的居民而言，绿茵坪中浅浅的水池最大程度地淡化了殡仪馆的功能特征，殡仪馆特定功能要求约束与住宅区社会环境约束的矛盾因此得以化解。

殡仪馆用白桦树栅栏围绕，只有质朴的标记——形式创新的建筑局部屋顶水池东南角的"建筑五指"显示它的存在，质朴无华而颇富创意，5 个立体构成小品如同人的五指，高低错落，方位参差，南面体量最小者如同小指，其余四指依次排开，大小不等，唯有东面靠北的一指具备特定功能——与草坪中的道路相连，是殡仪馆的主要入口，一条坡道从这个入口通向地下层。"五指"之下是依托"五指"中的"天窗指"采光的清水混凝土礼拜堂（图 2-94、图 2-95）。

4）理查德·迈耶，北美瑞士航空公司总部大楼，美国，纽约，1991~1995（Richard Meier，Swissair North American Headquarters，New York，USA，1991~1995）

理查德·迈耶（Richard Meier，1934~）是现代主义建筑的忠实支持者，其建筑理念深受柯布西耶影响，其建筑作品注重理性化的空间组织与建筑形态构成。

图 2-94　莱昂市立殡仪馆全景鸟瞰。从周边住宅看到的是屋顶水池映射的天光云影与水池东南角形式创新的建筑局部——立体构成建筑小品"建筑五指"

图 2-95　莱昂市立殡仪馆近景。水池东南角形式创新的建筑局部——立体构成建筑小品"建筑五指"，质朴无华而颇富创意

迈耶始终坚持使用基本建筑构成要素——形态、空间和光影——塑造建筑，简洁的立体构成、完美的构图推敲与纯净的白色表皮成为迈耶建筑作品的标志，这使他获得"白色派"建筑师的称号。1984 年迈耶获普利茨克建筑奖，时年 49 岁，评委们对刚刚进入事业巅峰期的迈耶寄予厚望："我们为了理查德·迈耶一心追求现代建筑的本质而颁奖给他，他已经拓展了建筑形式的范畴以适应当今时代的期望。在对纯净的追求和对光与空间的平衡的实践中，他创造了个性化的、朝气蓬勃的、新颖的建筑。他现在的成就只是我们希望从他的图板上看到的成果的序言。"[59]迈耶不负众望，获奖后佳作频频，北美瑞士航空公司总部大楼为其一。

从建筑设计手法的视角评价，迈耶的许多建筑作品都是使用建筑外部局部形式创新的建筑设计手法的成果，除北美瑞士航空公司总部大楼外，西班牙巴塞罗那现代艺术博物馆（Museum of Contemporary Art，Barcelona，Spain，1987~1995）、纽约美国法院及联邦大厦（Federal Building and United States Courthouse，New York，USA，1993~1999）等作品都是类似的典型范例。

北美瑞士航空公司总部大楼基址位于两条斜交道路交叉路口的一侧，业主希望借助独特的"迈耶风格"建筑，使总部大楼在周边平淡而缺乏生气的郊区环境中独具特色，体现"高效率高品质"的瑞士公司形象。总部大楼位于基地西南端，西南面是因借地形设计的三角形绿地，东北面是用矩形室外庭院与主体建筑隔离的规整的停车场，东南面通往市区的主要道路一侧分别设有大楼人流入口与停车场车流入口。总部大楼建筑形体是规整简洁的矩形平面立方体，地上两层，地下一层。结构体系采用规整的 24ft × 24ft（约 7.3m × 7.3m）正方形柱网，仅在大办公室内抽去一根柱子设置圆形会议室，室内空间规整简洁，功能合理，空间利用率很高。总部大楼设计构思在整体建筑形态、建筑功能要求、室内空间处理、结构体系选择等方面都充分体现了迈耶源于现代主义建筑理念的理性设计思想（图 2-96）。

但是迈耶并没有停留在 20 世纪上半叶创始阶段的现代主义建筑层次，"他已经拓展了建筑形式的范畴以适应当今时代的期望"。北美瑞士航空公司总部大楼使用建筑层面与结构层面和功能层面分离的建筑设计手法，使规整简洁的矩形平

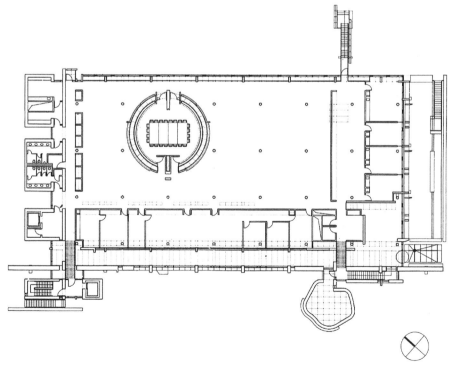

图 2-96　北美瑞士航空公司总部大楼二层平面图。规整的正方形柱网，仅在大办公室内抽去一根柱子设置圆形会议室，室内空间规整简洁，功能合理，空间利用率很高

面立方体建筑形态转化为丰富生动的"迈耶风格"建筑形态；又进一步使用建筑外部局部形式创新的建筑设计手法，在总部大楼的西南面和东北面设计了3处形式创新的建筑局部，形成引人注目的"迈耶风格"建筑视觉中心，其中2处是伸出建筑主体之外的、必不可少的交通枢纽——楼梯和电梯。

西南面形式创新的建筑局部之一是楼梯间和电梯间的组合体，与主体建筑平行，将楼梯间与电梯间之间的前室立面处理成虚面，开大面积玻璃窗，楼梯间与电梯间本身的立面处理成实面，只在楼梯间的西北面开设竖向窄窗，又顺应地形高差在楼梯间和电梯间的西南面设置室外台阶，室外台阶的挡土墙略微升高形成实体挡板，体面组合的建筑形态极富迈耶特色（图2-97）。

大楼东北面形式创新的建筑局部是与主体建筑垂直的室外疏散楼梯。与众不同的是，楼梯东南面构思了与楼梯等高的实体挡墙，与总部大楼的透明玻璃幕墙形成虚实对比，也成为室外楼梯的背景，实体挡墙与这部常规室外楼梯及其阴影一起构成丰富生动的建筑小品组合。从停车场一侧看这个形式创新的建筑局部，西北面视角所见是实体墙板衬托的室外楼梯，东南面视角所见是楼梯东南面的实体墙板，建筑形态各不相同（图2-98）。

总部大楼最具创意的形式创新的建筑局部是主体建筑西南面圆柱与墙板支撑的底层架空单曲面建筑形态的接待室，以及其与单曲面建筑外墙同构的横向带形窗，构思独特，小巧精致，重新诠释了现代主义建筑的信条：架空支柱、屋顶平台、自由平面、横向带形窗和自由立面。从功能层面考察，这个仅容一张8人会议桌的小小接待室可有可无，但是这个颇富创意的形式创新的建筑局部却成为总部大楼的视觉中心，与规整的主体建筑形成强烈对比，使总部大楼独具个性，这正是业主的愿望。迈耶的方案构思水准体现于这个建筑局部的形式构思创新，也体现于这个建筑局部尺度推敲恰到好处的建筑体量，因此得以实现建筑形式创新而并不影响建筑功能，也没有大幅增加建筑造价（图2-99、图2-100）。

图2-97　北美瑞士航空公司总部大楼的形式创新建筑局部之一——西南面的楼梯间、电梯间与室外台阶及其挡土墙的组合体

图 2-98 北美瑞士航空公司总部大楼形式创新的建筑局部之二——室外楼梯与实体挡墙组合而成的建筑小品，不同方向视角建筑形态迥异

图 2-99 北美瑞士航空公司总部大楼形式创新的建筑局部之三——西南面小小的接待室。柱板支撑的单曲面建筑形态及其与单曲面建筑外墙同构的横向带形窗构思独特，小巧精致，重新诠释了现代主义建筑的信条

图 2-100 北美瑞士航空公司总部大楼形式创新的建筑局部之三——西南面接待室室内景观。与单曲面建筑外墙同构的横向带形窗颇富创意，窗外是西南面楼梯间、电梯间与室外台阶及其挡土墙的组合体

5）弗兰克·盖里，查特·迪·摩宙公司总部，美国，加利福尼亚，威尼斯，1985~1991（Frank O.Gehry，Chiat/Day/Mojo Corporate Headquarters，Venice，California，USA，1985~1991）

查特·迪·摩宙（Chiat/Day/Mojo）公司是美国著名的广告公司，为将其西海岸公司总部（West Coast Corporate Headquarters）从洛杉矶市区迁至海滨小镇威尼斯，公司收购了盖里和他的同事格雷格·沃尔什（Greg Walsh）购置的原属一家煤气公司的地块，并委托盖里设计。建设基地距美因街（Main Street）与玫瑰大道（Rose Ave）交口处不远，西面相隔 3 个街区就是太平洋海岸。建设基地总面积不足 4,000m²，基地呈 L 形，L 形的一边跨越整个街区，另一边沿美因街展开，建筑的主入口就设于美因街一侧。

盖里面临诸多特定建筑设计约束条件：地形条件约束——总面积不足

139

4,000m² 的 L 形基地；相关法规约束——海岸委员会（Coastal Commission）提出的 30ft（约 9.15m）的建筑限高；功能要求约束——业主要求建筑具备尽可能高的容积率与舒适的工作环境，最具挑战性的是特定业主提出的特定美学观念约束——要求建筑形式具备强烈的视觉冲击力与广告效应。前 3 项约束条件限定了设计方案的基本框架，使盖里别无选择，他设计了压红线布置、满铺基地的 3 层地面建筑和 3 层地下车库。如果没有特定业主提出的特定美学观念约束，或者没有盖里应对这一特定约束的独出心裁的设计构思，这也许就是一幢平平常常的 L 形办公建筑。一次偶然的机遇使建筑师盖里与查特·迪·摩宙公司的首席执行官杰伊·恰特（Jay Chiat）走到一起，玉成了一位充满创作激情的建筑师与一位同样充满激情的广告代理商的精诚合作。盖里自不待言，杰伊·恰特也是一位充满激情的广告代理商，相信富有个性、富有激情的建筑与环境能够激发员工的工作热情和工作潜能，从而增强公司的凝聚力和影响力。但是他也是一位理智的商人，希望不必付出过高的代价就能够使新总部大楼具备尽可能高的容积率、舒适的工作环境与强烈的广告效应。

新总部大楼整体建筑属常规建筑设计范畴，地面 3 层办公楼总建筑面积 7,220m²，除公司员工的办公用房和大大小小的会议室外，首层还有少量办公用房可供出租，整体建筑设计中规中矩——规整的柱网，适宜的层高，常规布置的建筑平面，功能合理，利用率高。此外，盖里还在不同部位设计了天窗和天井以改善自然采光通风条件。地下 3 层停车库总建筑面积 9,412m²，可容 300 辆小汽车，可以满足公司 165 名员工及出租用房用户和外来客户的停车需求（图 2-101）。

在此基础之上，盖里运用建筑外部局部形式创新的建筑设计手法，构思了美因街主入口处形式创新的建筑局部——双筒望远镜主入口与入口南侧的"树林檐口"，使最具挑战性的特定美学观念约束制约转化为极富想象力的建筑形式创新构思。新总部大楼这个形式创新的建筑局部只占用很少的建筑面积就造成了具有强烈视觉冲击力和广告效应的街景效果，任何一个过客都会不由自主地注视造型迥异于常规建筑、尺度巨大的双筒望远镜与"树林檐口"，而这个"尺度巨大"的概念只是相对于常规望远镜与常规建筑檐口而言，这个形式创新的建筑局部在总建筑面积中所占的比例很小，具体的统计数据是：与办公楼等高的双筒望远镜仅占 3 层办公楼总建筑面积的 4%，居陪衬地位的"树林檐口"则仅仅是建筑立面的附加装饰。即便如此，盖里还是赋予"双筒望远镜"以特定的功能：它是建筑的主要入口，车流人流都从望远镜下的入口进入，车流沿坡道进入地下停车场，人流向两侧分流进入办公楼；它的两个镜筒分别是一间小会晤室和一间研究室，通过连廊与后面的主会议室连接，镜筒顶部的目镜是会晤室和研究室的采光天窗。此外，实体望远镜还充当了主会议室遮挡西晒的遮阳板（图 2-102、图 2-103）。

盖里独具匠心的形式创新的建筑局部——双筒望远镜构思并非一蹴而就，而是长时间艰辛探索的成果，方案设计过程中曾经尝试各种不同构思的主入口设计方案，都因缺乏创意而放弃。其时盖里的办公室放有其好友艺术家克莱斯·欧登柏格（Claes Oldenburg）与古珍·凡·布鲁根（Coosje van Bruggen）创作的艺术作

图 2-101　查特·迪·摩宙公司总部二层平面图。中规中矩的常规设计，功能合理，利用率高，盖里还在不同部位设计了天窗和天井以改善自然采光通风条件

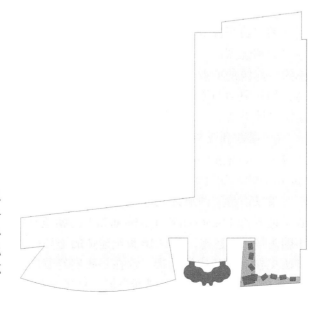

图 2-102　查特·迪·摩宙公司总部建筑平面构成分析图。与办公楼等高的双筒望远镜仅占 3 层办公楼总建筑面积的 4%，居陪衬地位的"树林檐口"则仅仅是建筑立面的附加装饰

图 2-103　查特·迪·摩宙公司总部沿美因街景观。形式创新的建筑局部双筒望远镜与"树林檐口"具有强烈的视觉冲击力和广告效应，任何一个过客都会不由自主地注视之

品"双筒望远镜"模型，在某次与恰特讨论设计方案的过程中，盖里灵感忽现，将这个"双筒望远镜"模型放置在建筑模型的入口处，恰特大加赞赏，盖里也很满意，于是主入口设计方案的基本构思遂成定局。其后两位艺术家造访盖里，考察建设基地现场，大幅度修改了双筒望远镜的初始构思模型，经盖里的建筑化处理后，最终成为新总部办公楼主入口处形式创新的建筑局部。双筒望远镜右侧的"树林檐口"则是建筑的遮阳构件，也经历了从规整造型向不规整造型的构思转变，最终成为整体建筑形态不可分割的组成部分，以其似是而非耐人寻味的抽象造型赢得了"小树林"的昵称。"树林檐口"用钢板制作，表层覆以自然氧化处理的铜皮，盖里希望铜皮随着岁月流逝呈现自然的铜绿色。

　　查特·迪·摩宙公司总部大楼建成后立刻成为美因街上的视觉焦点，形式创新的建筑局部双筒望远镜和"树林檐口"以其强烈的可识别性、强烈的视觉冲击力和强烈的广告效应使大楼成为西海岸公司总部瞩目的标志。付出的代价不大，建筑的商业性视觉效果却已经远远超出业主的期待，这应当归功于盖里超人的想象力与不懈探求的敬业精神，也应当归功于建筑外部局部形式创新的建筑设计手法。

　　6）曼西利亚与图尼翁合伙人事务所，莱昂市音乐厅，西班牙，莱昂，1994~2001（Partnership of Luis Mansilla and Emilio Tuñón，León's Concert Hall，León，Spain，1994~2001）

　　莱昂市位于西班牙北部坎塔布连（Cantabrian）山麓，是通往古老的朝圣中心圣地亚哥（Santiago de Compostela）的朝圣路线上的重镇。古镇仍然保留着当年朝圣路线的遗迹，其中 16 世纪建造的圣马科斯（San Marcos）修道院位于莱昂市历史核心区的边缘地带，现在是政府经营的豪华宾馆，修道院东南面是位于河滨的城市广场——圣马科斯广场，莱昂市音乐厅就建造在广场的东北面，圣马科斯桥及修道院东南面的道路和广场正对音乐厅的基址，使后者成为前者的对景建筑。1994 年，马德里市的曼西利亚与图尼翁合伙人事务所（Partnership of Luis Mansilla and Emilio Tuñón）在莱昂市音乐厅方案设计竞标中获胜，随后接受委托完成建筑设计。音乐厅于 2001 年建成。

位于莱昂市历史核心区的边缘地带、与历史建筑圣马科斯修道院毗邻，是莱昂市音乐厅的特定历史环境约束；音乐厅的基址位置使之成为圣马科斯桥及修道院东南面的道路和广场的对景建筑，而老城区斜交弯曲的道路网又限定了音乐厅主体建筑的方位，使之在城市整体层面与圣马科斯桥及修道院东南面的道路和广场的轴线对位关系很难处理，这是音乐厅的特定地形条件约束。

曼西利亚与图尼翁使用建筑外部局部形式创新的建筑设计手法，成功地创作了适应音乐厅特定历史环境约束与特定地形条件约束的创新构思设计方案。音乐厅的主体建筑在限定的建设基地内设计为长边与城市道路平行的简洁矩形平面，又在主体建筑的西南角构思了平面逆时针旋转约 30°，西南立面与修道院东北立面平行的形式创新的建筑局部——面向圣马科斯桥及修道院和广场的休息厅兼展览厅，使之成为圣马科斯桥及修道院东南面的道路和广场的对景建筑，体量虽小其面向圣马科斯桥和城市广场的西南立面却拥有适应城市景观要求的城市尺度和创新构思，这一适应特定历史环境约束与特定地形条件约束的设计构思极富创意，使之成为音乐厅自身的创新标志，也成为音乐厅与周边城市环境和历史核心区边缘地带和谐共处的创新标志（图 2-104、图 2-105）。

音乐厅的主体建筑设计颇具特色，舞台居中，南、北两端各设一个共用中部舞台的观众厅，南面的观众厅较大，共 734 座，两侧还设有少量凹入式包厢；北面的观众厅较小，只有 394 座，而且观众厅地面的升起坡度很陡。这种特殊的观众厅布局方式为音乐演出提供了更多的灵活性，可以作为大型交响音乐会的演出场所，也可以作为室内乐、歌剧的演出场所，还可作为会议场所。为此设计了可移动的声学反射板，以满足不同使用模式的室内音响要求。特殊的观众厅布局方式产生特殊的建筑形态，音乐厅的主体建筑形成中部凸起、两侧较低，迥异于常规音乐厅的建筑体量，临街立面没有开窗，实墙面饰以大块白色大理石，建筑形态简洁质朴，厚重敦实，体积感很强。与主体建筑形成对比，音乐厅形式创新的建筑局部是面向广场的休息厅兼展览厅，体量不大，同样是简洁的矩形平面，西北角因侧立面与主体建筑的侧立面平行而自然形成锐角，使二者的建筑形态相互呼应融为一体。建筑师的创造性构思既体现于休息厅兼展览厅因平面逆时针旋转约 30° 而与修道院及其东南面的圣马科斯桥、城市道路和广场呼应，增强了城市中心区的整体感；还体现于面向广场的临街立面处理，高宽比约为 1：2 的临街立面被划分为高度不等的五层，每层满布或大或小、或横或竖的矩形窗洞，也有正方形或接近正方形的窗洞夹杂其中，所有的窗洞都是外大内小的统一模式，每层窗洞外皮的高度相同，形成 5 条水平腰线，窗洞外皮的宽度、形状与内皮的大小、形状、位置则各不相同，形成优雅现代的抽象构图立体构成白色格栅立面，与遥遥相对的古典建筑形式的修道院，以及莱昂市历史核心区的建筑形成强烈对比，现代与传统直接碰撞，相互映衬，相得益彰。最终成果是：城市整体层面的

建筑设计方法概论（第二版）

图 2-104　莱昂市音乐厅周边环境示意图

轴线关系相互呼应融为一体，新老建筑的建筑形态迥然不同对比鲜明，构成莱昂市历史核心区创新而又和谐的新景观（图 2-106、图 2-107）。

　　关于休息厅兼展览厅的抽象构图立体构成白色格栅立面，可以从两个层面评价。历史街区运用强烈对比的建筑设计手法使创新构思建筑与古典建筑遗

144

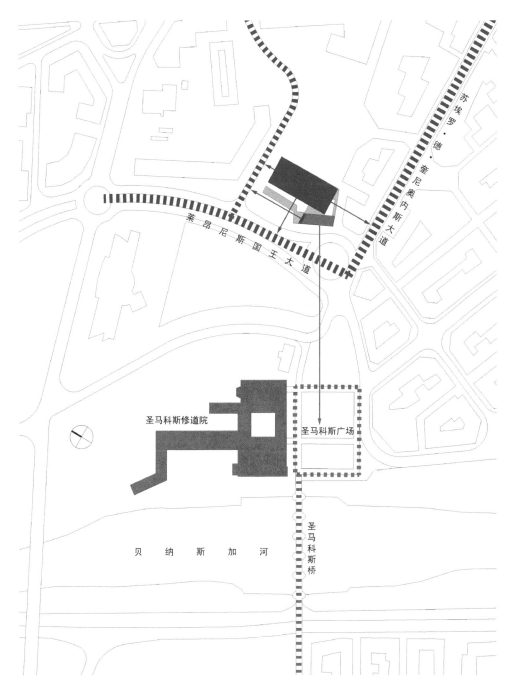

图 2-105 莱昂市音乐厅建筑主体与形式创新的建筑局部轴线转折关系分析图

产和谐共处，是历史街区保护的应对模式之一，这在建筑界早有共识，并已有许多佳作问世。莱昂市音乐厅形式创新的建筑局部休息厅兼展览厅以其毫不掩饰的"当代闯入者"（Contemporary Interloper）姿态为城市历史核心区的边缘地带增添了现代色彩，其抽象构图立体构成白色格栅立面功不可没。美中不足

145

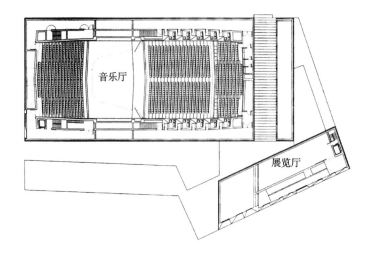

图 2-106 莱昂市音乐厅 +7.90m 平面图。主体建筑与西南角平面逆时针旋转约 30° 的面向广场的休息厅兼展览厅同为简洁的矩形平面；音乐厅设计独具特色，舞台居中，南、北两端各设一个共用中部舞台的观众厅

图 2-107 从圣马科斯广场看莱昂市音乐厅。形式创新的建筑局部——休息厅兼展览厅成为城市景观的主角，体量虽小其面向圣马科斯桥和城市广场的西南立面却拥有适应城市景观要求的城市尺度与创新构思

的是，建筑师的立面构思创意源于朗香教堂，在远逊于柯布西耶的层次上再现了规则版的朗香教堂南立面，因而不能达到"原创性构思创造者"的层次，只能列入高水平借鉴、应用前人创造的建筑构思模式的"原创性构思应用者"行列。这应当是很高的评价，因为勒·柯布西耶毕竟是不世出的奇才，而朗香教堂又是柯布西耶建筑师职业生涯的巅峰建筑作品（图 2-108）。

2.3.2　建筑内部局部形式创新的建筑设计手法

建筑外部局部形式创新的建筑设计手法出现较早，可以追溯到 20 世纪 60 年代现代主义建筑发展的盛期，是在现代建筑技术与现代建筑设备支持体系发展进步的基础上现代主义建筑大师的创新成果，20 世纪 80 年代以后，这种建筑设计手法的创新性应用仍可视为现代主义建筑大师设计手法创新成果的发展和延续。

图 2-108　莱昂市音乐厅休息厅兼展览厅面向圣马科斯桥和城市广场的西南立面外景。建筑师再现了规则版的朗香教堂南立面

建筑内部局部形式创新的建筑设计手法则是 20 世纪 90 年代以后出现的创新建筑设计手法，是建筑师不懈探索建筑形式和建筑空间创新的成果。

两种建筑设计手法的共同点是：为应对建筑形式的美学追求与特定约束条件的矛盾而在整体方案构思层面采用局部形式创新的建筑设计手法，建筑的主体部分按常规设计，重点处理摆脱了整体功能要求约束、相对于建筑整体而言体量很小的建筑局部，使之成为创新构思的点睛之笔，从而付出较小代价获得最大限度的创作自由度。建筑内部局部形式创新的建筑设计手法的主要创新特征是：将创新重点转移到建筑内部，赋予建筑内部空间以令人惊喜的创新构思，创造了令人耳目一新的建筑内部空间形态。

1）弗兰克·盖里，柏林 DG 银行大楼，德国，柏林，1995~2001（Frank O. Gehry，DG Bank Building，Berlin，Germany，1995~2001）

柏林市中心穿越勃兰登堡门（Brandenburger Tor，1789~1793）与巴黎广场（Pariser Platz）延伸到菩提树下大街（Unter den Linden）的城市轴线，从普鲁士帝国时期到纳粹德国时期都是展示国威的阅兵路线。第二次世界大战期间，巴黎广场除勃兰登堡门外全部炸为废墟，其后随着两德分裂和柏林墙的建造始终没有恢复。1989 年两德统一后，巴黎广场重建工程成为德国最重要的建设项目，其时巴黎广场除勃兰登堡门外已无其他建筑，经柏林城市规划部门多次评估并举办设计竞赛，最终确定了广场重建方案：再现巴黎广场的原始空间形态，维持广场周边原有建筑的功能性质、高度体量、建筑衔接方式，以及建筑围合的广场空间，但是允许部分建筑使用现代建筑形式。

这是一个偏于保守但稳妥可行的规划方案，1992 年，广场中列为文物保护建筑的庭园和喷水池按原状修复，广场重建工程启动。以德国式的严谨作风制定的城市规划法规规定，广场周边建筑原有功能不变，建筑形式必须与勃兰登堡门协调呼应，并对建筑的高度、立面形式、饰面材料、立面的窗墙比例等都作了详尽严谨的规定。广场周边建筑的土地所有者都决定在原址重建新建筑，原建于 1907 年的阿德隆旅馆（Hotel Adlon）按原样重建；保守的佐默之屋（Haus Sommer）、利伯曼之屋（Haus Liebermann）、德雷斯顿银行（Dresdner Bank）、瑞士银行、美国大使馆与法国大使馆等都采用了保守的折中主义建筑风格。

1995 年，DG 银行邀请盖里与其他 6 位建筑师一起参加柏林新总部大楼方案设计竞标，盖里的设计方案获得认可，随后接受委托设计位于巴黎广场南面的 DG 银行大楼。DG 银行大楼是多功能综合性建筑，由功能要求不同的 2 个部分组成：北面的银行办公部分共 5 层，入口面向巴黎广场；南面的公寓部分共 10 层，包括 39 套公寓以及部分可供公司客户租用的半独立会议室，交通流线与银行办公部分分离，单独设置通往南面伯瑞（Behren）大街的出入口。

这是一个受严格的历史环境约束和相关法规约束制约的设计项目，建筑基址在广场南侧建筑群的中部，西面是美国大使馆，东面是艺术学院、阿德隆旅馆和英国大使馆，基地面积约 4,240m²，南北进深很大，东西面宽很窄，临广场的北立面必须严格遵守城市规划法规，南面临伯瑞大街的立面不在广场规划控制范围之内，建筑师有较为宽松的设计自由度。于是，大楼南北临街立面都按法规规定采用与勃兰登堡门协调的淡黄色花岗岩石材饰面，但是以不同的设计风格和建筑尺度与相应的城市空间呼应。面向巴黎广场的正立面简洁庄重、中规中矩，窗墙比例约为 1:1，窗洞深深凹入以突出实体壁柱，坚固、厚重、理性而颇具纪念性，尽可能按法规规定融入广场周边环境。南面公寓临街立面处理相对自由，10 层立面不规则地缓缓退台，同样大小的凸窗或正或斜，整个立面充满活力但很注重分寸感（图 2-109~ 图 2-111）。

受特定历史环境约束与相关法规约束的严格制约，惯用的不规则异形双曲面外部建筑形态不能在柏林 DG 银行大楼一显身手，于是不懈探索的盖里转向建筑内部寻求构思突破。盖里成功地使用建筑内部局部形式创新的建筑设计手法，创造了令人耳目一新的建筑内部空间。

DG 银行大楼建筑基址东西窄南北长，临街立面的面宽很窄，屋顶采光中庭不可或缺。盖里在规整的建筑外壳之内构思了巨大的中庭空间，从北面广场的主入口进入两层通高的门厅，就能看到五层高的巨大中庭，四面环绕中庭的银行办公空间分享透过玻璃顶棚倾泻而下的自然光线，室内环境温馨而舒适。大楼南面设计了一个为公寓和出租用房服务的梭形小中庭，底层是水池，使公寓和出租用房不临街的北面房间也能获得自然采光，梭形小中庭还具备隔离银行办公区与设有独立出入口的公寓和出租用房的重要功能。

如果说，北面的巨大中庭空间与南面的小中庭空间都属常规建筑设计手法范畴；那么，使用建筑内部局部形式创新的建筑设计手法在北面银行中庭内设计的不规则异形双曲面建筑形态的会议室则是极富盖里特色的创新构思。这个会议室位于中庭南部中央的显著部位，不规则的异形双曲面建筑形体宛如抽象雕塑，实际上其构思、推敲、修改、成形的过程也与雕塑家的创作过程类似。盖里追求的是独具一格的建筑形式美，摆脱寓意性内涵等附加人文要素的束缚，进入

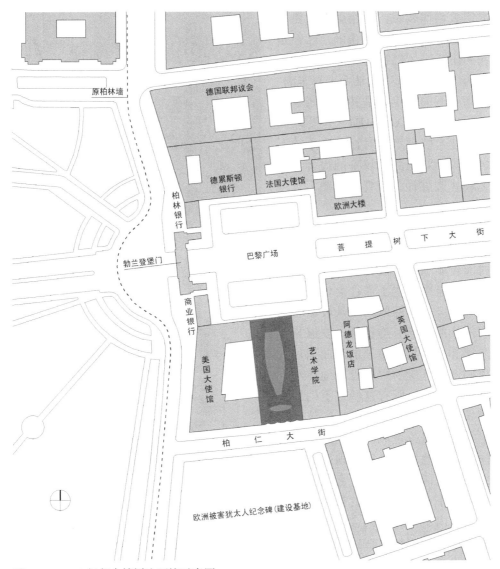

图 2-109　DG 银行大楼周边环境示意图

图 2-110　DG 银行大楼
临巴黎广场的北面鸟瞰景
观。北立面处理简洁庄重、
中规中矩，窗墙比例约为
1：1，窗洞深深凹入以突
出实体壁柱，坚固、厚重、
理性而颇具纪念性，尽可
能按法规规定融入广场周
边环境

149

纯形式创作领域，创作思路就更开放、更自由。此时的盖里，已经是在西班牙毕尔巴鄂古根海姆博物馆（1991~1997）取得成功而羽翼丰满、名满天下的盖里，是其设计团队已经熟练掌握 CAD/CAE/CAM 设计和建造技术的盖里，对这个小小的不规则异形双曲面会议室的设计、实施和建造过程已经驾轻就熟，自可驾驭自如。

　　盖里还构思了中庭屋顶的双曲面玻璃顶棚与中庭首层地坪的双曲面玻璃顶篷。银行首层环绕中庭四周的走廊设置了通往会议室的通道：入口门厅两侧的 2 条坡道与不同部位的 4 部一跑楼梯，坡道与一跑楼梯之间是与屋顶的双曲面玻璃顶棚遥相呼应的中庭首层地坪双曲面玻璃顶篷，所有这些创意构思与形式创新的建筑局部——会议室一起共同构成盖里风格的创新中庭空间。首层地坪中央玻璃顶篷之下是地下一层的员工餐厅，会议室之下则是地下一层 100 座的报告厅。中庭空间内引人瞩目的会议室外部表皮饰以不锈钢板，在巨大的中庭中闪闪发光，豪华夺目；内部装修则使用木材，温馨而富有人情味。会议室供银行高层和重要客户使用，空间很大，但室内仅容一张 14 人会

图 2-111　DG 银行大楼临伯瑞大街的南面景观。立面处理充满活力但很注重分寸感

议桌。对 DG 银行的银行家们而言，付出适当代价获得这样一间举世无双的会议室实在是物超所值（图 2-112~ 图 2-114）。

　　2）斯蒂文·霍尔，麻省理工学院西蒙斯公寓，美国，马萨诸塞，坎布里奇，1999~2002（Steven Holl，Simmons Hall，MIT，Cambridge，Massachusetts，USA，1999~2002）

　　西蒙斯公寓（Simmons Hall）是斯蒂文·霍尔事务所为麻省理工学院设计的 350 床位学生公寓，位于瓦萨大街（Vassar Street）北侧，建筑基址南北窄东西宽，斯蒂文·霍尔事务所曾经探讨过点式高层公寓设计方案，因弊端太多而放弃。最终的设计方案是东西面宽 330ft（约 100m）、地上 10 层、地下 1 层的板式高层公

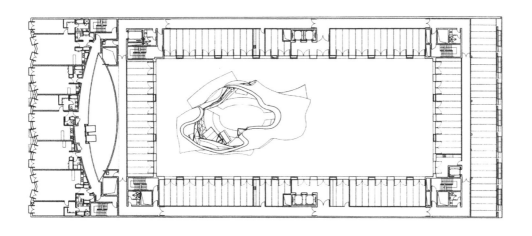

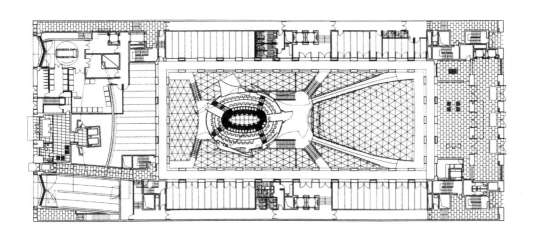

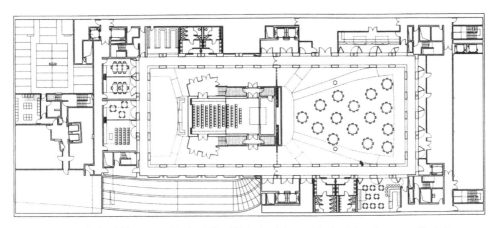

图 2-112　DG 银行大楼地下一层平面图、首层平面图、三层平面图。自下至上依次为：地下一层平面图、首层平面图、三层平面图，形式创新的建筑局部——会议室位于银行中庭南部中央的显著部位

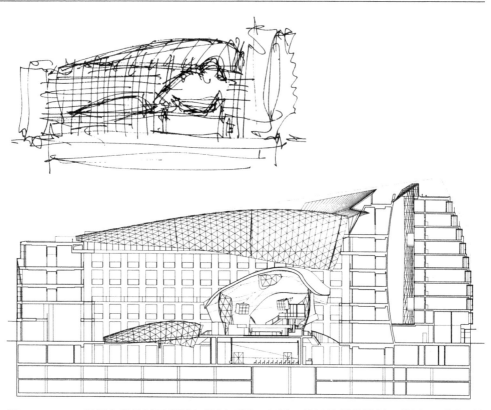

建筑设计方法概论（第二版）

图 2-113 DG 银行大楼纵剖面草图与纵剖面图。上图：盖里绘制的纵剖面草图；下图：纵剖面图。形式创新的建筑局部——会议室、中庭屋顶的双曲面玻璃顶棚与中庭首层地坪的双曲面玻璃顶篷共同构成盖里风格的创新中庭空间

图 2-114 DG 银行大楼中庭内景。四面环绕中庭的银行办公空间分享透过玻璃顶棚倾泻而下的自然光线，室内环境温馨而舒适；中庭中部不规则的异形双曲面会议室宛如抽象雕塑，与中庭屋顶的双曲面玻璃顶棚和中庭首层地坪的双曲面玻璃顶篷一起构成盖里风格的创新中庭空间

寓建筑，底层入口面向瓦萨大街。方案设计之初征求校方和学生的意见时，共同的要求是希望建筑"通透"，也就是希望避免 100m 宽的板式高层建筑如同城墙般的遮蔽感。为此，建筑底层中部设计了斜向贯通南北的四层通高门洞，上部东西向三分之一处的几个开间局部降低 3 层或 4 层，形成两个通透的豁口，又在建筑南北立面的不同部位设计规整的矩形凹洞或不规则的异形凹洞，建筑的天际轮廓线构成与立面处理都力图摆脱板式高层建筑的先天缺陷，使其建筑形态丰富生动并尽可能增强通透感。

斯蒂文·霍尔事务所与工程师盖伊·诺德逊（Guy Nordenson）合作，建筑构思与结构设计紧密结合，设计了独特的预制外墙墙板承重结构体系，用带有窗洞的 10ft×20ft（约 3m×6m）预制钢筋混凝土墙板构成承重外墙，不同楼层的墙板厚度分别为 1.4~1.6ft（约 43~49cm），外衬 4~6in（约 10~15cm）厚的保温材料，室外表皮饰以穿孔铝板。墙板在工厂预制，现场组装，由起重机吊到指定位置后，将预留钢筋套管焊牢，并于连接处浇灌混凝土即构成整体结构墙板，各层楼板则采用现浇钢筋混凝土结构以增强结构体系的整体性。与建筑设计融为一体的预制外墙墙板承重结构体系使建筑立面形成规整的窗洞网格，窗洞尺度为 2ft×2ft（约 61cm×61cm），远小于常规窗洞，每个单开间房间有 9 个窗洞，这使建筑立面与房间室内空间都产生不同于常规建筑的尺度感。规整的结构体系形成规整的窗洞网格建筑立面，建筑师就在规整窗洞网格的基础上寻求建筑形式的局部变异：或局部挖空形成通透空洞，或墙体后退形成巨大凹洞、或几个窗洞合并形成规则或不规则的较大窗洞、或窗洞填实形成较大面积的实墙面，建筑整体形态与立面构图因而丰富生动。墙板窗洞凹入较深，凹洞的侧面按结构工程师提供的结构受力状况示意图分区喷涂不同颜色的鲜艳涂料，蓝色表示受力最小的区域，红色表示受力最大的区域，按蓝、绿、黄、橙、红色的顺序用凹洞侧面的色彩显示结构受力状况。这一局部建筑处理构思并非斯蒂文·霍尔首创，只是 50 年前勒·柯布西耶设计的马赛公寓（1945~1952）在阳台隔板侧面涂以红、黄、蓝、白等鲜艳色彩以追求不同方位不同视觉效果的当代版本，但是作为麻省理工学院的学生公寓，显示结构受力状况的凹洞侧面色彩构思切合建筑性质，有益于学生获得直观的专业知识，堪称前人成果的创新性借鉴与应用（图 2-115、图 2-116）。

西蒙斯公寓独树一帜的创新构思是使用建筑内部局部形式创新的建筑设计手法，在普通的学生公寓内部创造了符合建筑性质的形式创新的建筑局部——若干通天的或不通天的、垂直贯通多个楼层的不规则漏斗状（Funnel）室内空间。建筑平面仍然沿用中央走廊两侧规整排列公寓单元的传统模式，走廊宽 11ft（约 3.35m），标准公寓单元由两个共用卫生间的小房间组成，沿着中央走廊在南北两侧一字排开，与漏斗状室内空间相连的异型公寓单元户型则单独设计；另外还设计了 17 套教师和研究生公寓单元，以及一些可供选择的特殊户型公寓单元，以满足不同类型居住者的需求。

贯通若干楼层的不规则漏斗状室内空间被学生们称为迷你塔（Mini-Towers），设计了多种模式，分布在不同楼层，使单调的内走廊学生公寓充满生活情趣。

153

图 2-115 麻省理工学院西蒙斯公寓东南面外景。建筑的天际轮廓线构成与立面处理都力图摆脱板式高层建筑的先天缺陷，使建筑形态丰富生动并尽可能增强通透感

迷你塔室内空间可以作为学生的休息室和学习室，可以容纳学生组织的学术、宗教、体育、文艺等各种类型的兴趣小组开展活动，创造了适应多元化聚会方式的学习和生活空间；迷你塔室内空间的异形楼梯提供了适应青年学生生活情趣的楼层联系模式；通天的迷你塔室内空间将自然光线引入室内，通过采光顶篷可以看到坎布里奇湛蓝的天空。如果说，弗兰克·盖里设计的柏林 DG 银行大楼创造的是建筑内部形式创新的局部建筑实体，在巨大的中庭空间内凸显光彩夺目令人振奋的变异建筑形态会议室实体；那么，斯蒂文·霍尔设计的麻省理工学院西蒙斯公寓创造的则是建筑内部的形式创新的局部建筑空间，在学生公寓单调的中央走道和规整排列的房间内构筑水平方位和垂直方位的局部空间变异，创造了容积不大但趣味无穷极富变化的多层漏斗状室内公共空间。斯蒂文·霍尔完全可以自豪地宣称：简单的学生公寓未必就是简单的方盒子建筑（图 2-117~ 图 2-120）。

图 2-116 麻省理工学院西蒙斯公寓西南面入口处外景。墙板窗洞侧面喷涂鲜艳的蓝、绿、黄、橙、红色，利用凹洞侧面色彩分布显示结构受力状况

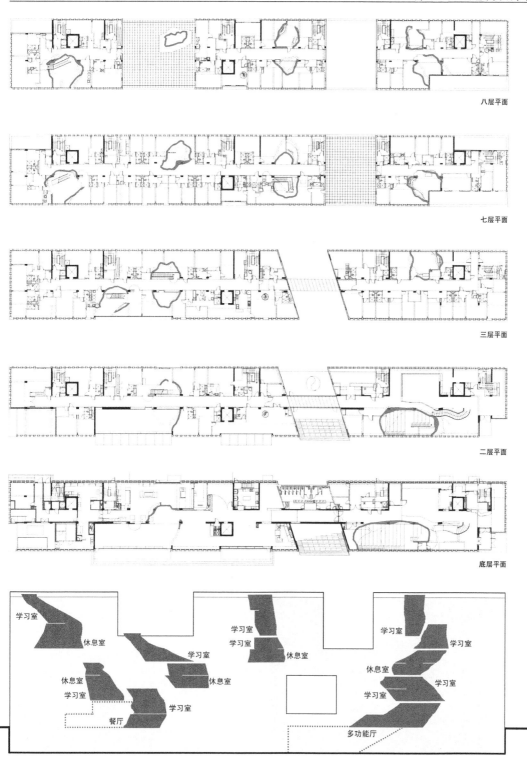

八层平面

七层平面

三层平面

二层平面

底层平面

图 2-117 麻省理工学院西蒙斯公寓首层、二层、三层、七层、八层平面分析图与纵剖面分析图。建筑平面仍然沿用中央走廊两侧规整排列公寓单元的传统模式，标准公寓单元沿中央走廊南北两侧一字排开，多种模式的迷你塔室内空间不规则地分布在不同楼层，使单调的内走廊学生公寓充满生活情趣

155

图2-118 麻省理工学院西蒙斯公寓迷你塔室内空间内景。迷你塔成为学生聚会、学习、休憩的场所，创造了多元化的学习和生活空间

图2-119 麻省理工学院西蒙斯公寓迷你塔室内空间内景。预制外墙墙板承重结构体系形成规整的窗洞网格，61cm×61cm的窗洞尺度远小于常规窗洞，使建筑室内空间产生不同于常规建筑的尺度感；异形楼梯提供了适应青年学生生活情趣的楼层联系模式

图2-120 麻省理工学院西蒙斯公寓通天的迷你塔室内空间内景。通过采光顶篷可以看到坎布里奇湛蓝的天空

2.4　重点处理建筑表层或表皮的建筑设计手法

论述重点处理表层或表皮的建筑设计手法,首先涉及建筑"表层"与"表皮"基本概念的定义。西方建筑界关于"surface"与"skin"这两个建筑概念的论述颇为含混,二者经常交错使用,并没有一个公认的明确定义,这是学术探讨的正常现象。作者希望摆脱西方建筑界虽严谨认真,但过于学究气的哲理探讨,更希望远离标签式的哲理炫耀,简洁明确地论述基本学术概念和学术观点。

基于这一基本准则,对建筑"表层"与"表皮"定义如下:建筑表层指建筑外表面围护体的物质形态及其质感、肌理、色彩等建筑构成要素;建筑表皮指建筑外表面围护体饰面层的物质形态及其质感、肌理、色彩等建筑构成要素。由这一定义引申出两种不同的建筑设计手法:重点处理建筑表层的建筑设计手法与重点处理建筑表皮的建筑设计手法。相关的常规建筑构造处理手法,如石砌体清水墙、砖砌体清水墙、清水混凝土墙等常规建筑表层处理手法;石砌体墙、砖砌体墙、加气混凝土墙或混凝土墙等墙面的水刷石面层、剁斧石面层、花岗岩面层、面砖面层、抹灰喷刷涂料面层等常规建筑表皮处理手法,均不在论述范畴之内,本节的论述范畴是创新层次上重点处理表层或表皮的建筑设计手法,与其他章节一样,注重的同样是其创新启迪价值。

2.4.1　重点处理建筑表层的建筑设计手法

1923 年,勒·柯布西耶在《走向新建筑》一书中提出"给建筑师的三项提示"(Three Reminders to Architects)——体量(Mass)、表层(Surface)和平面(Plan),柯布西耶言:"体量被表层包裹,表层依据体量的导向线和基准线划分,体量亦因此具备特性[①]。"现代主义建筑摒弃复古主义建筑的繁琐装饰,强调建筑体量组合效果,强调建筑表层的构图效果,与结构体系分离的建筑表层可以按新建筑美学观自由处理,这在"新建筑五点"中简洁地表达为"自由立面"和"横向带形窗"。

在此基础上的进一步探索是集窗墙功能于一身的玻璃幕墙表层,1952 年于纽约利华大楼(Lever House,1947~1952)首次实施,玻璃幕墙表层建筑自此在世界范围内流行。利华大楼以及早期建造的玻璃幕墙表层建筑使用的仍然是有框玻璃幕墙,20 世纪 60 年代中期,美国建筑师西萨·佩里(Cesar Pelli,1926~2019)在当时建筑技术发展的基础上,设计了与铝合金墙板组合的隐框玻璃窗,使玻璃窗转化为与铝合金墙板外表面平齐的玻璃墙面,这种集玻璃幕墙与铝合金墙板于一身、二者可以自由组合的综合性墙体材料赋予建筑师以更大的创作自由度,此前单独使用玻璃幕墙或单独使用铝合金墙板带来的建筑表层或全透明、或全封闭的两难抉择不复存在,使玻璃幕墙和铝合金墙板表层在建筑形式与建筑功能处理,以及节省建筑能耗等方面都有大幅度改进。

20 世纪 90 年代,瑞士建筑师赫尔佐格与德·梅隆探讨表层和表皮建筑设计手法的创新性运用成绩卓著,或创造性运用乡土建筑材料,或创造性运用高科技建筑材料,由此创作的一批精品建筑令人叹服,使重点处理表层或表皮的建筑设计手法提升到更高层次,在世界范围内产生了广泛影响。

157

1）SOM事务所戈登·斑沙夫特，利华大楼，美国，纽约，1947~1952［Gordon Bunshaft，Skidmore Owings and Merrill（SOM），Lever House，New York，USA，1947~1952］

全玻璃幕墙表层高层建筑构思始于20世纪20年代，当时因社会环境约束、美学观念约束与科学技术约束的制约，还只能停留于虚拟建筑构思阶段，直至20世纪50年代初，社会进步促成这种种约束由限制条件转化为支持条件，全玻璃幕墙表层高层建筑才首次在美国得以实施，即SOM事务所建筑师戈登·斑沙夫特设计的纽约利华大楼。利华大楼是首次运用全玻璃幕墙表层设计手法的高层建筑，玻璃幕墙表层使建筑形态摆脱了窗和外墙的制约，虚面的窗与实体外墙的区别消失，转化为一体化的建筑表层，建筑师因此获得更大的建筑形式创作自由度，可以按特定构思自由塑造富有雕塑感的建筑形态。利华大楼新颖的建筑形态与周边的砖石结构建筑形成强烈对比，其创新的玻璃幕墙表层占据了几乎所有可见的建筑立面，斑沙夫特凭借当时美国先进的建筑技术、建筑材料与制造和施工水平，凭借SOM事务所强大的综合设计能力创造的无重量感和非实体化的建筑形态使20世纪20年代全玻璃幕墙表层建筑的虚拟构思成为现实。

利华大楼由21层高层办公楼和2层设有屋顶花园的架空裙房组成，裙房是中空的矩形平面建筑，办公室围绕着开放的院落，架空的裙房和院落空间一起形成有围护的公共开放空间，为后面的高层办公楼提供了一个安静而有品位的前院（图2-121）。

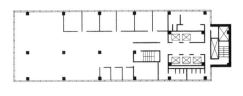

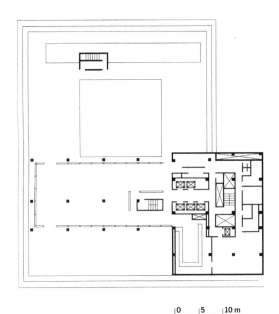

利华大楼的建筑构件利用美国的工业化生产流水线在工厂预制，现场装配；使用绿色玻璃以增强建筑表层的隔热性能，尽可能降低空调负荷，这是当时的建筑技术与材料所能提供的最佳选择；使用特别设计的专用洗窗机清洗玻璃幕墙，解决了高层建筑外墙清洁问题。塔楼的钢结构构架稍微退后于建筑表层，建筑外立面完全用统一的玻璃幕墙表层包裹，塔楼顶部2层高的空间容纳了电梯机房和设备用房，也是种植植物的空中花园，这2层的立面处理手法使用了不同于标准层的幕墙样式，使建筑整体形态仍略微带有由裙房、标准层和塔楼顶部构成的三段式构图意向（图2-122）。

　图2-121　利华大楼三层平面图与标准层平面图

图 2-122　利华大楼外景。优雅的竖向幕墙框架组合使建筑外观看起来只有竖向线条和晶莹剔透的半反射玻璃，构成全新的建筑形态；建筑整体形态仍略微带有由裙房、标准层和塔楼顶部构成的三段式构图意向

　　20 世纪 50 年代，全玻璃幕墙表层建筑引发了轰动效应和模仿热潮，完全不考虑世界各地不同的气候因素与文化因素，盲目模仿全玻璃幕墙表层建筑的结果使之成为体现国际式建筑缺陷的负面典型。但是这并非玻璃幕墙表层自身的过错，关键在于建筑设计手法恰如其分的运用，以及玻璃幕墙表层技术与材料的改进和发展。玻璃幕墙表层建筑设计手法直至今天仍然在产生影响，并随着建筑技术与材料的发展以及建筑观念的转变不断改进。

　　2）雅克·赫尔佐格与德·梅隆，多米努什葡萄酒酿造厂，美国，加利福尼亚，纳巴溪谷，1996~1998（Jacques Herzog & Pierre de Meuron, Dominus Winery, Napa Valley, California, USA, 1996~1998）

　　雅克·赫尔佐格与德·梅隆的经历几乎完全相同，1950 年出生于瑞士巴塞尔，幼年时代进入同一所幼儿园而自小相识，1970 年同时考入苏黎士瑞士联邦高等技术大学（ETH, The Swiss Technical University in Zurich）学习建筑，那是许多当代瑞士著名建筑师的母校。学生时代的赫尔佐格与德·梅隆深受其老师阿尔多·罗西和德国艺术家约瑟夫·博伊于斯（Joseph Beuys, 1921~1986）的影响。罗西的类型学建筑源于意大利文化；博伊于斯是德国艺术家，试图通过雕塑、绘画和表演艺术传达其高度政治性的观念。赫尔佐格与德·梅隆都对艺术感兴趣，对他们

159

来说，博伊于斯有超凡的魅力和感召力，他的艺术创造了生活环境，这和罗西的建筑观念不谋而合。1975年两人从ETH毕业，三年后的1978年在巴塞尔成立了赫尔佐格与德·梅隆建筑事务所。

事务所的第一项任务与艺术家约瑟夫·博伊于斯合作完成，但并非建筑设计而是服装设计，"年轻的建筑师劝说他帮助设计一套衣服而并非一座建筑，一个70人的游行队伍届时会穿着他设计的服装列队穿过城市中心。与艺术家的合作和对时装的兴趣从一开始就支持着他们的设计工作"。[⑳]赫尔佐格的母亲是一位裁缝，赫尔佐格本人对服装和织物也很着迷，他认为时装极大地影响了他们的建筑："许多人认为从事时尚的服装、音乐甚至艺术比起建筑设计的责任和抱负，都显得浅薄得多，但是我们不这么认为……并不是时装绚烂多姿的效果吸引我们，事实上我们更感兴趣的是人们都爱穿什么，他们喜欢用什么样的材料来包裹身体……我们感兴趣的是这些人为的外皮已成为人本身非常密切的一部分。"[㉑]服装是人们包裹身体的表层，建筑立面是包裹建筑的表层，这是赫尔佐格心目中服装与建筑的共同点，"对表面层的重视是他们与艺术家的相通之处，在一系列作品中，他们设计立面就像艺术家对待即将被装饰的油画布一样。与艺术家合作也和设计时装一样是参与当代文化的一种方式"。[㉒]从1978年与艺术家博伊于斯合作开始，赫尔佐格与德·梅隆在多年的职业生涯中曾经与许多欧洲顶级画家、摄影师一起工作，所以赫尔佐格说："比起建筑，我们更倾向艺术；同样，比起建筑师，我们更倾向艺术家。"[㉓]

因此，重点处理表层和表皮的建筑设计手法成为赫尔佐格与德·梅隆重要的创作手法。成功使用重点处理建筑表层的建筑设计手法的纳巴溪谷多米努什葡萄酒酿造厂成为他们的成名之作，建成后产生很大影响，从此人们开始关注赫尔佐格与德·梅隆，关注他们的作品。位于美国加利福尼亚州纳巴溪谷的多米努什葡萄酒酿造厂于1998年建成。纳巴溪谷的环境景观非常壮观，四周山峦起伏，谷底是成片的葡萄园，整齐的葡萄藤架绵延不断，平坦的葡萄园与起伏的山岩相连，人工景观与自然景观并列。赫尔佐格与德·梅隆设计的葡萄酒酿造厂是一座100m长、25m宽、9m高的方盒子建筑，四周是葡萄园中规整排列的葡萄藤架，低矮的建筑位于基地中央，内部道路从建筑中部的洞口穿越，建筑形体规整简洁，整体感很强。

赫尔佐格与德·梅隆的创新构思是创造了利用当地材料、与当地环境高度协调的建筑表层——在金属笼子里装满松散石头的"石篮墙"。除局部办公用房外，建筑外墙，即建筑表层全部使用"石篮墙"，厚厚的"石篮墙"既有利于隔绝室内外温差、保持酿酒厂相对恒定的温度，松散石头之间的缝隙也有利于酿酒厂需要的适度通风效果。形体规整简洁的建筑因创新的建筑表层而新颖优雅，独具特色，并与环境高度协调，看起来就像是当地景观的自然组成部分。从"石篮墙"缝隙中透射的光线投射到室内，造成变幻莫测的动人光影效果。多米努什葡萄酒酿造厂建成后获得很高评价，"这是一个基于自然的人工作品，一座充满对比的建筑，将难以置信的效果归于一身"。[㉔]这也是创造性使用重点处理建筑表层的建筑设计手法的成果（图2-123、图2-124）。

图 2-123　多米努什葡萄酒酿造厂的"石篮墙"。松散的石头置于金属笼子之内，创造了利用当地材料、与当地环境高度协调的创新建筑表层

图 2-124　多米努什葡萄酒酿造厂"石篮墙"变幻莫测的动人光影效果

3）雅克·赫尔佐格与德·梅隆，慕尼黑安联体育场，德国，慕尼黑，2002~2005（Jacques Herzog & Pierre de Meuron，Allianz Arena，Munich，Germany，2002~2005）

德国的慕尼黑市拥有两支足球队——"拜仁慕尼黑"和"慕尼黑 1860"，也拥有各自的球迷和球迷组织。2006 年德国举办世界杯足球赛，赛事分别在 12 座城市的 12 个赛场举行，慕尼黑是举办赛事的城市之一。2001 年 7 月，慕尼黑市议会宣布支持在城市北部兴建新体育场，同年秋，慕尼黑市民投票公决支持建造新体育场，新体育场是世界杯足球赛赛场，也是慕尼黑两支足球队的共同主场。新建体育场即安联体育场耗资 3 亿 6,000 万美元，是专为足球比赛设计的体育场，足球场外侧不设田径跑道，角旗区附近也没有因田径跑道产生的弧形区域，观众席距球场的距离缩短，观赛效果和赛场气氛都大为改善。体育场共设 66,000 座

161

席，此外还设置了 106 个直播包厢，每个包厢的年租金从 10 万美元至 30 万美元不等，这有利于增加体育场的日常收入，增强其商业生存能力。

　　其时已经成名的赫尔佐格与德·梅隆特邀德国的建造公司阿尔皮内公司（Alpine Bau）合作参加安联体育场设计竞标并获成功，阿尔皮内公司拥有实施建筑师构思要求的高科技表层的制作和建造能力，这使赫尔佐格与德·梅隆的安联体育场设计构思得以充分利用新技术和新材料，在高科技层次上使用重点处理建筑表层的建筑设计手法。安联体育场使用了悬臂钢结构屋顶和采用新技术新材料的建筑表层。同一城市中两支足球队共用主场的特定功能要求引发了建筑师特定的设计构思，夜间照明可改变颜色的建筑表层成为安联体育场的标志性特征。建筑表层是固定在钢框架上、用 0.2mm 厚的乙烯—四氟乙烯共聚物（ETFE）薄膜制作的充气膜结构，2,784 个菱形膜结构形状各不相同，阿尔皮内公司拥有计算机辅助制造的专业制作能力，可以支持这一构思的完美实施。ETFE 膜结构表层具有自清洁、防火、防水以及隔热性能，其景观效果也不同于常规体育场，白天膜结构在阳光下闪烁着微光，具有特殊的景观效果；独特的照明设计产生的夜间景观效果更具特色，2,784 个菱形膜结构中的 1,056 个可以发光并可调节颜色，在比赛日的夜晚，建筑呈现与参加比赛的主场足球队队服相对应的颜色：红色代表拜仁慕尼黑，蓝色代表慕尼黑 1860，白色则代表德国国家队。在这 3 支足球队都没有赛事的夜晚，ETFE 膜结构表层的颜色每半小时变换一次。体育场内部的混凝土、钢结构构件和塑料座椅等则是中性的银灰色，以平衡不同俱乐部球迷的心理要求（图 2-125~ 图 2-127）。

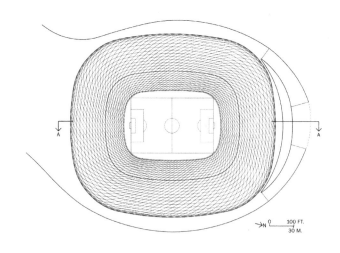

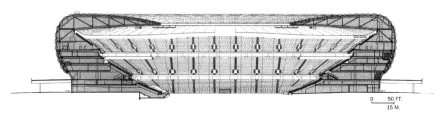

　　图 2-125　安联体育场屋顶平面图与剖面图

图 2-126　安联体育场全景。膜结构在阳光下闪烁着微光，具有特殊的景观效果

图 2-127　安联体育场夜景。左图："拜仁慕尼黑"队主场比赛时为红色；右图："拜仁慕尼黑"队与慕尼黑 1860 队比赛时为红蓝两色

2005 年安联体育场建成开始使用后，慕尼黑市民已经将体育场视为城市的象征，这反映于与足球赛事有关的印有"65999 和我"的 T 恤衫的流行——体育场的座位数是 66,000。2006 年世界杯足球赛的揭幕赛在安联体育场举行，体育场获得一致好评。同为使用重点处理建筑表层的建筑设计手法创作的建筑作品，多米努什葡萄酒酿造厂是创造性运用乡土建筑材料而获成功的典范；安联体育场则是创造性运用高科技建筑材料而获成功的典范，赫尔佐格与德·梅隆的创造力在不同建筑环境、不同建筑领域都有高水准的发挥。

2.4.2　重点处理建筑表皮的建筑设计手法

古罗马奥古斯都时代（约公元前 32~22 年），维特鲁威曾在《建筑十书》中称道当时砖砌体墙抹灰面层，即其表皮的质量："拥有最高权力的玛乌索罗斯王的宫殿，全部曾用普罗孔涅索斯的大理石装饰，但是墙壁却用砖砌筑，在墙上的饰面抹灰恰似玻璃一样的明亮，直到今天还很好地保持着强度。这位国王并非由于贫穷才这样建造的，因为国王的权势曾遍及整个卡里亚，有无限的租税。"[⑥]英国维多利亚时代著名艺术家与艺术批评家约翰·罗斯金（John Ruskin，

163

1819~1900）认为平整的建筑墙面创造了不同于希腊建筑的柱廊和哥特建筑的装饰的特殊美感，那是体现于建筑表皮的美感，"在可以从事建筑研究的诸多宽泛的领域中，我觉得最重要的就是那些墙壁令人感兴趣的建筑，以及那些分割墙壁的界线令人感兴趣的建筑。在希腊庙宇中，墙壁被视同无物，所有兴趣都体现在与墙分离的立柱及立柱所支撑的中楣上；在法国火焰式建筑和我们面目可憎的垂直式建筑中，目标是消除墙面，把目光都集中到窗花格上；在罗马和埃及风格的建筑中，墙壁是公认的尊贵的成员，光线常常允许落在进行过各种装饰的大片墙壁上。如今，这两种原则都得到了大自然的承认，其一在树林和灌木丛中，其二在平原、峭壁和湖海之中，然而后一原则显然是力量原则，在某种意义上，也是美的原则。在森林迷宫中，无论有什么样的漂亮形式，我想在平静的湖面上总有更漂亮的；我几乎不知道有什么立柱或窗花格，使我愿意用某种光滑、宽阔、像人一样的大理石面墙的温暖阳光与之交换"。[7] "对建筑师来说，墙壁表面仅仅相当于画家的白色帆布，两者的唯一区别就在于墙壁在高度、材料等已经讨论过的特征上，已经具有一种崇高，与用色彩涂抹帆布表面相比，破坏墙壁表面更加危险"。[8] 罗斯金是极力反对现代主义建筑的，但是他认为摆脱了柱廊、玫瑰窗等装饰的纯净墙面如同"平静的湖面"一样富于美感的观念却与现代主义建筑师的审美观念不谋而合，正是纯净的墙面为重点处理建筑表皮的建筑设计手法提供了一展身手的舞台。

建筑表皮设计手法的创新从壁画开始，最早的表皮创新是满墙壁画，普通的墙面因富有特色的壁画而生动感人，并具备浓郁的地域特色。20世纪90年代，随着建筑技术的发展与高科技材料的介入，赫尔佐格与德·梅隆已经开始有意识地探求不同类型的高科技表皮创新并取的卓著成果。不断发展普及的现代科学技术的支持是高科技表皮创新的基础，2003年，彼得·库克（Peter Cook）和科林·富尼耶（Colin Fournier）设计的奥地利格拉茨艺术中心（Kunsthaus）建成，标志着因现代建筑技术约束支持而产生的"高科技建筑表皮创新"已经进入实施阶段。

1）胡安·奥戈尔曼，大学城中心图书馆，墨西哥，墨西哥城，1953（Juan O'Gorman, The Central Library of the University City, Mexico City, Mexico, 1953）

20世纪50年代建造的墨西哥大学城位于远离墨西哥城的郊区，占地2,500hm²，按当时流行的功能分区规划模式将校园划分为教学区、运动区、学生生活区和教职工生活区，运动区内建有奥林匹克运动场。大学城的建筑试图将现代建筑技术与墨西哥传统文化要素结合，创造具有墨西哥特色的现代建筑，可容11万观众的奥林匹克运动场、宇宙线实验室、结构工程和建筑艺术学院、中心图书馆等建筑当时都被誉为墨西哥现代建筑的代表作。

1519年，西班牙人入侵墨西哥，墨西哥开始了长达300余年的殖民史，直至1821年才宣告独立。现代墨西哥文化是殖民地时期传入的欧洲文化与当地的印第安文化激烈碰撞与融合的结果，历经时代变迁又融入很多新的元素，形成一种多元化的文化，大学城中心图书馆也是这种多元文化的产物。

20世纪50年代，建筑师面对的是现代建筑与民族文化的矛盾，当时的墨西哥与巴西是拉丁美洲建筑创作最富成效的国家，由胡安·奥戈尔曼（Juan

O'Gorman）与古斯塔夫·萨维德拉（Gustav Saavedra）、琼·马丁内兹·德· 维拉斯科（Joan Martínez de Velasco）设计的大学城中心图书馆是这一时期墨西哥现代建筑创作的重要成果之一。大学城的规划和建筑模式体现了当时盛行的现代主义建筑思潮的影响，中心图书馆也不例外。图书馆采用钢筋混凝土结构，方整的 2 层裙房水平展开，其上是高耸的高层书库，书库与裙房之间的过渡层在柱网外覆以玻璃幕墙，与以上各层的实墙面相比略微后退，使书库建筑形体与裙房分离，因书库的特定功能要求不必开窗，因而整个高层书库形成极简洁的实墙面立方体建筑形态。

但是建筑师运用重点处理建筑表皮的建筑设计手法，整个高层书库，包括屋顶设备层的实体外墙都覆以极富墨西哥文化特色的彩色马赛克壁画表皮，使中心图书馆受现代主义建筑思潮影响形成的"国际式"建筑风格转化为颇富墨西哥文化特色的地域建筑风格。马赛克壁画由奥戈尔曼设计，其综合符号和装饰主题源于殖民者入侵之前的前西班牙文明（Pre-Hispanic Civilizations），强烈地表现了墨西哥本土文化特性。壁画表皮设计手法的运用，在纯净的国际式建筑风格中注入了植根于墨西哥文化传统的装饰要素，在现代建筑中传达了墨西哥本土文化信息，与当时正统的功能主义建筑相比产生了令人瞩目的创新性变异。虽然正统的意大利建筑史学家布鲁诺·赛维（Bruno Zevi）曾嘲笑大学城中心图书馆的壁画表皮，称之为"墨西哥的奇异图案（Grotesco Messicano）"，但是随着时间的推移，人们越来越深刻地认识到这一创新尝试的价值，象征主义的壁画表皮使中心图书馆超越了 20 世纪 50 年代流行的功能主义建筑，早已成为墨西哥城的骄傲，堪称早期使用重点处理建筑表皮的建筑设计手法的典范性建筑作品（图 2–128）。

2）文丘里与斯科特·布朗事务所，贝斯特商品名录展销店，美国，宾夕法尼亚，兰赫，1978（Venturi，Scott Brown and Associates，Best Products Catalog Showroom，Langhorne，Pennsylvania，USA，1978）

早在 1978 年，罗伯特·文丘里和丹尼斯·司考特·布朗就曾在其设计的贝斯特商品名录展销店创造性地运用重点处理建筑表皮的建筑设计手法。那是一幢极简洁的方盒子建筑，墙面用 1,208 块陶瓷钢板表皮覆盖，每块面板的尺寸为 4ft×5ft（约 1.22m×1.52m），陶瓷钢板表皮的图案是巨大的、令人愉悦的花朵造型，其构思灵感源于建筑师卧室的壁纸图案，建筑师将这一构思用极夸张的尺度再现于建筑表皮，从而获得引人注目的装饰性效果。时过境迁，贝斯特商品名录展销店已经改用时尚

图 2–128　墨西哥大学城中心图书馆正面外景。高耸的高层书库外墙全部覆以极富墨西哥文化特色的彩色马赛克壁画表皮

165

图 2-129　贝斯特商品名录展销店。尺度极夸张的大花朵陶瓷钢板表皮使建筑获得引人注目的装饰性效果

的反射玻璃表皮覆盖，变身为极平常的商业建筑。但是，新业主从承担改建任务的建筑师那里了解到贝斯特商品名录展销店建筑表皮面板的价值，他们联系到文丘里与斯科特·布朗事务所，希望将面板捐赠给一些艺术机构。大多数陶瓷钢板表皮面板，特别是位于立面上部者仍然保持完好，最终结果共保留了其中的 287 块，一小部分现在放置在圣地亚哥当代艺术博物馆、丹佛艺术博物馆、弗吉尼亚艺术博物馆、费城艺术馆、纽约现代艺术博物馆作为永久收藏品。2006 年秋天，其中的 8 块在纽约现代艺术博物馆展出（图 2-129）。

　　贝斯特商品名录展销店的大花朵陶瓷钢板表皮面板不仅仅作为艺术作品在博物馆展出，其中的一部分也将再次成为建筑的装饰品——装饰位于美因州芒特迪瑟特岛的亚凯迪亚夏季艺术项目，文丘里与斯科特·布朗事务所从前在这里设计的一栋占地 1,200m² 的 2 层建筑，外部覆盖着西部红杉木，淡季放置车辆，夏季作为艺术工作室使用。贝斯特商品名录展销店的一部分大花朵陶瓷钢板表皮面板于 2006 年夏季固定在建筑外部独立的轻型钢结构墙体上，成为具有特殊意义的象征性装饰表皮，废弃的大花朵陶瓷钢板表皮面板再次以充满诗意的方式回归建筑（图 2-130）。

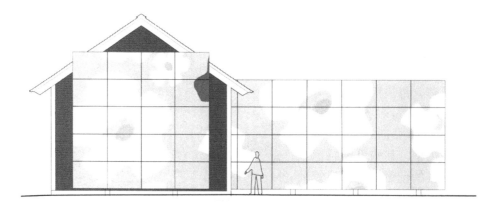

图 2-130　利用一部分贝斯特商品名录展销店的大花朵陶瓷钢板表皮面板作为一幢小建筑装饰品的立面设计图。大花朵陶瓷钢板表皮将再次展示风采

3）雅克·赫尔佐格与德·梅隆，沃尔夫信号楼，瑞士，巴塞尔，1997~1998
（Jacques Herzog & Pierre de Meuron, Central Signal Tower, Basel, Switzerland, 1997~1998）

赫尔佐格与德·梅隆早期设计了很多工业建筑，这些建筑功能要求严格，并没有像重要的公共建筑那样对建筑形式提出很高的要求。但是赫尔佐格与德·梅隆不是仅仅满足于完成设计任务的建筑师，即便是建筑空间、形态没有变化余地的工业建筑，他们也尽力探索建筑的形式美，使用的建筑设计手法之一是建筑表皮的创新。瑞士巴塞尔铁路调车场沃尔夫信号楼是铁路系统工艺要求复杂的调度用房，交错的铁轨与零散的建筑构成杂乱而限制性极强的特殊环境约束，地下 1 层、地上 6 层的钢筋混凝土方盒子建筑中满布需要特定运行条件的高科技设备，苛刻的特殊环境约束与特殊工艺要求约束不允许建筑师随意发挥，因而建筑形体只能是简洁的方盒子，并按照功能要求开有少量不规则布置的窗。赫尔佐格与德·梅隆仅仅将建筑的一面墙体倾斜，使建筑形态略有变化，在此基础上使用重点处理建筑表皮的建筑设计手法，构思了 20cm 宽的横向铜片表皮，铜片表皮满铺建筑外墙，使一幢普通的工业建筑转化为颇具戏剧性效果的创新建筑作品（图 2-131）。

赫尔佐格与德·梅隆曾经说过，他们的作品是为了创造一种新的材料语言，一种新的真实性，普通材料经过创新处理将获得与其原有外观属性完全不同的视觉印象，以陌生的方式展现另一种新的"真实"，采用这种材料的建筑表皮像艺术品一样展现新的表现手法并获得全新的审美体验。沃尔夫信号楼的横向铜片建筑表皮如同面纱一样笼罩着钢筋混凝土建筑，使铜片表皮后的建筑变得朦胧虚幻，模糊了建筑内部与外部、功能与外观的区别。精彩的点睛之笔是部分铜片略微弯曲的精致细部处理，弯曲后的铜片不仅使为数不多的窗户获得自然采光，而且使建筑的视觉效果产生微妙变化。白天铜片表皮后不规则布置的窗朦胧难辨，夜间室内灯光明亮，铜片表皮后的窗就清晰可见。表皮模糊了现实与非现实的界限，带来可供想象的虚幻空间，使整个信号楼宛如一件巨大的具有光效应艺术特征的极少主义雕塑作品（图 2-132）。

图 2-131 沃尔夫信号楼外景。横向铜片建筑表皮如同面纱一样笼罩着钢筋混凝土建筑

167

图 2-132 沃尔夫信号楼夜景。夜间室内灯光明亮，铜片表皮后的窗清晰可见

4）雅克·赫尔佐格与德·梅隆，艾柏斯瓦尔德技术学校图书馆，德国，艾柏斯瓦尔德，1997~1999（Jacques Herzog & Pierre de Meuron，Library of the Eberswalde Technical School，Eberswalde，Germany，1997~1999）

赫尔佐格曾经这样评论自己的建筑作品："建筑就是建筑，不能像书一样读，不会像美术陈列室的绘画作品一样有任何证书、说明或标签……我们的建筑的活力源于对来访者内心深处的直接冲击。"[⑧] 重点处理建筑表皮的建筑设计手法是赫尔佐格与德·梅隆常用的设计手法，他们不断尝试将新材料、新技术运用于建筑表皮，创新构思层出不穷，由此创作的建筑作品总是能够产生"对来访者内心深处的直接冲击"，艾柏斯瓦尔德技术学校图书馆也是这样的建筑作品。

艾柏斯瓦尔德技术学校位于德国东北部的小城艾柏斯瓦尔德，大致呈矩形的校园拥有美丽的古老树林和小河，二战前曾经是林学工程训练中心，现在校园内散布着若干幢 19 世纪的建筑。与老建筑的建筑尺度和建筑风格迥然不同，新图书馆是一幢简单的矩形平面 3 层建筑，3 层都是开架阅览室，阅览桌、椅子和书架布置规整有序。与南北两侧的阅览桌相对应的是外墙面上的点式窗，其位置、高度和尺度恰到好处，为阅览桌提供了良好的自然采光条件和室外景观视野（图 2-133）。

新图书馆的建筑外观如同一个由 3 层艳丽的怀旧容器叠加而成的方盒子，环绕建筑立面的横向带形窗是各层之间的隔离带，柔和的阳光透过用丝网印刷术印制图案的玻璃映射到建筑内部，形成独特的光影效果。横向带形窗之间是预制混凝土面板墙体，形成比横向带形窗约高一倍的实体墙面，实体墙面上规则地排列

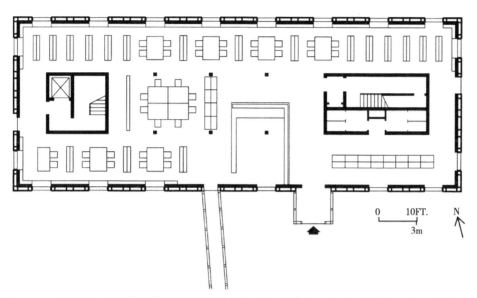

图 2-133　艾柏斯瓦尔德技术学校图书馆首层平面图。阅览桌、椅子和书架布置规整有序，与南北两侧的阅览桌相对应的是外墙面上的点式窗，其位置、高度和尺度恰到好处，为阅览桌提供了良好的自然采光条件和室外景观视野

着深深凹入的点式窗，打破了大面积实体墙面的单调感。在恰如其分的、合理的功能安排与纯熟的、完美无瑕的建筑构图推敲的基础上，新图书馆能够产生"对来访者内心深处的直接冲击"的焦点则是创新的建筑表皮处理手法。预制混凝土面板与横向带形窗的玻璃一样，满布用丝网印刷术（Screen Printing）印制的、在水平方向上不断重复的图案，同样的母题，同样的制作工艺，同样精致光滑的肌理，不同的材质统一于相同的表皮处理手法。印刷图案的母题源于画家托马斯·鲁夫（Thomas Ruff）在其私人收藏的杂志上发现的历史照片，从这些历史照片中选择了若干合适的母题。统一的印刷图案和制作工艺使建筑表皮成为统一的整体，历史照片带来的怀旧感唤起人们对历史的回忆，也从特定视角构成新图书馆建筑与校园中历史建筑和谐协调的景观效果（图 2-134、图 2-135）。

图 2-134　艾柏斯瓦尔德技术学校图书馆外景。建筑如同一个由 3 层艳丽的怀旧容器叠加而成的方盒子

169

图 2-135 艾柏斯瓦尔德技术学校图书馆室内景观。柔和的阳光透过用丝网印刷术印制图案的玻璃映射到建筑内部，形成独特的光影效果

5）No.Mad 建筑师事务所，巴拉卡尔多足球场，西班牙，巴拉卡尔多，1999~2003（No.Mad Arquitectos，Football Stadium in Barakaldo，Barakaldo，Spain，1999~2003）

西班牙比斯卡亚省（Vizcaya）省会毕尔巴鄂（Bilbao）的都市和环境更新计划一直延伸到曾经拥有唯一的工厂和起重机的河岸，巴拉卡尔多（Barakaldo）市政当局启动了位于格林达河（Galindo River）河口的 40 万 m² 城市更新建设项目，其中包括新建的巴拉卡尔多足球场。

与安联体育场一样，巴拉卡尔多足球场场地外侧不设田径跑道，建筑师构思了规整的矩形看台组合体，将 7,960 座的观众席及附属设施分为 20 组，足球场长向两侧各 5 组，每侧 2,450 座；短向两侧各 3 组，每侧 1,530 座，各组看台按观众席的数目分别设置宽度相差一倍的宽出入口或窄出入口。覆盖这些矩形看台组合体的悬臂屋顶覆以半透明的聚碳酸酯（Polycarbonate）面层，观众席的座椅颜色设计为五彩缤纷的波浪形色带，以营造热烈欢快的竞技氛围。矩形看台组合体四周外墙悬挑的雨篷在各个出入口处升起，构成巨大的 Π 形建筑形体，宽出入口与窄出入口交错布置，形成高低错落、富有韵律感的外立面。外立面同样使用半透明的聚碳酸酯面层，巨大的 Π 形檐口成为出入口的明显标识，每一个出入口对应一组相对独立的看台，观众进出流线一目了然，简洁直达。足球场的四角高高耸立着 4 座形体简洁的『 形照明塔，引发人们对当地已经消逝的老式工业起重机的回忆，留下地域历史的印迹。黄昏时分，照明塔从不同方向照射比赛场地，半透明的聚碳酸酯建筑晶莹剔透，景观优雅动人（图 2-136、图 2-137）。

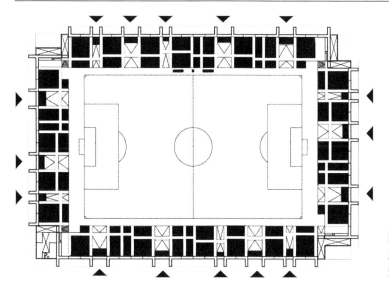

图 2-136 巴拉卡尔多足球场平面构成示意图

图 2-137 巴拉卡尔多足球场夜景。照明塔从不同方向照射比赛场地,半透明的聚碳酸酯建筑晶莹剔透,景观优雅动人

巴拉卡尔多足球场最具创意的构思是满布外立面半透明墙面的"树林表皮"。建筑师从足球场东北面成片的白杨树林获得灵感,使用重点处理建筑表皮的建筑设计手法,将白杨树林的感性印象归结为光线、树叶和树干,然后一一分离、解析、重构、组合,形成抽象的表皮构成模式,别具匠心地构思了"树林表皮"。满布外立面半透明墙面的"树林表皮"由 Z 形断面金属条板组合而成,Z 形断面金属条板的前板和后板宽 40.8mm,纵向连结板宽 100.8mm,前板和后板交替切断,留下的前板和后板长度可随意调节,组合后形成各种抽象构成,或象征穿透树林的光,或象征树叶,或象征树干,设计者称之为光—线(Light-lines)、树—线(Tree-lines)和叶—线(Leaf-lines),Z 形断面金属条板组合就是这些光—线、树—线和叶—线的叠合(Line Overlaps),抽象构成的金属条板"树林表皮"

171

图 2-138　巴拉卡尔多足球场外景。矩形看台组合体四周外墙悬挑的雨篷在各个出入口处升起，构成巨大的 Ⅱ 形建筑形体，宽出入口与窄出入口交错布置，形成高低错落、富有韵律感的外立面。抽象构成的金属条板"树林表皮"使建筑外立面的半透明墙面成为象征性的"植物墙"

图 2-139　采用竖向金属条板"树林表皮"的"植物墙"与足球场北面的天然白杨树林遥相呼应，相得益彰

使建筑外立面的半透明墙面成为象征性的"植物墙"。采用竖向金属条板"树林表皮"的"植物墙"与足球场北面的天然白杨树林相互呼应：一为人工制造，一为自然形成；一为抽象构成，一为具象形体。两相对比，相得益彰（图 2-138、图 2-139）。

　　6）"未来系统"建筑师事务所，塞尔弗里奇百货商场，英国，伯明翰，2003（Future Systems，Selfridges Store，Birmingham，UK，2003）

　　进入 21 世纪，伯明翰再度复兴，发展成为世界级商业中心城市，这在很大程度上归功于 20 世纪末开始的圣马丁教堂地段现代商业购物中心的复兴改造。1999 年 2 月，复兴斗牛场现代商业购物中心的计划启动，2003 年 9 月，这个号称欧洲最大的现代商业购物中心正式开业。购物中心由三大建筑群组成，建有 3,100 车位的大型停车楼，步行街两端以德贝翰姆（Debanhams）和塞尔弗里奇（Selfridges）两个英国著名百货商场为核心，聚集了 140 余家商店、咖啡馆和餐厅等，高档的购物环境和低廉的商品价格使这里成为极受欢迎的购物中心。

　　这项位于老城区中心的旧城改造工程特别注重城市人文历史景观的延续，但是这并没有影响"未来系统"建筑师事务所设计的塞尔弗里奇百货商场使用重点处理建筑表皮的建筑设计手法，赋予百货商场以前卫建筑形象。这在某种意义上应当归功于塞尔弗里奇百货商场的决策者们对前卫建筑的热情，他们希望伯明翰的新建筑成为百货商场以及大不列颠的标志。设计者言，业主要求建造一座世界上最美的、像剧场一样的百货商场，外立面不需要窗户。他们的构思是一幢不规则双曲面塑性造型的 6 层百货商场，外立面基本上是实墙面，室内设置采光中庭，采用空调与人工照明系统创造宜人的购物环境，主要利用自动扶梯联系上下各层。

在现代大型百货商场通用建筑模式的基础上，塞尔弗里奇百货商场创造了前所未有的建筑形式，不规则双曲面塑性造型使之如同巨大的雕塑，但是大型商场建筑究竟不同于巨型雕塑作品，其间的重要区别之一是各自不同的体量感与尺度感，体量巨大的无窗实体建筑引发尺度误导，势必产生难以处理的沉闷感。"未来系统"建筑师事务所的解决方案是使用重点处理建筑表皮的建筑设计手法，构思了由 15,000 个直径 660mm 的圆形纽扣式抛光镀铝圆盘组成的建筑表皮，抛光镀铝圆盘肌理质感新颖前卫，圆盘 660mm 的直径也成为建筑的尺度标志，使百货商场庞大的建筑体量体现了适宜的尺度感。

建筑师的想象力没有停留在建筑表皮层次，商场的功能性细部处理同样精彩：在实体化的建筑底层设计了作为商场入口和橱窗的异型玻璃带，使沿街景观具有宜人的常规尺度感并充满商业活力；在街道转角处，与底层的商店入口和橱窗呼应，在各个楼层设计了 3 个形状各不相同的异形玻璃窗洞，为大面积抛光镀铝圆盘建筑表皮增添了精彩的细部变异；在商场的第 4 层，一座水平方向略微弯曲的玻璃人行天桥插入中部的异形玻璃窗洞，将百货商场与隔街相望的停车楼连接起来，天桥跨越街道，无论从街道仰望百货商场与天桥，还是在天桥上俯瞰城市景观都蔚为壮观。这些颇富想象力的功能性细部处理与同样富于想象力的建筑表皮构思默契配合，解决了大型商场建筑必须解决的功能问题，亦使建筑呈现勃勃生机。

塞尔弗里奇百货商场建筑形体复杂，但是由于使用建筑层面与结构层面和功能层面分离的设计手法，在设计过程中与作为设计顾问的阿茹普（Ove Arup）结构工程师事务所合作，使用传统的建筑技术构筑复杂的建筑形体，建筑结构体系合理，建筑造价亦控制在合理的预算范围之内。建筑表皮采用的标准规格抛光镀铝圆盘在工厂成批生产现场组装，施工简便快捷，造价也并不昂贵（图 2-140~图 2-142）。

地处老城区的塞尔弗里奇百货商场建筑形态新颖前卫，具有很强烈的视觉冲击力和引人注目的广告效应；商场的西南侧，隔街就是经典的哥特式教堂——在城市改造过程中整

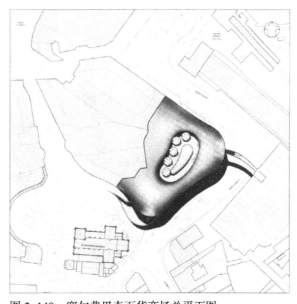

图 2-140　塞尔弗里奇百货商场总平面图

173

图 2-141 塞尔弗里奇百货商场沿街景观。直径 660mm 的圆形纽扣式抛光镀铝圆盘组成的建筑表皮引人注目，首层作为商场入口和橱窗的异形玻璃带使沿街景观具有宜人的常规尺度感并充满商业活力

图 2-142 塞尔弗里奇百货商场外景。街道转角处与底层的商场入口和橱窗呼应，在各个楼层设计了 3 个形状各不相同的异形玻璃窗洞，一座在水平方向略微弯曲的玻璃人行天桥插入商场中部的异形玻璃窗洞，将塞尔弗里奇百货商场与隔街相望的停车楼连接起来

修一新的圣马丁教堂，新老建筑采用强烈对比的设计手法和谐共处早已是欧洲城市司空见惯的景观，塞尔弗里奇百货商场也是如此。前文所引约翰·罗斯金以自然景观为喻，体现平原、峭壁和湖海之美的罗马建筑和埃及建筑的审美情趣，与体现树林和灌木丛之美的希腊建筑和哥特建筑的审美情趣并列于伯明翰的闹市中心，充分体现了当代建筑审美观念的变异与宽容（图 2-143）。

图 2-143 塞尔弗里奇百货商场与经典的哥特式教堂——在城市改造过程中整修一新的圣马丁教堂隔街相望，新老建筑采用强烈对比的设计手法和谐共处

7）彼得·库克和科林·富尼耶，格拉茨艺术馆，奥地利，格拉茨，1999~2003（Peter Cook & Colin Fournier，Kunsthaus in Graz，Graz，Austria，1999~2003）

彼得·库克 1936 年出生于英国英格兰东南部的艾塞克斯郡（Essex），是英国引人注目的建筑师、建筑学教师和建筑作家。1953~1958 年，彼得·库克在博内茅斯艺术学院（Bournemouth College of Art）学习建筑，然后转学到伦敦建筑协会的建筑学院（The Architectural Association School of Architecture in London），于 1960 年毕业，后来曾回到伦敦的母校任教。

彼得·库克是 20 世纪 60 年代颇有影响的阿基格拉姆集团（Archigram Group）的创始成员之一，这是一个以建筑学教师詹姆斯·斯特林（James Stirling）和彼得·库克为后盾，以伦敦两个建筑专业学生团体为主体组织的学术团体，曾刊行《建筑电讯》（Archigram）通报，因此得名 Archigram Group，音译为"阿基格拉姆集团"，意译为"建筑电讯团"。阿基格拉姆集团宣扬建筑的消耗性、流动性和可变性特征，将使用建筑的人视为"软件"，建筑设备视为"硬件"，认为后者可依据前者的意图为其服务。他们强调建筑设备已经成为建筑的主体，建筑本身不再是必不可少的，最终将被建筑设备替代，成为"非建筑"（Non-architecture），乃至"建筑之外"（Beyond Architecture）。

20 世纪 60 年代，阿基格拉姆集团用激进的言论宣扬激进的建筑观念，试图表达年轻一代建筑师对正统建筑观念的反叛，以及摆脱当时盛行的现代主义建筑思想束缚的愿望。其激进的建筑观念虽然具有启迪价值，但是更多地显露了虚幻的乌托邦特征和无法实施的纸上建筑特征，因而几年之后，逐渐成熟也不再年轻的成员们融入复杂的现实社会，其不切实际的乌托邦幻想很快烟消云散，留给后人的是其激进的建筑观念引发的建筑形式创新启迪。

1999 年，时任伦敦大学巴特利特建筑学院（The Bartlett School of Architecture，University College London）教授的彼得·库克和科林·富尼耶参加了全欧范围的格拉茨新艺术馆设计竞赛，2000 年 4 月竞赛结果揭晓，他们的设计方案获胜，并以库克·富尼耶空间实验室（Spacelab Cook-Fournier）的名义获得项目委托。随后他们联合两家德国公司组成一个名为 ARGE 艺术馆（ARGE Kunsthaus）的合资企业，完成了格拉茨艺术馆的建筑设计。艺术馆于 2003 年岁末建成开放。

1999 年，格拉茨城历史中心（City of Graz-Historic Centre）列入世界文化遗产名录，这是多年来格拉茨注重完整保存城市历史肌理的成果。格拉茨艺术馆建造地点位于老城区穆尔河（Mur）畔，紧邻通往市中心的大桥，历史建筑"铁屋"（Eisermes Haus）占据着建筑基址南面的临街部位，业主要求保护这座 1852 年从英格兰谢菲尔德引进的格拉茨第一座铸铁建筑，并整合成为博物馆的一部分。结果是修复后的"铁屋"首层成为艺术馆的入口大厅、商店和艺术装置室；二层成为行政管理办公室；三层则成为著名的奥地利摄影杂志的展厅。"铁屋"按原始状况修复，拆除了后加的坡屋顶，精美的铸铁花饰栏杆等依然保留，但是将 3 层奥地利摄影杂志展厅的沿街立面改为通高的落地玻璃窗。建筑基址近似矩形的规整街区西部还有两幢保留的历史建筑，以后可能成为艺术馆的一部分。格拉茨艺术馆是在历史建筑的缝隙中建造的新建筑，与上例塞尔弗里奇百货商场一样，新

175

图 2-144　格拉茨艺术馆总平面图

图 2-145　格拉茨艺术馆建成前后的"铁屋"与周边环境对比。上图：2000年的"铁屋"与周边环境；下图：2003年的"铁屋"与周边环境

老建筑采用强烈对比的设计手法和谐共处，建成后获得了格拉茨市民和政府的认可，艺术馆已经被视为格拉茨城历史中心一位健康、友善介入的新成员（图 2-144、图 2-145）。

由于彼得·库克与阿基格拉姆集团的历史渊源，人们很容易将格拉茨艺术馆与阿基格拉姆集团 20 世纪 60 年代激进的建筑观念联系在一起。如前文所述，阿基格拉姆集团留给后人的是其激进的建筑观念引发的建筑形式创新启迪，受其启迪实现建筑形式创新的先例是高技派（High Tech）的建筑作品，如巴黎蓬皮杜艺术文化中心（1977）与香港汇丰银行大厦（1985）等，都是有意识地在建筑的外立面暴露结构，甚至暴露管道、设备等以表现高科技建筑形式的建筑作品，其功能与结构模式则与平常建筑并无本质性差异。高技派建筑作品留下了阿基格拉姆集团建筑观念影响的印迹，但是这种影响仅仅局限于建筑形式创新启迪，仅仅体现于将结构与设备形态转化为建筑的装饰部件，建筑本身并没有被建筑设备所替代，更没有转化为"非建筑"。格拉茨艺术馆也是如此，彼得·库克和科林·富尼耶从阿基格拉姆集团的建筑观念获得的启迪是高科技建筑形式创新的构思灵感，艺术馆本体并没有脱离功能和结构基本合理的建筑准则，更没有转化为"非建筑"。与巴黎蓬皮杜艺术文化中心和香港汇丰银行大厦不同的是，随着时代发展与科技进步，格拉茨艺术

馆建筑形式创新的核心已经转向反映 21 世纪科技成果的高科技异型建筑形体和
建筑表皮创新构思。

格拉茨艺术馆的异型建筑形体充分体现了建筑师奔放的想象力,与上例伯明
翰塞尔弗里奇百货商场有很多相似之处:艺术馆建筑形态同样新颖前卫,具有很
强烈的视觉冲击力和引人注目的广告效应;艺术馆与周边旧城区 3、4 层高的 18
世纪巴洛克风格建筑群形成强烈反差,同样采用强烈对比的设计手法与老建筑和
谐共处;艺术馆同样构思了如同巨大雕塑的不规则双曲面塑性造型建筑形体,同
样使用创新的重点处理建筑表皮的建筑设计手法,赋予艺术馆以全新的建筑形态。
不同的是,格拉茨艺术馆的建筑形式创新更大胆、更前卫、更惊世骇俗,也采用
了更多的高科技材料和技术。艺术馆上部 3 层异型双曲面建筑形体覆盖着半透明
蓝色丙烯玻璃表皮,如同一颗明亮硕大富有张力的"蓝色水滴","蓝色水滴"顶
部突出一个个同样覆盖着半透明蓝色丙烯玻璃表皮的异型屋顶天窗,天窗上竖立
着没有实用价值的、被命名为"针管"的垂直玻璃杆,若隐若现,使建筑的天际
轮廓线更丰富、更富想象力(图 2-146、图 2-147)。

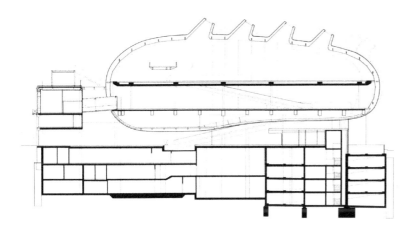

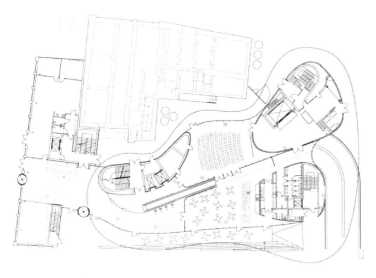

图 2-146 格拉茨
艺术馆首层平面图
与剖面图。彼得·库
克和科林·富尼耶
从阿基格拉姆集团
的建筑观念获得的
启迪是高科技建筑
形式创新的构思灵
感,艺术馆本体并
没有脱离功能和结
构基本合理的建筑
准则

177

　　"蓝色水滴"的东立面在半透明丙烯玻璃表皮后设计了规整排列的环形荧光管阵列，构成高科技数字化表皮，这是一套称为 BIX 的数字展示系统，由一家名为"现实：联合公司"（Realities：United）的专业建筑照明公司设计安装。BIX 数字展示系统控制着建筑外层表皮后的 925 个标准环形荧光管，每一个环形荧光管都可由计算机系统单独控制，可以自由开关，其亮度最多可在 1 秒钟内变化 18 次。这样，格拉茨艺术馆东立面复杂的双曲面数字化建筑表皮就构成一个 45m 宽 20m 高的低分辨率亮度色标展示屏，可以放映简单的信息、动画和电影剪辑，用以"交流展示"，堪称 21 世纪的高科技建筑表皮（图 2-148）。

　　格拉茨艺术馆的参观流线设计同样值得称道，别具匠心的自动坡道（Travelator，或译旅客传送带）与展览空间设计的整合，使参观者从底层到上层展厅的运行方式成为一种独特的艺术欣赏过程，这一创新的流线设计构思源于赖特设计的纽约古根海姆博物馆的螺旋形坡道展厅，赖特的螺旋形坡道流线系统用于绘画展览，格拉茨艺术馆的自动坡道流线系统则能更好地适应当代大型多媒体展示装置，这一创新的流线系统设计使艺术馆享有"别针"或"旅行者"的美称，参观者沿自动坡道徐徐上行，展示装置不断更替，因而产生在展厅间缓缓飘移的美妙感受。

　　创新、前卫、惊世骇俗的设计构思与高科技表皮并没有大量增加投资，建筑表皮使用的工业化成批生产的蓝色丙烯玻璃面板和环形荧光管照明设施，以及 BIX 数字展示系统都不是昂贵奢侈的材料设备，建筑内部大量采用暴露钢筋混凝土结构的简朴室内装修，使格拉茨艺术馆较之使用精雕细琢的花岗石、大理石装饰的传统建筑更为经济。

图 2-147　格拉茨艺术馆鸟瞰。艺术馆建筑形态新颖前卫，具有很强烈的视觉冲击力和引人注目的广告效应，与周边旧城区 3、4 层高的 18 世纪巴洛克风格建筑群形成强烈反差，采用强烈对比的设计手法与老建筑和谐共处

图 2-148　格拉茨艺术馆沿街景观。东立面复杂的双曲面数字化建筑表皮构成一个 45m 宽 20m 高的低分辨率亮度色标展示屏，可以放映简单的信息、动画和电影剪辑

第 2 章注释

①　从建筑史学的视角考察，与约翰·波特曼同时开始探索现代中庭建筑设计手法的是美国建筑师凯文·洛奇（Kevin Roche），其名作纽约福特基金会总部大楼（1963~1968）与海亚特摄政旅馆同年开始设计，但是比后者晚一年建成。纽约福特基金会总部大楼首次在高层办公建筑中设置巨大的绿化中庭以改善室内环境、提升建筑品位。与波特曼设计的商业化旅馆不同，凯文·洛奇将中庭空间视为办公建筑室内空间引入自然环境的手段，中庭洒满阳光，宁静安详，为使用者带来社区感，是在办公建筑领域创造性地运用现代中庭建筑设计手法的杰作，后来成为高层办公楼、大型商场等公共建筑效法的范例。同为创造性地使用现代中庭建筑设计手法的建筑师，凯文·洛奇的建筑观念与建筑作品格调更高，洛奇于 1982 年获普利茨克建筑奖即为明证。在中国，因 20 世纪 80 年代初期旅游事业快速发展与旅馆建筑极度匮乏的矛盾而引发旅馆建筑设计建造的热潮，其时美国使用现代中庭建筑设计手法的"波特曼旅馆"因顺应社会需求而在中国产生巨大影响，凯文·洛奇创作的使用现代中庭建筑设计手法的高层办公建筑，如纽约福特基金会总部大楼等，在西方国家评价更高，在中国反而鲜为人知，影响甚微，这只能说是一种历史的误会。

②　曹雪芹，高鹗 . 红楼梦 [M]. 北京：人民文学出版社，1964：597.

③　曹雪芹，高鹗 . 红楼梦 [M]. 北京：人民文学出版社，1964：598.

④　（意）P·L·奈尔维 . 建筑的艺术与技术 [M]. 黄运升译 . 北京：中国建筑工业出版社，1981：89~90.

⑤　（意）P·L·奈尔维 . 建筑的艺术与技术 [M]. 黄运升译 . 北京：中国建筑工业出版社，1981：88.

⑥　（日）斋藤公男 . 空间结构的发展与展望——空间结构设计的过去·现在·未来 [M]. 季小莲，徐华，译 . 北京：中国建筑工业出版社，2006：162.

⑦　（日）斋藤公男 . 空间结构的发展与展望——空间结构设计的过去·现在·未来 [M]. 季小莲，徐华，译 . 北京：中国建筑工业出版社，2006：119.

⑧ （日）斎藤公男著.空间结构的发展与展望——空间结构设计的过去·现在·未来 [M].季小莲，徐华译.北京：中国建筑工业出版社，2006：118.

⑨ 张钦哲，朱纯华.菲利普·约翰逊 [M].北京：中国建筑工业出版社，1990：5.

⑩ 作者译.Judith Dupré.Churches [M].New York：HarperCollins，2001：136.

⑪ （日）斎藤公男著.空间结构的发展与展望——空间结构设计的过去·现在·未来 [M].季小莲，徐华，译.北京：中国建筑工业出版社，2006：153.

⑫ （英）G·勃罗德彭特著.建筑设计与人文科学 [M].张韦，译.北京：中国建筑工业出版社，1990：345.

⑬ K·基格尔.现代建筑的结构与表现 [M].川口卫等，译.东京：彰国社，1967。转引自：（日）斎藤公男.空间结构的发展与展望——空间结构设计的过去·现在·未来 [M].季小莲，徐华译.北京：中国建筑工业出版社，2006：202.

⑭ （美）鲁·阿恩海姆.艺术心理学新论 [M].郭小平，瞿灿，译.北京：商务印书馆，1994：181~182.

⑮ 西塞罗（Cicero，公元前 106-43），古罗马政治家、演说家和哲学家。

⑯ （英）E·H·贡布里希.杨思梁，范景中.象征的图像——贡布里希图像学文集 [M].上海：上海书画出版社，1990：258.

⑰ （英）E·H·贡布里希.杨思梁，范景中编选.象征的图像——贡布里希图像学文集 [M].上海：上海书画出版社，1990：259.

⑱ （英）E·H·贡布里希.杨思梁，范景中编选.象征的图像——贡布里希图像学文集 [M].上海：上海书画出版社，1990：259.

⑲ （英）E·H·贡布里希.图像与眼睛——图画再现心理学的再研究 [M].范景中，杨思梁，徐一维，劳诚烈，译.杭州：浙江摄影出版社，1988：168.

⑳ （英）E·H·贡布里希.图像与眼睛——图画再现心理学的再研究 [M].范景中，杨思梁，徐一维，劳诚烈，译.杭州：浙江摄影出版社，1988：169.

㉑ （英）E·H·贡布里希.图像与眼睛——图画再现心理学的再研究 [M].范景中，杨思梁，徐一维，劳诚烈，译.杭州：浙江摄影出版社，1988：195~196.

㉒ （英）E·H·贡布里希.图像与眼睛——图画再现心理学的再研究 [M].范景中，杨思梁，徐一维，劳诚烈，译.杭州：浙江摄影出版社，1988：196~199.

㉓ （英）E·H·贡布里希.图像与眼睛——图画再现心理学的再研究 [M].范景中，杨思梁，徐一维，劳诚烈，译.杭州：浙江摄影出版社，1988：178.

㉔ （美）埃兹拉·斯托勒.朗香教堂 [M].焦怡雪，译.北京：中国建筑工业出版社，2001：27.

㉕ 作者按英文原文重译。（美）埃兹拉·斯托勒.朗香教堂 [M].焦怡雪，译.北京：中国建筑工业出版社，2001：26.

㉖ （英）查尔斯·詹克斯.后现代建筑语言 [M].李大厦，译.北京：中国建筑工业出版社，1986：26.

㉗ （英）查尔斯·詹克斯.后现代建筑语言 [M].李大厦，译.北京：中国建筑工业出版社，1986：25.

㉘ 杨晓龙译。Jury Citation，The Pritzker Architecture Prize，2003：Jørn Utzon[R].Los Angeles：Hyatt Foundation，2003.

㉙ （美）尼尔·科克伍德.景观建筑细部的艺术——基础、实践与案例研究 [M].杨晓龙，译.北京：中国建筑工业出版社，2005：313.

㉚ （美）尼尔·科克伍德.景观建筑细部的艺术——基础、实践与案例研究 [M].杨晓龙，译.北京：中国建筑工业出版社，2005：310.

㉛ （美）尼尔·科克伍德.景观建筑细部的艺术——基础、实践与案例研究 [M].杨晓龙，译.北京：中国建筑工业出版社，2005：310.

㉜ （美）尼尔·科克伍德.景观建筑细部的艺术——基础、实践与案例研究 [M].杨晓龙，译.北京：中国建筑工业出版社，2005：315.

㉝ （美）安德鲁·卡洛尔编.美军战争家书 [M].李静滢，译.北京：昆仑出版社，2005：369.

㉞ "《汉纪》：柏梁殿灾后，越巫言海中有鱼虬，尾似鸱，激浪即降雨。遂作其象于屋，以厌火祥。时人

或谓之鸱吻，非也。《谭宾录》：东海有鱼虬，尾似鸱，鼓浪即降雨，遂设象于屋脊。”原文载（宋）李诫.营造法式（一）· 法式二 · 鸱尾 [M]. 中国书店影印本：9.

㉟（英）E · H · 贡布里希 . 图像与眼睛——图画再现心理学的再研究 [M]. 范景中，杨思梁，徐一维，劳诚烈译 . 杭州：浙江摄影出版社，1988：171.

㊱（英）E · H · 贡布里希 . 图像与眼睛——图画再现心理学的再研究 [M]. 范景中，杨思梁，徐一维，劳诚烈译 . 杭州：浙江摄影出版社，1988：174.

㊲（美）埃兹拉 · 斯托勒 . 环球航空公司候机楼 [M]. 赵新华，译 . 北京：中国建筑工业出版社，2001：25.

㊳（美）埃兹拉 · 斯托勒 . 环球航空公司候机楼 [M]. 赵新华，译 . 北京：中国建筑工业出版社，2001：13~15.

㊴（美）埃兹拉 · 斯托勒 . 环球航空公司候机楼 [M]. 赵新华，译 . 北京：中国建筑工业出版社，2001：17.

㊵（美）埃兹拉 · 斯托勒 . 环球航空公司候机楼 [M]. 赵新华，译 . 北京：中国建筑工业出版社，2001：21.

㊶（美）埃兹拉 · 斯托勒 . 环球航空公司候机楼 [M]. 赵新华，译 . 北京：中国建筑工业出版社，2001：31.

㊷（美）埃兹拉 · 斯托勒 . 环球航空公司候机楼 [M]. 赵新华，译 . 北京：中国建筑工业出版社，2001：13.

㊸（美）埃兹拉 · 斯托勒 . 环球航空公司候机楼 [M]. 赵新华，译 . 北京：中国建筑工业出版社，2001：19.

㊹ 杨晓龙译。Jury Citation，The Pritzker Architecture Prize，1998：Renzo Piano[R].Los Angeles：Hyatt Foundation，1998.

㊺（日）渊上正幸 . 世界建筑师的思想和作品 [M]. 覃力，等，译 . 北京：中国建筑工业出版社，2000：154.

㊻（日）渊上正幸 . 世界建筑师的思想和作品 [M]. 覃力，等，译 . 北京：中国建筑工业出版社，2000：154.

㊼ 吴耀东 . 日本现代建筑 .[M]. 天津：天津科学技术出版社，1997：225.

㊽ Jury Citation，The Pritzker Architecture Prize，1988：Oscar Niemeyer[R].Los Angeles：Hyatt Foundation，1988. 杨晓龙译。

㊾（美）迈克尔 · 坎内尔著 . 贝聿铭传：现代主义大师 [M]. 倪卫红，译 . 北京：中国文学出版社，1996：3.

㊿（美）迈克尔 · 坎内尔著 . 贝聿铭传：现代主义大师 [M]. 倪卫红，译 . 北京：中国文学出版社，1996：4.

(51)（美）迈克尔 · 坎内尔著 . 贝聿铭传：现代主义大师 [M]. 倪卫红，译 . 北京：中国文学出版社，1996：7~8.

(52)（美）迈克尔 · 坎内尔著 . 贝聿铭传：现代主义大师 [M]. 倪卫红，译 . 北京：中国文学出版社，1996：4.

(53)（美）迈克尔 · 坎内尔著 . 贝聿铭传：现代主义大师 [M]. 倪卫红，译 . 北京：中国文学出版社，1996：8.

(54)（美）迈克尔 · 坎内尔著 . 贝聿铭传：现代主义大师 [M]. 倪卫红，译 . 北京：中国文学出版社，1996：8.

(55)（美）迈克尔 · 坎内尔著 . 贝聿铭传：现代主义大师 [M]. 倪卫红，译 . 北京：中国文学出版社，1996：9.

(56)（美）迈克尔 · 坎内尔著 . 贝聿铭传：现代主义大师 [M]. 倪卫红，译 . 北京：中国文学出版社，1996：11~12.

(57) 作者译。Gero Von Boehm.Conversations with I.M.Pei：Light is the Key[M]. Munich：Prestel，2000：84.

(58) 作者译。Gero Von Boehm.Conversations with I.M.Pei：Light is the Key[M]. Munich：Prestel，2000：85.

(59) 杨晓龙译。Jury Citation，The Pritzker Architecture Prize，1984：Richard Meier[R]. Los Angeles：Hyatt Foundation，1984.

(60) 作者译。原文为：A mass is enveloped in its surface，a surface which is divided up according to the directing and generating lines of the mass； and this gives the mass its individuality. 原文载 Le Corbusier.Towards A New Architecture [M]. New York：Dover，1986：36.

(61)（英）内奥米 · 斯通格 . 赫尔佐戈 – 德梅隆 [M]. 李园，译 . 北京：中国水利水电出版社，知识产权出版社，2005：12. 引者注：赫尔佐戈 – 德梅隆即 Jacques Herzog & Pierre de Meuron，今译雅克 · 赫尔佐格与德 · 梅隆，简称赫尔佐格与德 · 梅隆 . 下同。

(62)（英）内奥米 · 斯通格 . 赫尔佐戈 – 德梅隆 [M]. 李园，译 . 北京：中国水利水电出版社，知识产权出版社，2005：13.

(63)（英）内奥米 · 斯通格 . 赫尔佐戈 – 德梅隆 [M]. 李园，译 . 北京：中国水利水电出版社，知识产权出版社，2005：13.

(64)（英）内奥米 · 斯通格 . 赫尔佐戈 – 德梅隆 [M]. 李园，译 . 北京：中国水利水电出版社，知识产权出版社，2005：13.

㉕ （英）内奥米·斯通格.赫尔佐戈 – 德梅隆 [M].李园，译.北京：中国水利水电出版社，知识产权出版社，2005：19.

㉖ 维特鲁威著.建筑十书 [M].高履泰，译.北京：中国建筑工业出版社，1986：48.

㉗ （英）约翰·罗斯金.建筑的七盏明灯 [M].张璘，译.济南：山东画报出版社，2006：66.

㉘ （英）约翰·罗斯金.建筑的七盏明灯 [M].张璘，译.济南：山东画报出版社，2006：71.

㉙ 原文为 "A building is a building.It cannot be read like a book； it doesn't have any credits，subtitles or labels like picture in a gallery.…The strength of our buildings is the immediate，visceral impact they have on a visitor." –Jacques Herzog.

作者译。转引自 Architect，Herzog and de Meuron. Biography [EB/OL]. [1994–2007]. http：//www.greatbuildings.com/architects/Herzog_and_de_Meuron.html.

第3章
Chapter 3

方案设计阶段设计构思的图式语言表达模式
The Expressing Mode of the Idea for
Project Design by Graphic Language

建筑设计的图式语言是建筑师之间，也是建筑师与业主、相关管理部门、普通民众，以及相关专业工程师和施工单位交流的主要媒介，广义的图式语言表达模式涵盖了建筑设计全过程使用的所有表达手段：构思草图、手绘表现图、电脑表现图、电脑动画、建筑模型及施工图等，本章论述建筑师在方案设计阶段使用的图式语言表达模式，包括设计方案的徒手草图表达模式、工作模型（草模）表达模式、最终成品模型表达模式以及电脑建模表达模式等。

3.1 方案设计阶段设计构思的徒手草图表达模式

为了简明扼要地阐述方案设计阶段建筑师特有的构思思维模式，作者在本书的第 1 章将方案设计过程大致划分为五个阶段：信息采集阶段；信息处理阶段；信息建筑化与方案初始构思阶段；信息反馈与方案构思、比较、深化、定案阶段；成品输出阶段。其中信息建筑化与方案初始构思阶段是方案设计的关键性阶段，其本质是将梳理后的非建筑化信息转化为建筑化信息，采用的表达方式是建筑师习用的建筑语言——图式语言。方案设计阶段表达设计构思成果的图式语言首先是手绘草图，包括徒手草图和仪器草图。计算机辅助建筑设计普及后，仪器草图已可由效率更高、与后期电脑施工图衔接更紧密的电脑 CAD 草图替代，这是社会发展科技进步的成果。但是电脑 CAD 草图完全不能替代随意挥洒、高度概括的徒手草图，随机记录、表达、讨论设计构思意向的徒手草图最大限度地解除了方案构思思维的表达束缚，优秀建筑师笔下看似随意的徒手草图蕴涵着萌芽状态的设计构思创新思维，是方案设计初始构思阶段朦胧的创造性构思意向的最佳表达模式。典型例证如乔恩·伍重传奇性的澳大利亚悉尼歌剧院设计竞赛方案构思草图，以及贝聿铭尽人皆知的美国国家美术馆东馆初始构思草图（图 3-1、图 3-2）。

方案设计从徒手草图开始的基础训练模式源于巴黎美术学院的“学院派”建筑教育，如建筑大师路易斯·康的建筑师职业生涯就深受“学院派”建筑教育的影响。“在面对历史学家和批评家的质疑时，路易斯·康从来没有忘记他从克雷特和宾夕法尼亚大学美术学院学来的经验教训。甚至在他的迟暮之年，他的建筑从巴黎美术学院开始，经历了国际式，最终以自己的语言重新建立起来的时候，路易斯·康仍然可以在那些成熟的风格中，找到当年他所受学校教育的影子。他

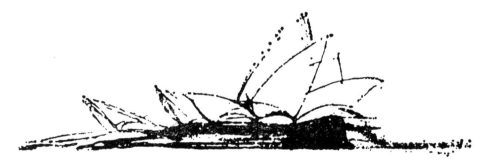

图 3-1 乔恩·伍重绘制的澳大利亚悉尼歌剧院设计竞赛方案构思草图

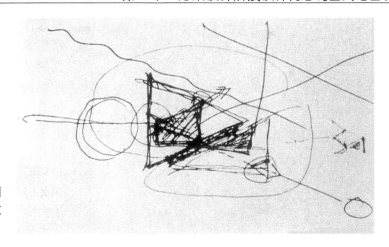

图 3-2　贝聿铭绘制
的美国国家美术馆东
馆初始构思草图

强调的建筑师必须在所谓的'形式'被实用思想污染之前洞悉它的实质，这一点
与巴黎美术学院所强调的基本的、本能的草图有着密切的关系"。①路易斯·康这
样回顾他所接受的"学院派"建筑教育基础训练："在开始设计题目之前，典型
的巴黎美术学院的训练是提供给学生一份没有任何教师评论的书面的任务书。他
有几个小时的时间来研究这个题目，然后在没有参考的情况下，在小屋里画一张
草图。这张草图将作为最后设计的基础。最后的成图不能违背最初的草图的本
质……美术学院这种特殊的训练方法是颇具争议的，因为在编制任务书的人和完
成这个任务的建筑师之间没有交流。所以草图完全取决于我们的直觉。但是直觉
也许是我们最准确的感觉。草图就建立在我们对'适当'的直觉认识上。"②路易
斯·康在宾夕法尼亚大学美术学院学习的时间，即接受"学院派"建筑教育基础
训练的时间是 1920~1924 年。90 多年来，巴黎美术学院创始的"学院派"建筑
教育体系已经发生巨大变化，但是在方案设计阶段强调草图表达能力训练的原则
并没有过时，恰恰相反，计算机辅助建筑设计普及后，课程设计教学过程中逐渐
削弱的草图表达能力训练应当适度加强。

英文中 Sketch 一词，若指对已有事物的写实描绘可译为速写；若指对设想事
物的构思表达则应译为草图。方案设计初始构思阶段的草图（Sketch）即为建筑师
对设想方案的构思表达，是方案设计过程中重要的表达手段和交流手段。保罗·拉
索的论述甚为精辟："图解思考过程可以看作自我交谈，在交谈中，作者与设计草
图相互交流……图解思考的潜力在于从纸面经过眼睛到大脑，然后返回纸面的信
息循环之中。理论上，信息通过循环的次数越多，变化的机遇也越多。"③高度
概括的徒手草图实施便利，可以在任何场合随机记录深思熟虑后瓜熟蒂落的方案
构思创意，这无意中为徒手草图罩上一圈神秘光环，建筑大师的构思灵感或于旅
途、或于餐桌瞬间爆发录于草图的传奇性故事不胫而走、广为流传："建筑师大
都喜欢讲述这样的一个故事。它描述一项耗资数百万美元工程的基本构思草图最
初是如何出现在一方餐巾背面的。我一直奇怪，为什么这故事的叙述者和听者两
方面似乎都对此兴趣益然……就图解思考的观点来看，令人激发的创造性思想出
现在餐桌上这并不奇怪。那时至少有两个人的眼睛、意识和手相互对餐巾上的形

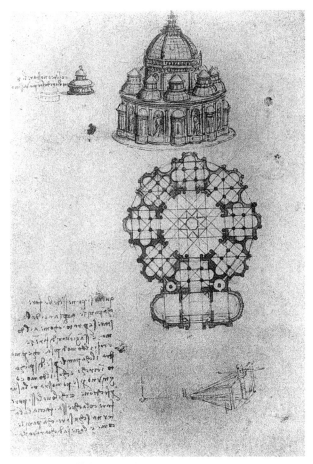

图3-3 达·芬奇绘制的集中型制教堂方案设计草图

象起作用，他们还由于讨论而激发思维。此外，他们正摆脱日常的操劳，处于休息的愉快气氛中，享受着美味佳肴。他们身心平静，心情舒畅，精神饱满。正是有所创见、发明的大好时辰。要是那隐隐欲现的设想不浮现在此时此刻倒是令人奇怪的了。"[4]对许多建筑师而言，旅途或餐桌是身心宁静诱发构思灵感的适宜场所，徒手草图则是便利简捷的随机表达记录手段，因此这类传奇性故事时有发生。方案设计阶段徒手草图的随机表达记录作用，以及建筑师之间快速交流激发灵感的重要作用不可低估。但是也需要强调，瞬间爆发的构思灵感源于日积月累的方案构思积淀，后者是起因，前者是结果，因果关系不可颠倒。换言之，徒手草图是方案设计阶段非常重要的设计手段，有助于方案构思的随机表达记录，但是不能替代艰辛的日积月累的方案构思积淀。

徒手草图是反映构思思维过程的草图，也是留下构思思维痕迹的草图。保罗·拉索如是评论达·芬奇的草图："1. 在一页纸面上表达许多不同的设想，达·芬奇的注意力始终不断地从一个主题跳向另一个主题。2. 他的观察方式，无论在方法和尺度上都是多种多样的。往往在同页纸上既有透视，又有平面、剖面和细部图，甚至全景图。3. 思考是探索型的、开敞的。表达如何构思的草图大都是片断的，显得轻松而随意。设想了多种变化和开阔思路的可能性。旁观者往往被邀请共同参与设想。"[5]（图3-3）

保罗·拉索赞许达·芬奇的草图"只是探讨的手段而不是哗众取宠的工具"，这正是方案设计阶段建筑师的草图应当遵循的基本准则。本节论述方案设计阶段设计构思的徒手草图表达模式，必然涉及徒手草图技法，对建筑师而言，徒手草图技法非常重要，不仅是快速准确表达设计构思的有效手段，还具备潜移默化的建筑艺术熏陶之功。一流建筑大师如勒·柯布西耶、阿尔瓦·阿尔托、阿尔瓦罗·西扎、弗兰克·盖里等，都是徒手草图技法的高手，每一项设计都留下许多徒手绘制的构思草图，其技法之高超令人叹服。但是草图技法并非优秀建筑师的主要评价标准，草图所表达的设计构思比技法更重要，按创新设计构思完成建筑设计后建成的建筑作品才是优秀建筑师最根本的评价标准。盖里曾言："麦克·格雷夫斯（Michael Graves）的最初设计图很漂亮，但他无法盖一栋如设计图般美观之建筑物。罗西（Rossi）能做得比麦克好，但他仍然没有达到他的设计图之活力。我经常集中注意力于建筑物；设计图对我不重要；它们只是进阶石。它们甚至看起来不像建筑，但我知道它们告诉我下一步该做什么"。⑥盖里此论，如果忽略其"文人相轻"的成分，仅仅就建筑表现图与建筑成品的关系而言，可称至理名言。但是，即便如此，遵照"取法于上，仅得其中，取法于中，不免为下"的古训，本节仍以几位徒手草图技法高超的一流建筑大师为例，剖析其典范性建筑作品方案设计阶段的徒手草图表达模式，论述徒手草图表达方法及其在方案设计阶段的重要作用。

3.1.1　勒·柯布西耶典范性建筑作品方案设计阶段设计构思的徒手草图表达模式

1）法国马赛公寓，1946~1952（Unité d'Habitation at Marseilles，France，1946~1952）——抽屉式跃层户型高层公寓、"底层透空"的架空层与"模度"凹雕设计构思草图

1945 年，勒·柯布西耶（1887~1965）应法兰西重建委员会之邀，设计位于法国马赛（Marseilles）的一栋大型居住建筑，即马赛公寓（Unité d'Habit-ation at Marseilles）。项目建造经费由国家提供，基地的具体位置尚未确定，对柯布西耶而言，这一政府委托项目正中下怀——多年来的探索积淀获得了实施机遇，他和他的设计事务所立即全力投入方案设计工作。工程于 1947 年 10 月 14 日开工，1952 年 10 月 14 日竣工，历时 5 年整，其间法国已经更送了 10 届政府、7 位总理，工程进展的艰难与周折可想而知。

马赛公寓位于一个大型公园内，是一幢长 165m、进深 24m、高 56m 的 18 层高层公寓建筑，东西朝向，底层架空，建筑立于粗壮的钢筋混凝土巨柱之上。大楼共有 337 套公寓，可容纳 1,500~1,700 人居住；公寓户型包罗万象：从小套单身公寓、夫妻公寓到有 3~8 个孩子的家庭使用的大户型公寓，共设计了 23 种户型；楼内设有商业街、幼儿园、托儿所、餐馆、酒吧、屋顶花园等公共服务设施，柯布西耶将这种拥有全套公共服务设施的大型高层公寓住宅称为"居住单位（Unité d'Habitation）"。他构思了两户在 3 层空间内上下组合、剖面呈"互"字形交错布置的跃层式户型，各户入口位于建筑中部沿纵轴方向设置、上下户型共用的内廊，即柯布西耶所称之"内部街道"。住宅起居室均为两层通高，层高净空达 4.80m，外墙面 3.66m×4.80m 的通高大窗使室内具备良好的采光、通风条件和景观效果（图 3-4）。

作为一种期望得到广泛推广的"原型"住宅，马赛公寓是柯布西耶多年来不断探索的住宅设计模式的综合与升华，他将马赛公寓称为"家的盒子"，试图在高层公寓住宅中设计"别墅式"户型以改善居住条件。高层公寓"如何保证户型的丰富和生活方式的多样性？勒·柯布西耶将它想象为自己的酒瓶架，里面摆放

187

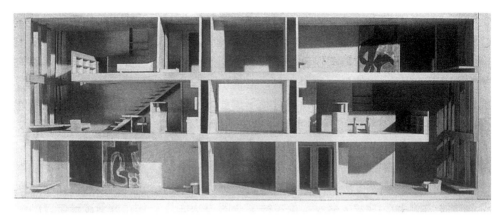

图 3-4　两户在 3 层空间内上下组合、剖面呈"互"字型交错布置的跃层式户型剖面模型。起居室均为两层通高，中央部位是"内部街道"

着不同种类、不同口味、不同来源和不同年代的佳酿，所有的酒都可以挤进这同一个储藏架里面"。[7]方案设计初始构思阶段，柯布西耶将"酒瓶"与"酒瓶架"的构思设想，连同他多年来不断探索的构思思维积淀一起，用简洁传神的草图予以表达，这是真正为建筑师本人和他的设计团队服务、记录设计过程中建筑师的思维痕迹、探讨设计构思思路的典范性初始构思草图。简洁传神的草图辅之以适度的说明文字，清晰地表达了基本构思思路（图 3-5）。

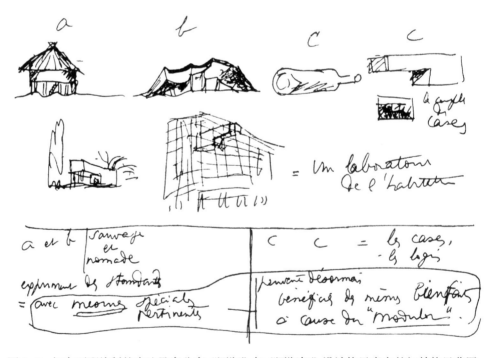

图 3-5　柯布西耶绘制的表达马赛公寓"酒瓶"与"酒瓶架"设计构思意向的初始构思草图。上排所绘自左至右依次为：a. 原始人的茅屋；b. 游牧民族的帐篷；c. 酒瓶；另一个 c. 马赛公寓的跃层式户型单元。下排所绘自左至右依次为普通多层住宅与采用抽屉式户型单元的高层公寓住宅构思草图

图 3–6　精细绘制的示意性透视图形象地表达了握在手中的"酒瓶"户型单元插入马赛公寓骨架的设计构思

　　当然，作为一种"原型"住宅构思探索，柯布西耶的思路已经远远超越马赛公寓这一单体建筑的设计构思范畴，他用这幅草图表达了更远大的宏图："明确了'酒瓶'和'酒瓶架'的原理，就不难理解这一名称的所指。马赛的居住单位应用的正是这一原理。有一天，'酒瓶'将以分解构件的形式完全在工厂预制，然后再运到工地现场安装（就在建筑脚下），通过有效的吊装方式，可以将它们逐一安放在骨架中。"[⑧]为了宣传柯布西耶的这一宏图，由专职建筑画家绘制了宣传和诠释马赛公寓建筑思想的建筑画，精细绘制的示意性透视图形象地表达了握在手中的"酒瓶"户型单元插入高层公寓骨架的设计构思（图 3–6）。

　　1926 年，柯布西耶和 P·让奈亥系统地提出了过去几年中精心构筑的理论规则，即后来举世闻名的"新建筑五点"：架空支柱（Pilotis）、屋顶平台、自由平面、横向带形窗、自由立面。20 年后，为了使新建的高层公寓不破坏环境的延续性，不遮挡地中海温和的微风，马赛公寓示范性地实现了架空支柱设想，由 36 根巨柱支撑的"底层透空"板式高层公寓使周边环境在建筑底部延伸，景观视线与自然气流畅通无阻。其时，柯布西耶正热衷于模度（Modulor）研究，并于 1948 年出版著作《模度》。他认为模度是符合人体尺度的和谐的尺寸系列，普遍适用于建筑设计和机械设计，是推进批量生产、标准化和工业化设计的通用尺寸系列。马赛公寓就是按模度理论提供的 15 种标准尺寸系列设计的。

　　为此，柯布西耶特意在马赛公寓架空层入口处门厅的钢筋混凝土外墙上创作并制作了木模浇筑的凹雕作品"模度"。"模度"雕塑的初始构思草图是置于架空层巨柱之间，由三个"模度人"与"模度柱"组合的模度柱石雕，雕塑游离于建筑之外，效果并不理想（图 3–7）。柯布西耶更新构思思路，创作了架空层入口处钢筋混凝土实墙上的"模

图 3–7　柯布西耶 1947 年绘制的马赛公寓架空层模度柱石雕构思草图

189

度"凹雕并在建造过程中完美实施，雕塑与建筑融为一体，成为架空层的附加装饰，更注重架空层的整体空间效果，雕塑本身也更简洁、更建筑化。最后值得一提的是，"模度"凹雕成为钢筋混凝土墙板的组成部分，具体实施难度很大，需要建筑师与施工单位的密切配合。此时柯布西耶工作效率之高令人瞠目结舌，这当然是长期积累成竹在胸瞬间爆发的结果。"谈到这一雕塑的实施，恐怕专业人士也要大吃一惊。足尺的图纸是在一天工作结束之时，用半个小时完成的，几乎是一挥而就。因为，钢筋混凝土工程师要求在 48 小时内收到木模（切割、雕刻完毕的木板）……翌日，柯布在一个合作者的帮助下，在胶合板的雏形上完成雕刻，并即刻送往马赛。木雕用铁栓固定在模板上，各就各位。当模板拆下来的时候，木雕上最精微的细节、木头的纹理、锯齿微小的起伏，都显露无遗"。[⑨]（图 3-8，图 3-9）

图 3-8 柯布西耶绘制的马赛公寓架空层整体空间效果与架空层入口处钢筋混凝土实墙上的"模度"凹雕构思草图

图 3-9 完工后的马赛公寓架空层入口处钢筋混凝土实墙上的"模度"凹雕局部

2）印度昌迪加尔议会大厦，1951~1963（Parliament Building, Chandigarh, India, 1951~1963）——肇始于特定气候条件下"遮阳"和"避雨"功能要求的系列构思草图

一次意外事故使柯布西耶获得了其职业生涯中最重要的项目委托——印度旁遮普邦（India State of Punjab）新首府昌迪加尔（Chandigarh）的规划和建筑设计。1947 年印巴分治后，印度政府决定在昌迪加尔旧城原址建设新首府，城市规模一期为 15 万人，最终为 50 万人。昌迪加尔新城规划原已聘请纽约规划师阿尔伯特·迈尔（Albert Mayer）事务所设计，1949 年年底完成第一轮方案，1950 年年中完成概念性规划方案，尚待印度政府审议。不幸的是，当年 8 月 31 日，受迈尔委托主持建筑设计的波兰建筑师马肖·诺维茨基（Matthew Novicki）于印度赴美途中死于空难。于是，印度政府转而委托柯布西耶事务所完成这项任务。1951 年 3 月，在迈尔事务所规划方案的基础上，柯布西耶在不到一个月的时间里重新拟定城市规划方案，经政府审议通过后即付诸实施。其后，柯布西耶致力于政府广场及广场周边的公共建筑设计，已建成的项目包括高等法院（1951~1956）、行政大厦（1952~1958）、议会大厦（1951~1963），以及迟至柯布西耶去世后的 1986 年才建成的城市雕塑"张开的手"。

议会大厦是一座四面围合的方形建筑，中部是周边三层办公建筑围绕的 3 层通高室内柱厅，圆形平面的众议院大厅即置于其间。柯布西耶将工业建筑的冷却塔原型引入公共建筑，众议院大厅采用 15cm 厚的钢筋混凝土双曲抛物面锥形薄壳结构，锥形薄壳的顶部设计为倾斜截面，用一组铝合金构架封顶，这组铝合金构架也是安置采光、通风、音响等各种设施的构架。议会大厦的正立面是与建筑主体脱离的外廊，八榀巨大尺度的钢筋混凝土竖向立板支撑着极富雕塑感的巨型曲面雨篷，西北和东北立面是由水平遮阳板与 45° 倾斜的垂直遮阳板组合而成的大尺度钢筋混凝土遮阳板网格。整个建筑内外都采用不加修饰的清水混凝土，粗犷苍劲，因而有"粗野主义（Brutalism）建筑"之称（图 3-10）。

图 3-10　昌迪加尔议会大厦外景

柯布西耶的基本构思意向肇始于接受设计委托后首次赴印期间的亲身体验，昌迪加尔气候条件严酷，烈日和暴雨是建筑设计必须考虑的重要因素，"遮阳"和"避雨"成为设计构思的焦点。"首次印度之旅即将结束的时候，在孟买，柯布在他下榻的旅馆中整理出政府广场建筑的设计思路，他在他的小册子上记录下设计的元素。太阳和雨水是决定建筑的两个基本要素，也就是说，一栋建筑将成为一把遮阳避雨的伞……'遮阳'将不仅仅是位于窗前，而是扩展到整个立面，甚至扩展到建筑的结构本身"。[⑩]针对昌迪加尔严酷的气候条件，柯布西耶提出了两种具体的解决方案，"第一种，将屋面作为最后的覆盖层庇护着下方的住所，对于它，最好的绝热方法是在其上建一个花园。在印度这样的地方，需要保持屋顶持久的湿润，这种湿润的环境可以通过在混凝土屋面的防水层上覆土植草并设置自动灌溉系统来保证……第二种方法在于竖起一把真正的混凝土阳伞，由轻薄的壳构成，而且要尽可能轻，尽可能薄。这层薄壳的目的只有一个——投影，透过一段自由的空间，将影子投向下方房间的顶面。在印度正是采用这种方式来处理屋顶，无论是在昌迪加尔的大法院、议会大厦，还是艾哈迈达巴德的Hutheesing别墅"。[⑪]

方案设计初始构思阶段的意向性草图用图式语言表达了方案构思的基本思路，四面围合形成中央三层通高柱厅的方形平面构思、屋顶设置"混凝土阳伞"遮荫的遮阳层构思、暴雨季节的屋顶排水沟构思、连续拱券立面遮阳层构思，以及正立面通廊与主体建筑脱离的断裂构思等，都切合"遮阳"和"避雨"两大设计要素。虽然并非意向性草图表达的所有构思都具备可行性，如源于柯布西耶青年时代游历意大利时从古罗马输水道获得启迪而产生的连续拱券立面构思，就在以后的设计过程中放弃而代之以新的构思，但是草图表达的基本构思思路已为方案设计奠定了基础（图3-11）。

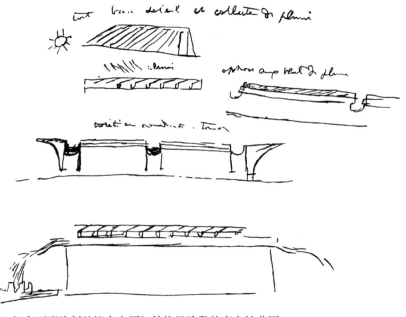

　图3-11　柯布西耶绘制的议会大厦初始构思阶段的意向性草图

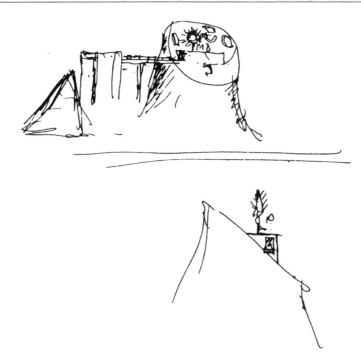

图 3-12   柯布西耶绘制的倾斜截面双曲抛物面锥形薄壳与不对称的金字塔形锥顶构思草图

经多次推敲修改后，设计方案渐趋成熟，最重要的构思突破是引入工业建筑的冷却塔原型，构思了圆形平面、采用双曲抛物面锥形薄壳结构、顶部为倾斜截面的众议院大厅。巨大的倾斜截面锥形薄壳耸立于屋顶平台之上，与之呼应的是不对称的金字塔形锥顶，这一构思丰富了建筑的天际轮廓线，使议会大厦与行政大厦的天际轮廓线和空间关系协调完美，同时也构成避免阳光直射的遮蔽体。柯布西耶用极简洁的草图表达了这一构思突破（图 3-12、图 3-13）。

构思草图表达的议会大厦整体构思意向在实施过程中逐步完善落实，完美实施的建筑成品印证了柯布西耶超人的空间想象力。遥望建成后的议会大厦与行政大厦，议会大厦高耸的倾斜截面锥形薄壳与金字塔形锥顶引人注目，建筑群的天际轮廓线和空间关系协调完美，整体建筑景观富有创意、幽雅动人。议会大厦的细部设计同样精美而富有创意，与主体建筑脱离的正立面入口门廊构思逐渐推敲成熟，曲面雨篷基本造型和排水沟构思、巨大尺度钢筋混凝土立板上的空洞及其与人体尺度相称的位置尺度构思、阳光照射时的阴影分析构思等都反映于入口门廊剖面构思草图。方案设计阶段的构思推敲不断进展深化，方案设计渐趋完善。

图 3-13   柯布西耶绘制的增加倾斜截面锥形薄壳后议会大厦与高等法院的天际轮廓线和空间关系构思草图

193

最后，柯布西耶为其事务所的绘图员绘制了议会大厦正立面定稿草图，用作施工图阶段的设计依据。他还附上一行颇富哲理性的文字："建筑，是汇聚在阳光下的形体间精巧、正确而卓越的游戏。"这也是对议会大厦方案设计构思的最佳诠释（图 3-14~ 图 3-16）。

图 3-14　建成后的议会大厦与行政大厦远景。初始构思草图表达的构思意向得到完美实施，高耸的倾斜截面锥形薄壳与金字塔形锥顶使议会大厦与行政大厦的天际轮廓线和空间关系协调完美

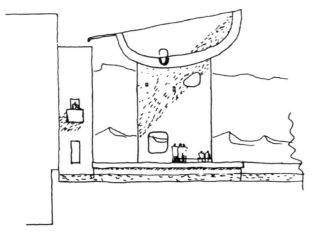

图 3-15　与主体建筑脱离的入口门廊剖面构思草图。请注意草图上的比例人，墙面开洞位置正是常人视线通透的最佳高度，这使人的视线在八榀巨大尺度的钢筋混凝土立板之间得以贯通，是兼顾建筑整体巨大尺度与建筑局部人体尺度的佳例

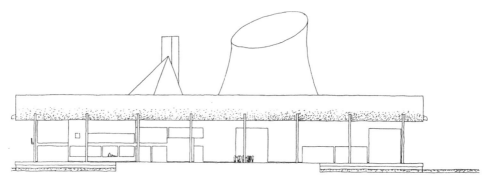

　　图 3-16　柯布西耶绘制的议会大厦正立面定稿草图

3）印度昌迪加尔城市雕塑"张开的手"，1951~1986（Main Ouverte，Chandigarh，India，1951~1986）——"艺术的综合"探索与城市雕塑"张开的手"系列构思草图

柯布西耶是建筑师，也是画家，1923~1953 年间，专注于建筑与城市规划活动的柯布西耶曾放弃画家身份 30 年，但这并非意味着他不再像从前那样热爱绘画，恰恰相反，频繁的建筑活动并没有影响他的绘画和造型艺术创作活动。柯布西耶从 20 世纪 30 年代开始探索"艺术的综合"，探索不同门类艺术表达形式的相互影响和相互补充，1949 年还曾担任"造型艺术综合联合会"副主席。"勒·柯布西耶一生都在绘画。在 1965 年的一篇题为《绘画》的文章中，他将其造型作品解释为建筑作品的秘密实验室"。[12] 由此可知绘画和造型艺术创作活动对柯布西耶的深刻影响。"形式之精神将生命赋予他的画作，同时也赋予他的建筑设计和城市规划。没有造型的研究，没有造型的直觉，没有真正的造型的激情，柯布便不可能成为形式的创造者。这些形式将一点一滴地渗透入他作为建筑师和城市规划师的作品中"。[13] 所以柯布西耶本人这样评价自己的绘画活动，当然也包括其他门类的造型艺术活动，"1948 年，我曾写道：'如果人们认为我的建筑作品有一点特色（今天，我将这句话修正为：如果人们曾经愿意对我的建筑和城市规划作品予以一定的注意），深究起来应该归功于这秘密的艰苦劳作——绘画。'"[14]

柯布西耶的绘画和造型艺术活动成果体现于他的建筑作品，如前文所述马赛公寓架空层入口处钢筋混凝土实墙上的"模度"凹雕；也体现于他的造型艺术作品，如作为昌迪加尔政府广场重要组成部分的城市雕塑"张开的手"。接受昌迪加尔城市规划与建筑设计项目委托后，1951 年 11 月 22 日印度总理尼赫鲁接见柯布西耶一行，柯布西耶就已向尼赫鲁表达了建造纪念性雕塑"张开的手"的愿望（图 3-17）。

1952 年 4 月 12 日完成的政府广场设计图则已标明"张开的手"雕塑的最终位置——在议会大厦与高等法院之间。其后在漫长曲

图 3-17　柯布西耶"旅行日记"的一页，用文字和速写记录印度总理尼赫鲁的接见，已见"张开的手"的构思雏形

折的创作历程中，柯布西耶留下不同阶段的一系列构思草图。"一张最初的草图自发地呈现——一个贝壳状的物体飘浮于地平之上；但分叉的手指表明这是一只张开的手，如同一只巨大的法螺。第二年，在安第斯山脚下的一座旅馆中，这一概念以不同的形式再次呈现。它不再是一只贝，而是一张屏，一个剪影。随后几年，轮廓的价值得到了发展。逐渐地，'张开的手'在宏大建筑构成中的呈现成为可能"。[15]"张开的手"是昌迪加尔的纪念碑，位于城市的最高处，面向喜马拉雅山，在柯布西耶的草图中，这只"张开的手"已经融入建筑总体布局，成为城市中心建筑群不可或缺的重要成员（图 3-18~ 图 3-24）。

图 3-18 "张开的手"构思草图之一。一个贝壳状的物体飘浮于地平之上，分叉的手指表明这是一只张开的手

图 3-19 "张开的手"构思草图之二

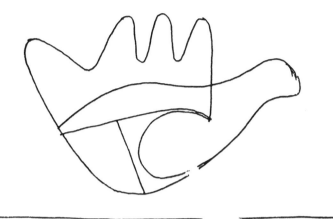

图 3-20　"张开的手"构思草图之三。简洁抽象的线描草图

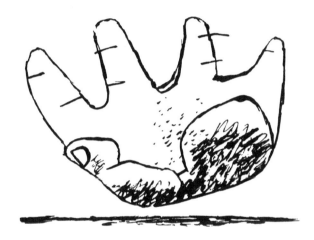

图 3-21　"张开的手"构思草图之四。较为具象的细部推敲

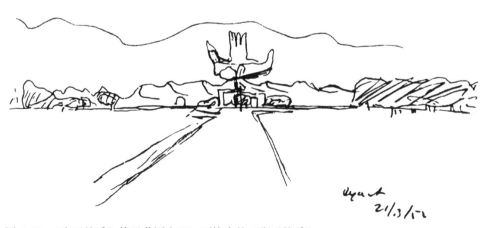

图 3-22　"张开的手"构思草图之五。环境中的"张开的手"

197

图 3-23 "张开的手"构思草图之六。以喜马拉雅山为背景的"张开的手"以及"张开的手"与整体建筑群的关系

图 3-24 "张开的手"构思草图之七。昌迪加尔所有的建筑设计方案都用"模度"控制尺度比例，"张开的手"也不例外

　　柯布西耶非常希望在昌迪加尔市中心建造这座城市雕塑，他认为这将是那个时代的印度乃至整个世界的宣言，也将是关于未来的宣言。但是，当时的印度还没有足够的经济实力建设昌迪加尔，政府广场周边的大型公共建筑只建成 3 座，"张开的手"城市雕塑也始终未能建造。直到柯布西耶去世后的 1986 年，大师诞辰 100 周年前夕，"张开的手"城市雕塑才得以建成（图 3-25）。

图 3-25　建成后的"张开的手"
城市雕塑

3.1.2　阿尔瓦·阿尔托典范性建筑作品方案设计阶段设计构思的徒手草图表达模式

1）芬兰维普里市立图书馆，1930~1935（Municipal Library，Viipuri，Finland，1930~1935）——室内设计与采光设计构思分析草图

维普里市立图书馆是阿尔托（1898~1976）青年时代的经典作品，惜于 1943 年毁于战火。1927 年阿尔托在维普里市立图书馆方案设计竞赛中获胜，多次反复修改获奖方案后，1933 年秋市议会决定将馆址迁至托尔凯利（Torkkeli）公园内，随即开始施工图设计，当年 12 月完成，1934 年开工建造，1935 年 10 月 13 日竣工开放。

阿尔托结合芬兰的气候条件创造性地构思了图书馆借书处和阅览室的采光顶棚，这在阿尔托档案中的一篇英文手稿里有详细的文字记载："（借书处和阅览室）的顶棚中安置了 57 个直径 1.8m 的圆锥形开口引进自然光，其设计原则是锥体的深度可以保证在 52° 或以下的范围内没有光线可以射入。这样一来，全年就都不会有直射的阳光照进室内。如此的做法可以达到两个目的：第一，藏书不会受到直射阳光的损害；第二，无论人和书的相对位置如何，读者都不会受到强光形成的阴影的干扰。锥形开口的内表面反射光线，这一套采光口引入的光线在巨大的地面上方散开，就像通过散射镜组的效果一样。阅览室中的每个座位都可以受到多个采光锥的照明，沐浴在组合光线之中。"[⑩]

这一设计构思的形成源于长时间的构思思考与反复的草图推敲，阿尔托在原载于 1947 年《DOMUS》的"鳟鱼和溪流"一文中这样回顾维普里市立图书馆方案设计初始构思的形成过程："当我设计维普里市立图书馆时（我有足够的时间——长达五年），我花了很长时间获取思路范围，就像是孩子在作画那样。我画了许多种想象的山形地貌，在不同的位置有许多太阳照着山坡，逐渐形成了建筑的主要设想。该图书馆的建筑框架包括许多不同标高上的阅览室和借书空间，而管理和监督区域则位于顶部，我那类似儿童绘画的草图同建筑设想虽然并非有直接的联系，但无论如何，它们都导向了平面形状和剖面波浪形的产生，以及导致一种水平和竖向结构的统一。"[17]

阿尔托"类似儿童绘画"的室内设计与采光设计构思分析草图，如同前述达·芬

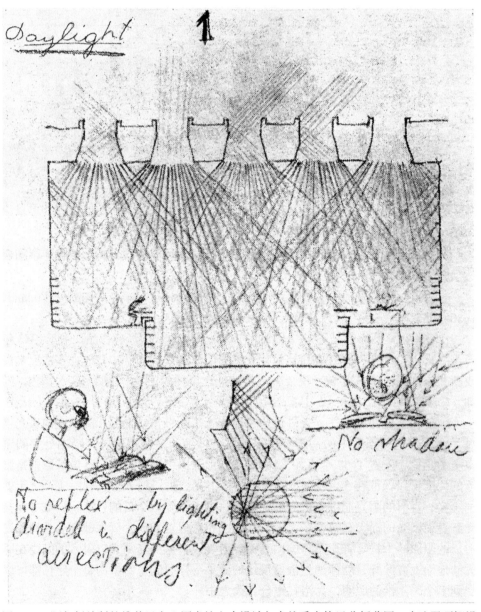

图3-26　阿尔托绘制的维普里市立图书馆室内设计与自然采光构思分析草图。表达了顶棚设置圆锥形天窗以获得最佳自然采光效果的构思，还表达了阿尔托独创的下沉式"书窖"构思

奇的草图"防御工事研究"一样，在一幅草图中表达了许多不同的设想，剖面构思与细部设想并存，看似随意挥洒，看似杂乱无章，实际上如实地反映了建筑师的创意构思思维过程。第一幅草图表达了在顶棚上设置圆锥形天窗以获得最佳自然采光效果的设计构思，不同时间段不同角度的阳光都可通过天窗转化为室内散射光；草图还表达了阿尔托独创的下沉式"书窖（Book Pit）"设计构思。第二幅草图在顶棚天窗孔之间设置嵌入式灯具以推敲夜间人工照明效果，下沉式"书窖"构思亦已深化，阿尔托还特意绘制了局部构思草图推敲阅览桌和书架的采光效果（图 3-26、图 3-27）。

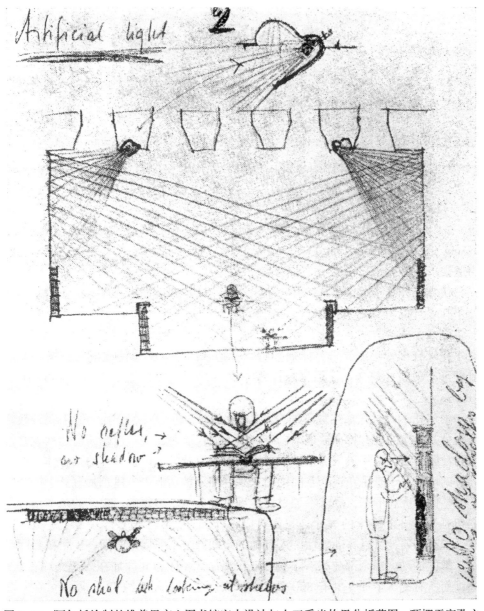

图 3-27　阿尔托绘制的维普里市立图书馆室内设计与人工采光构思分析草图。顶棚天窗孔之间设置嵌入式灯具以推敲夜间人工照明效果，下沉式"书窖"构思亦已深化

201

图 3-28　维普里市立图书馆建成后的室内空间效果。基本体现了初始构思草图的构思意向

　　这些反复推敲的设计构思都已由相对模糊的草图表达转化为精确的施工图设计并付诸实施，草图体现的构思精髓已经完美地体现于建成后的建筑作品（图 3-28）。

　　2）芬兰伊玛特拉伏克塞涅斯卡教堂，1956~1959（Church in Vuoksenniska，Imatra，Finland，1956~1959）——综合性初始构思草图与教堂大厅一层平面和室内透视草图

　　伏克塞涅斯卡教堂于 1956 年设计，1957~1959 年建造。20 世纪 50~60 年代阿尔托设计的教堂建筑追求自由形态的雕塑感，这种倾向也体现于伏克塞涅斯卡教堂，可分可合的 3 个扇形平面大厅、高耸的雕塑形态钟塔构思都极富创意，阿尔托综合多种功能要求、体现独特美学追求的设计构思使之成为独树一帜的雕塑形态教堂建筑作品。后来这座教堂又有三十字架教堂（Church of the Three Crosses）之称。

　　阿尔托本人这样描述教堂的设计构思准则："因为要满足社会的需要，教堂作为公共建筑的应有特征被逐渐剥夺，而人们仅能对此表示遗憾而已。教堂常常作为社区会馆、青年俱乐部、教区居民俱乐部以及教区议事堂等的聚合体，作为额外的增补，于是乎在这个空间中引入少许纯宗教功能……建筑师着意于一个教堂的整体构成和形态，寻求不加妥协地满足社会活动的要求。教堂的基本设计方案包括一套 3 个连续的大厅，我们可以称作 A 厅、B 厅与 C 厅：A 厅是圣坛所在，如有需要，可以移动隔墙并入其他的空间部分；非周末时间，B 厅和 C 厅可用于教区活动。每个部分只有不到 300 个坐席，A 厅和 B 厅加在一起大约有 600 座，而所有的 3 个厅一共有 800 个席位。大厅之间的隔墙约 43cm 厚，可在一套浸油的滚球轴承系统上滑动，隔墙也足够重，完全能够隔声。"[⑧]阿尔托构思了用活动隔墙划分为三个空间的教堂大厅，可分可合，每个空间设有单独的出入口，

使用方便灵活；教堂西部的辅助用房也设有单独的出入口以便独立使用。教堂位于一片枞树林中，阿尔托设计了一座高耸的六边形钟塔，钟塔顶部由三组悬挑的 Π 形折板组合而成，中心空腔部分置有三口大钟，Π 形折板也是钟声的反射板，使钟声可以传播得更远。钟塔设计构思新颖、构图完美，有如一件精美的现代雕塑作品。水平展开的教堂掩映于枞树林中，唯有钟塔高高耸立，成为教堂从远处就可看到的独特标志。

阿尔托的这些构思意向在方案设计初始构思阶段表现于将平面、剖面、细部，以及外景透视集成于同一画面的综合性构思草图，方案构思过程中的思维痕迹清晰可见，用活动隔墙将教堂大厅划分为三个空间的构思意向从简略的概念性构思发展为座位排列、圣坛位置等平面功能处理与剖面设计统筹思考的综合性构思；钟塔与教堂的透视草图表达了突出高耸钟塔以及三组 Π 形折板组合构成钟塔顶部雕塑造型的构思意向（图 3-29、图 3-30）。

阿尔托还绘制了教堂大厅一层平面草图与三个大厅相通的室内透视草图，以推敲用活动隔墙将教堂大厅划分为三个空间的室内空间效果，草图上留有阿尔托简略的尺度计算结果，教堂大厅平面和室内空间构思渐趋成熟。建成后的伏克塞涅斯卡教堂大厅使用功能与室内空间效果俱佳，印证了阿尔托的创新设计构思（图 3-31~ 图 3-33 ）。

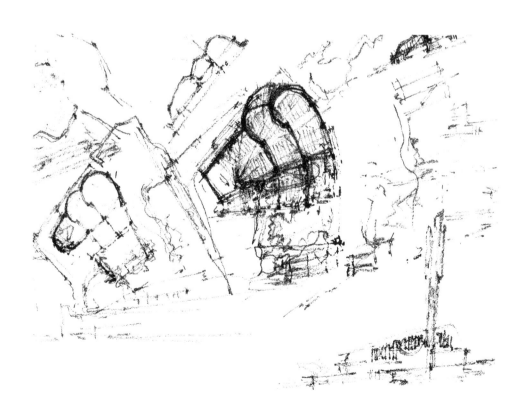

图 3-29　阿尔托绘制的伏克塞涅斯卡教堂综合性构思草图

图3-30 伏克塞涅斯卡教堂
外景。掩映于枞树林中的教
堂和高耸的钟塔与初始构思
草图基本吻合，体现了一流
建筑师丰富的空间想象力、
准确的判断力和表现力

图3-31 阿尔托绘制的伏克塞涅斯卡教堂大厅一层平面草图与三个大厅相通的室内透视草图

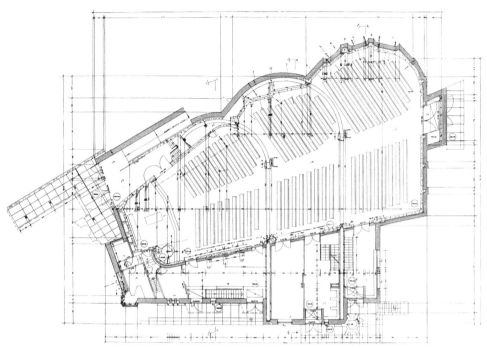

图 3-32 伏克塞涅斯卡教堂一层平面图。草图表达的大厅用活动隔断划分为三个部分的构思在施工图阶段得到落实，平面图的右下角是与教堂相连的六边形钟塔平面

图 3-33 建成后的伏克塞涅斯卡教堂大厅室内景观。活动隔断打开，三个大厅连成一体。上图：从教堂大厅南面看圣坛；下图：从圣坛方向看教堂大厅

3）德国不来梅高层公寓（诺瓦尔区），1958~1962［High-Rise Apartments in Bremen（Neue Vahr），Bremen，Germany，1958~1962］——建筑平面构成与基本建筑形态构思意向性草图

德国不来梅市的诺瓦尔区是当时欧洲最大的一次性建设房产开发区之一，位于人工湖畔的 22 层高层公寓是新区的重点建筑，也是阿尔托晚期的著名作品。不来梅高层公寓于 1958 年设计，1959 年开工建造，1962 年建成。这是一幢内廊式高层公寓建筑，除底层外，每层由 9 个小户型公寓单元组成，供短期居住的住户使用。大楼主立面朝西，西侧平面呈扇形展开，并列着 9 个梯形平面公寓单元，东面是规整的楼梯、电梯和服务性房间，两者之间设置内廊。公寓单元均为不规则的梯形平面，东面内廊入口处面宽较窄，西面外墙处面宽较大，阳台与窗户面积也随之增大，起居室采光充裕、视野开阔。不来梅高层公寓是为"社会集体生活"设计的，因此每层都有一个公共活动室，顶层设有会所和一个有顶的观景台，底层是大厅、管理室和为住户服务的小商店。高层公寓的扇形平面构思使每套公寓单元的平面形态和朝向方位都有变化，西立面亦因此形成阿尔托惯用的波浪形外轮廓，使体量庞大的 22 层高层公寓建筑形态生动活泼，并具备明显的阿尔托建筑风格。

方案设计初始构思阶段的徒手草图高度概括，寥寥几笔，摆脱了细节拘束的构思意向已经得到明确清晰的表达：标准层平面是 9 个梯形平面户型的组合，强调的是西面波浪形曲线外墙轮廓构思，东面的楼梯电梯等服务性房间一笔带过，其直线外墙轮廓构思用短短的一根直线已表达无遗。西面外观透视草图表达了曲面建筑形体的特殊透视效果、平面端部锐角形成的无侧面透视效果，以及底层透空的建筑处理效果等。透视草图的高宽比与最终建造的建筑成品相去甚远，只是一种模糊的构思概念表达；但是基本构思意向表达则明确无误，从这一视角考察又是一种清晰表达。这充分体现了方案初始构思阶段徒手草图不可替代的优越性——具备工作模型或电脑草图无法达到的既模糊又清晰的构思意向表达效果（图 3-34）。

图 3-34　阿尔托绘制的不来梅高层公寓初始构思草图。具备工作模型或电脑草图无法达到的既模糊又清晰的构思意向表达效果

　　住宅建筑设计最重要的是户型设计与标准层平面设计，基本构思意向确定后绘制的标准层平面构思草图重点推敲公寓单元、附属房间、内廊三者的功能关系处理，以及建筑平面形态构思，西面的波浪形外墙轮廓经反复推敲，几经变换，留下方案推敲过程中的思维痕迹。最终的施工图建筑细部处理及建筑与结构、设备的关系落实到位，并选择了标准层平面构思草图推敲所得的最佳波浪形外墙轮廓，只是自由曲线已变为更具可行性的不规则折线，但是施工图设计并没有脱离初始构思草图的基本构思意向。从方案设计初始构思阶段的意向性构思草图开始，建筑师已经考虑到初始构思意向最终实施的可行性，并使之逐步进展而获得完美实施，这充分体现了一流建筑大师敏锐的构思判断能力与准确到位的徒手草图表达能力（图 3-35、图 3-36）。

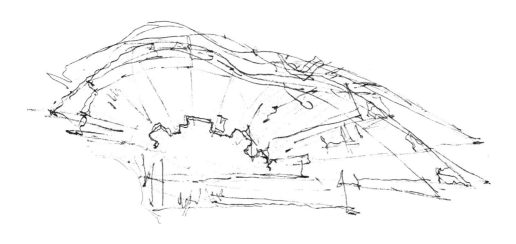

图 3-35　阿尔托绘制的不来梅高层公寓标准层平面构思草图——留下建筑师思维痕迹又具备可实施性的徒手草图

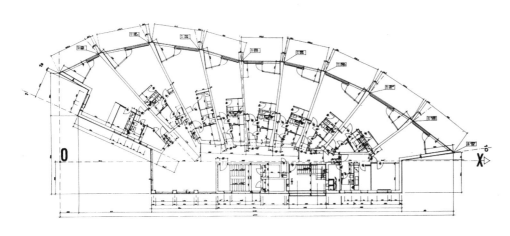

图 3-36　不来梅高层公寓标准层平面施工图——基本落实初始构思意向的施工图

207

3.1.3　阿尔瓦罗·西扎典范性建筑作品方案设计阶段设计构思的徒手草图表达模式

阿尔瓦罗·西扎的草图蕴涵着令人着迷的想象力与超越常人的图式语言表达能力，这与他特殊的建筑天赋、学习经历、从业经历及设计思想密切相关，因前文未涉及这方面的内容，在论述西扎的徒手草图表达模式之前有必要作简要的论述。

阿尔瓦罗·西扎 1933 年出生于葡萄牙北部的海滨小城马托西纽什（Matosinhos），1949 年考入波尔图美术学院（波尔图大学建筑学院前身）雕塑系，西扎自小热爱雕塑，但为谋生计其父不允许他学习收入较少的雕塑专业，西扎遂于二年级转入建筑系。天赋甚佳的西扎接受了移植巴黎美术学院教学体系的经典建筑教育基本训练，并始终保持着雕塑家的艺术敏感，这使他的建筑作品具有特殊的形式创作自由度和表现力。1958 年西扎开设了自己的建筑事务所，40 多年来创作了 140 多项建筑作品，获得很高的国际声誉，也获得一系列荣誉和奖项。荣誉的巅峰是 1992 年获得的普利茨克建筑奖，评委会这样评价西扎："西扎的建筑使人产生感官的愉悦和精神的振奋，每一条线都充满了技巧与确定性。与早期的现代主义者一样，他设计的形体是由光来塑造的，有一种简单性，但很真实。它们直接解决建筑设计中的问题，如果需要阴影，就由悬挑的板来提供；如果需要景观，就开一扇窗；楼梯、坡道、墙都是预先推敲确定的。那种简单性在仔细观察下即显示了极大的丰富性。其中有微妙的内涵控制一切，表现非自然的创造。"[19]

西扎的建筑观念、设计手法，乃至草图表达都受到阿尔瓦·阿尔托的影响，他在回顾早期创作的建筑作品时这样说："第一个项目博阿·诺瓦餐厅设计是 1956 年经由马托辛纽什政府举行的一次竞赛而获得的……由于已经经过了很长时间，博阿·诺瓦餐厅已经是一座被其经历的年代打上烙印的建筑。如果它看起来一点也不过时，这是因为景观的特征启示了尊重和谨慎。解析它的建筑构成，可以清楚发现阿尔瓦·阿尔托对我的影响，特别是他的维堡图书馆。"（引者注：即维普里市立图书馆，Municipal Library，Viipuri）。[20]西扎还曾撰写论文《阿尔瓦·阿尔托》，论述阿尔托的建筑思想和设计方法，文中论及阿尔托的草图构思思维自述，并给予很高评价，字里行间充满崇敬之情："阿尔瓦·阿尔托在 1947 年写道：'大量的需求和边缘性的问题阻碍了基本建筑思想的明确表达。''在这种情况下，我经常以一种完全本能的方式进行设计。在将作品特征和其广泛的需求吸收到我的潜意识中后，我会努力使自己暂时忘却所有的问题，并且开始以一种非常接近抽象艺术的方式来绘制设计草图。我画着草图，仅仅由本能控制，并略去建筑的综合性，有时以看上去像孩童作品的草图作为结束。以这种方式，以抽象为基础的主要构思逐渐成型，它具有能使各种各样的问题和矛盾互相协调的性质。'读到这些文字，如果听到有人说'阿尔瓦·阿尔托，建筑师，芬兰人，没有建立理论，没有讨论方法'，是令人无法接受的。他提出了理论和方法，而且是卓越的。"[21]

"看上去像孩童作品的草图"是徒手草图的极高境界，所以西扎在 1987 年

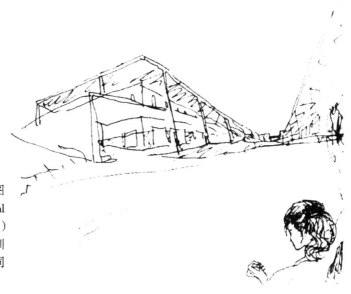

图 3-37　西扎绘制的塞图巴尔教师培训学校（Setúbal Teachers'Training College）方案构思草图。教师培训学校与接受培训的教师同时出现在草图上

12 月发表的《萨伏伊别墅》一文中不胜感慨："毕加索说他花了 10 年时间学会了绘画，又花了另外 10 年学会了像孩童般的画画。现今，在建筑学的训练中缺少了这后一个 10 年。"[22]这一论述与前文所引阿尔托的论述如出一辙，作为艺术家型的建筑师，西扎的建筑作品富有个性，他的构思草图同样富有个性。西扎的设计始于现场，始于方案设计初始构思阶段大量个性化的构思草图推敲表达，而这些草图也已经达到极高境界，也是"看上去像孩童作品的草图"。西扎的草图蕴涵着令人着迷的想象力与超越常人的图式语言表达能力，作为设计构思和交流的主要工具，一连串看似随意挥洒实则准确传神的总平面、平面、透视、鸟瞰、细部，以及室内透视草图，有时夹杂着极富动态感的人物和奔马，有时出现西扎自己的形象，记录了方案构思过程中跳跃灵动的思维痕迹（图 3-37、图 3-38）。

图 3-38　西扎绘制的阿利坎特大学神学院（Rectorate of the University of Alicante）方案构思草图。表现建筑纵深方向空间感的狂奔的学生大大增强了建筑构思的表现力和感染力

209

1）西班牙圣地亚哥·德·孔波斯特拉加利西亚现代艺术中心，1988~1994（Galician Centre of Contemporary Art，Santigo de Compostela，Spain，1988~1994）——重要历史建筑地段新老建筑和谐共处的方案设计初始构思草图

加利西亚现代艺术中心是西扎的代表性建筑作品之一，建设基地紧邻国家级纪念建筑圣多明戈·德·博纳瓦尔修道院（Convent of Santo Domingo de Bonaval），历史建筑保护与新老建筑关系处理成为方案设计的焦点，西扎的方案设计构思源于对现场的详尽考察："当我被委托在圣地亚哥·德·孔波斯特拉建造一座博物馆时，我被特别要求将它远离道路布置。这个要求显示了新建建筑有时可能引起的一种广泛担心，而这种担心并非没有道理。当人们在距已被列为国家级纪念建筑仅一米之遥的地方进行建造时（就像圣多明戈·德·博纳瓦尔修道院的情形一样），人们会担心危及其整体性。因此，我被要求将新的建筑物掩藏起来。我认为一个文化中心对于城市而言将是一座意义重大的建筑，因此不能简单地将其看作是修道院的一座附属建筑。另外，我还成功地指出，由于一片划分用地界限的花岗石高墙的存在，修道院从未是完全可见的。我能够致力于处理新建建筑与道路的本质关系。因此，一旦博物馆的场地被确定，将其更为靠近修道院放置就是必要的。"[23]西扎选择了新建筑靠近修道院的基本构思思路，他用控制建筑体量、利用坡地地形设置坡道和挡土墙，以及设置中庭空间等设计手法令人信服地实现了新老建筑的和谐共处。艺术中心建筑平面布局紧凑，由两个部分——平行于街道的部分以及与圣多明戈·德·博纳瓦尔修道院的外墙呈21°夹角的部分——斜交组合而成，因此在建筑中部形成一个三角形中庭空间，人流由沿街坡道或台阶到达主入口，由主入口到达中庭，再由中庭进入各层展厅。

方案设计初始构思阶段西扎绘制的构思草图形象生动，一连串各种视角的透视图和鸟瞰图形象化地表达了新老建筑的体量关系控制、新建筑的基本建筑形态构成、三角形中庭空间的设置、沿街入口的坡道处理等基本构思概念，构思草图关注的是基本构思概念的准确表达，具体的细部表达则简略模糊，一笔带过。这正是方案设计初始构思阶段草图表达的关键所在（图3-39、图3-40）。

2）葡萄牙阿威罗大学图书馆，1988~1995（Aveiro University Library，Aveiro，Portugal，1988~1995）——基本平面构成与建筑形态、室内空间创意的综合性构思草图

阿威罗大学图书馆是城市郊区新校园中的重要建筑，设计方案按阅览桌与书架组合的尺度确定柱网跨度模数，形成东西朝向的3×8跨规整柱网矩形平面。首层是办公室和档案室，公共出入口设于二层，二、三、四层都是开架式阅览大厅，北面的端部开间设有独立的研究室。建筑中部设计了采光中庭，四层屋顶设置阵列式排列的圆锥形采光天窗，阅览大厅的东、西向墙面很少开窗，主要依靠中庭屋顶天窗采光，柔和均衡的光线从屋顶照射到阅览大厅，颇具阿尔托早期作品维普里市立图书馆遗风。西扎的创意是将阅览大厅中庭三层与四层的地面开口错位布置，因此产生独特的室内空间效果（图3-41）。

西立面采用建筑层面与结构层面和功能层面分离的建筑设计手法，构思了水平方向弯曲的单曲面外墙，北端山墙用两个形体规整的实体楼梯间收尾，南端山

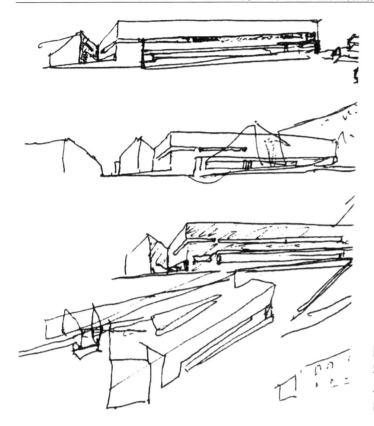

图 3-39　西扎绘制的加利西亚现代艺术中心构思草图。基本构思概念的准确表达

图 3-40　加利西亚现代艺术中心鸟瞰。基本构思概念的完美实施

图 3-41　阿威罗大学图书馆阅览大厅内景。四层屋顶阵列式排列的圆锥形采光天窗与阅览大厅中庭三层和四层地面开口错位布置的室内空间效果

图 3-42　阿威罗大学图书馆西面外景。飞扬流动的棕色面砖曲面外墙以及西扎风格的 Z 形装饰性折板标志引人注目

墙屋顶高高悬挑着因在西扎许多建筑作品的不同部位，以不同形式、不同尺度不断出现而成为西扎作品标志的巨大的 Z 形装饰性折板（图 3-42）。

所有这些构思创意在方案设计初始构思阶段都已表达于一幅综合性徒手构思草图。简洁明确的平面构思草图、平直规整的东立面透视草图、飞扬流动的西立面透视草图、特别加以强调的 Z 形装饰性折板标志透视草图、不同视角的阅览大厅内景透视草图等，分别使用平面草图、一点透视、两点透视，以及仰视透视草图表达，阅览大厅中庭三层与四层地面开口错位的构思已略露端倪。所有这些富有创意的构思思维统统集成于同一画面，貌似杂乱的草图蕴涵着思路清晰的设计构思内涵，表达了方案设计初始构思阶段萌芽状态的设计构思创意。最后，因思路顺畅、构思泉涌而兴致勃勃的西扎甚至在草图上增添了一匹奔马——这也许是西立面飞扬流动的曲面外墙构思的象征性寓意表达（图 3-43）？

图 3-43　西扎绘制的阿威罗大学图书馆综合性徒手构思草图。貌似杂乱的草图蕴涵着思路清晰的设计构思内涵，表达了方案设计初始构思阶段萌芽状态的设计构思创意

3）葡萄牙波尔图福尔诺斯教区中心，1990~1997（Church in Marco de Canavezes，Fornos，Porto，Portugal，1990~1997）——建筑群整体格局与教堂中殿室内空间构思草图

福尔诺斯教区中心位于葡萄牙波尔图东部的福尔诺斯小镇，是为乡村教区建造的、由三幢两层建筑——教堂和殡仪礼拜堂、礼堂和主日学校、牧师住宅——组成的天主教建筑群。新建建筑群尊重原有建成环境，将其视为教区中心设计的起点，"这个方案最初的参照点是一座已有建筑——一幢老人之家，它别具风格，端正而整齐，伫立在坡地的上部并向道路伸展"。[24]紧邻老人之家的主体建筑由功能要求及参与人群完全不同的教堂和殡仪礼拜堂组成，西扎利用坡地地形高差将殡仪礼拜堂置于教堂下层，在东北方向临街的石砌外墙上设置较为隐蔽的出入口，外墙内的小院落和 L 形外廊与殡仪礼拜堂拉开距离，以适应当地的葬礼礼仪风俗。这一构思使建筑下层的殡仪礼拜堂成为教堂的基座。简洁而略有变化的矩形平面教堂中殿（Nave）开间 16m，进深 30m，共设 400 个座位，主入口位于中殿西南端，两侧突出方整的塔楼，南侧塔楼之上是简洁的钟楼。入口大门高达 10m，是与建筑整体尺度及周边环境尺度协调的礼仪性大门，只在特殊礼仪场合开启使用，日常活动使用钟楼下部常规尺度的玻璃门。

西扎认为，"现今礼拜仪式所经历的重大变革……改变了宗教仪式的特征并且导致礼拜仪式空间的传统组织方式的过时。然而，这种新的情况并未允许我们将教堂看作一个礼堂，而最近几乎所有作品都未能以恰当的方式来处理这个问题。通过反思被这种情况确定的'功能性'的含义，我已经确定了保证在主持弥撒的

213

神父与教众之间进行交流的需要，同时避免礼堂中典型的分离状况。出于这个理由，在教堂的后殿，我采用了凸圆而不是凹圆的墙体"。因此教堂东北侧祭坛两侧设计为向内的凸弧形平面，这一构思造就了富有个性的中殿祭坛空间，临街立面的两侧凹弧形山墙也成为教堂的标志性特征。如同阿威罗大学图书馆一样，西扎也采用了建筑层面与结构层面和功能层面分离的建筑设计手法，不同的是，此次已将这种手法运用于教堂中殿的室内空间构思——在中殿室内西北侧设计了与外墙分离的倾斜弧形墙，并在弧形墙上部开设三个窗洞，与之呼应，外墙也开设与弧形墙三个窗洞外皮对位的横向带形窗，这一构思营造了柔和神秘的室内光影效果。西扎还在教堂东南侧墙面开设常人视线高度的水平带形窗，将室外景观引入中殿。这一构思曾引发争议，因为反对者认为世俗的室外景观与常规教堂的冥想氛围产生冲突（图 3-44、图 3-45）。

西扎在方案构思阶段曾探讨教堂礼拜仪式变革对其建筑模式的影响，"然而对我而言，近来礼拜仪式的变革似乎与这种封闭且与世隔绝的空间观念相矛盾。因此，当我开始研究方案时，我意识到与传统连续性决裂的重要性，这种传统的连续性几乎不能触及教堂与社会在日常生活中的关联。另一方面，尽管为了适应变化而作出调整，我仍然努力保护与传统的连贯性，如果人们密切关注这个教堂的特征，就会发现：很明显，隐藏于其后的观念实质上是保守的。高度轴线化的平面设计就是这方面的一个体现，就像内部空间的垂直属性一样"。探讨的结果导致保守的思维判断，体现于方案设计初始构思阶段的平面构思草图与室内透视草图，是强调轴线概念的平面构思与强调内部空间垂直属性的剖面构思。此外，中殿室内设置弧形墙的构思，以及中殿祭坛一端山墙两侧设计向内的凸弧形山墙的构思已具雏形，但是尚处于模糊的前期探索阶段（图 3-46）。

图 3-44　福尔诺斯教区中心教堂外景。临街立面的两侧凹弧形山墙成为教堂的标志性特征；西北侧外墙上部的横向带形窗与室内弧形墙的三个窗洞对位，将柔和的自然光引入室内；建筑下部的石墙是殡仪礼拜堂及其院落前L形外廊的外墙，墙上的洞口是殡仪礼拜堂的出入口

图 3-45 福尔诺斯教区中心教堂中殿内景。左侧与外墙分离的倾斜弧形墙上部的三个窗洞营造了柔和神秘的室内光影效果；右侧常人视线高度的水平带形窗将室外景观引入中殿；祭坛两侧向内的凸弧形山墙构思使中殿空间富有个性；祭坛后面墙上的两个采光洞口为逆光的讲经台增添了几分神秘感

图 3-46 西扎绘制的福尔诺斯教区中心教堂平面构思草图与正殿室内空间构思草图

教区中心建筑群整体设计构思涉及三幢建筑的关系及其与建成环境的关系，也涉及复杂的坡地地形对方案设计的影响，随着方案构思的深入，产生了一系列基本构思：新建教堂与原有老人之家的关系处理、与特定坡地地形紧密结合的教堂剖面构思、利用地形高差的临街场地及教堂门前高于街道一层的室外礼仪空间构思、建筑下层的殡仪礼拜堂及其出入口处理等，教堂中殿室内设置倾斜弧形墙的构思也渐趋成熟。西扎绘制了一系列室外透视、剖面、建筑群鸟瞰，以及室内透视草图，将头绪纷繁的构思思维转化为简练传神的图式语言表达，模糊而又清晰地表达了基本设计概念与构思思路（图 3-47）。

教堂中殿西北侧与外墙分离的倾斜弧形墙以及弧形墙上开设三个窗洞引进自然光的构思，中殿东南侧外墙在常人视线高度设置水平带形窗引进室外景观的构思，都是西扎的得意之笔，正如普利茨克建筑奖评委会的评语所言，"与早期的现代主义者一样，他设计的形体是由光来塑造的，有一种简单性，但很真实。它们直接解决建筑设计中的问题，如果需要阴影，就由悬挑的板来提供；如果需要景观，就开一扇窗；楼梯、坡道、墙都是预先推敲确定的。那种简单性在仔细观察下即显示了极大的丰富性"。教堂中殿的室内设计构思也是如此，需要柔和神秘的室内自然光，就有了建筑外墙与室内倾斜弧形墙上的对位双层窗洞以及由此产生的室内光影效果；需要引入室外景观，就有了常人视线高度的水平带形窗，寓丰富性于简单性，直接解决建筑设计中的问题，充分体现了西扎的设计思想。方案设计后期基本构思已趋成熟，西扎绘制了教堂中殿室内透视草图，为了渲染特定的宗教氛围，西扎笔下的教堂中殿已经教众满座（图 3-48）。

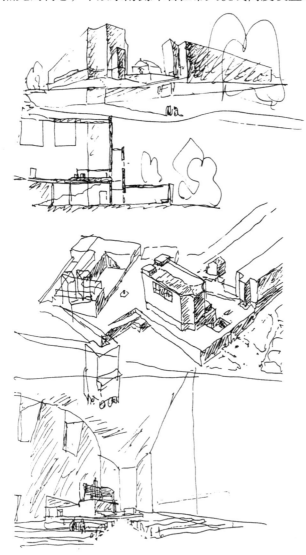

图 3-47　西扎绘制的福尔诺斯教区中心方案设计构思系列草图。用一系列室外透视、剖面、建筑群鸟瞰、室内透视草图简练传神地表达头绪纷繁的设计构思意向

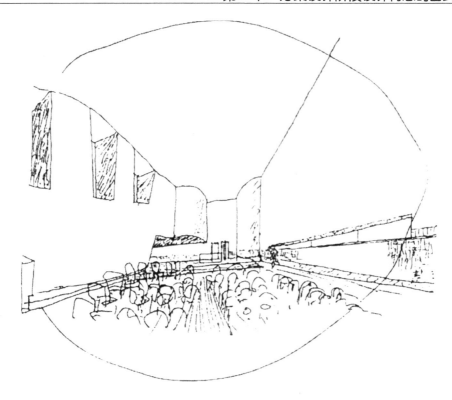

图 3-48　西扎绘制的福尔诺斯教区中心教堂中殿室内透视草图。为了渲染特定的宗教氛围，西扎笔下的教堂中殿已经教众满座

3.1.4　弗兰克·盖里典范性建筑作品方案设计阶段设计构思的徒手草图表达模式

1）美国加利福尼亚威尼斯诺顿住宅，1982~1984（Norton Residence, Venice, California, USA, 1982~1984）——量身定制的海滨住宅方案构思草图

1982~1984 年间，正是盖里倾注全力创作加州航空航天博物馆与剧场的时期，此时的盖里在建筑界声誉渐隆，接受的设计委托项目规模越来越大，但是他仍然坚持接受小型住宅的设计委托。从盖里自宅第一次改造（1977~1978）开始，盖里设计了一系列小型独立住宅，包括加州威尼斯的诺顿住宅（Norton Residence，1982~1984）、加州洛杉矶的凯勒曼·克莱恩住宅（Kellerman-Krane Residence，1983）、纽约的巴克斯包姆住宅（Boxenbaum Residence，1983）、明尼苏达州韦扎塔（Wayzata，Minnesota）的文顿客人住宅（Winton Guest House，1982~1987）等，他把这些住宅设计当作实践其设计理念的试验场，在设计和建造过程中不断推出独具匠心的构思创意并付诸实施。如文顿客人住宅就设计了一组相互联系的房间，每个房间的建筑形态、表皮处理和饰面材料都不相同，这是盖里尝试挖掘建筑材料特殊魅力的开端，后来在西班牙毕尔巴鄂古根海姆博物馆运用钛合金表皮而使特定建筑材料的魅力臻于极致。

加州威尼斯的诺顿住宅位于风光旖旎的海滨，建筑基址狭长——临海的面宽

217

小，进深很大，建筑基址的西面，也就是临海的一面是一条人来人往的木板路，东面还有一条小路，业主要求在确保临海景观的同时也要维护住宅的私密性。建筑首层几乎满铺基址，只在临海的路边留出窄窄的前院，前面是独立的工作室，有专用楼梯通往二层屋顶平台和起居室，中部有两个卧室，后面是两辆车的车库；二层与三层大幅后退，是起居室和卧室。首层工作室屋顶的大平台成为门前道路与二、三层起居室和卧室之间的视觉缓冲带，使住宅的私密性得到保障，也不影响临海景观。住宅主人的职业是海上救生员，盖里在工作室上方紧临道路设计了一座高高的观察台，坐在观察台里可以悠闲地观赏海景，看到远处海上航行的船只与岸边沙滩上的游客，但完全不受路人干扰。盖里对这件作品颇为自豪，称之为"我的骄傲和乐趣"（图 3–49）。

    "盖里对艺术持之以恒的兴趣，他作为艺术家型建筑师的自我形象，以及对俄国构成主义—— 一场倡导彻底反思功能影响形式的途径的运动——不同凡响的理解，都极明显地呈现于他那意识流（Stream-of-consciousness）式的草图技法"。[⑦]盖里的草图落笔挥洒自如，线条飞扬流畅，称之为"意识流式草图技法"当之无愧。观赏盖里的草图，仅仅艺术家型的草图技法已令人赏心悦目，更重要的是草图中蕴涵的"艺术家型的"构思创意及其所表达的方案构思思维痕迹。诺顿住宅方案设计初始构思阶段的草图也是如此。建筑平面与剖面构思草图概括地表达了首层几乎满铺基址，二、三层建筑后退，临海一侧设置独立观察台的基本构思意向。其后较为深入的草图则已着手落实基本构思及其细部处理，仅以室外竖向交通流线而论，首层工作室通往屋顶平台的楼梯、屋顶平台通往观察台及三层起居室和卧室的楼梯，以及三层阳台通往屋顶的楼梯，都用简略概括的线条准确表达。盖里还绘制了自东向西的透视草图，表达建筑与海景的关系以及首层几乎满铺基址，二、三层建筑后退的基本构思意向，前方的观察台高高耸立，似乎可见远处辽阔无垠的大海（图 3–50~ 图 3–52）。

图 3–49 诺顿住宅临海的西面景观。高耸的观察台、后退的二、三层起居室和卧室，既可观赏海景，又具有足够的私密性

图 3-50　诺顿住宅方案设计初始构思阶段的平面、剖面草图。概略表达基本构思意向

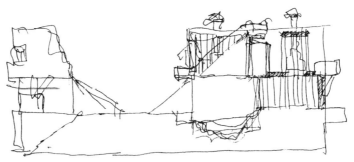

图 3-51　诺顿住宅侧立面草图。着手落实基本构思意向及其细部处理

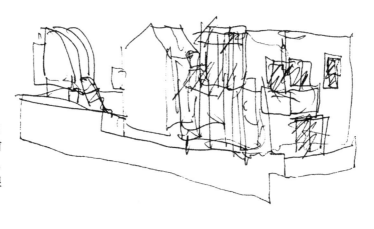

图 3-52　诺顿住宅自东向西的透视草图。前方的观察台高高耸立，似乎可见远处辽阔无垠的大海

2）法国巴黎的美国中心，1988~1994（American Center，Paris，France，1988~1994）——综合性多功能建筑的复杂建筑形态系列构思草图

美国中心是1931~1987年间移居国外的美国艺术家在巴黎创办的艺术家协会，由于其艺术与教育成就而在欧洲享有声誉。1987年，协会卖掉旧建筑，在与法国国家图书馆隔塞纳河相望的巴黎第12区购得基地建造新的美国中心。由明尼阿波利斯沃克艺术中心（Walker Art Center，Minneapolis）的马丁·弗雷德曼和米尔德里·弗雷德曼（Martin and Mildred Friedman）推荐，美国中心的前任执行理事亨利·皮尔斯伯利（Henry Pillsbury）邀请盖里担纲设计，这是盖里首次在美国本土之外设计大型文化建筑。

基地位于正在改造的旧工业区，北面是铁路，南面是新建的公园，东面是住宅区，西面是城市公共广场。建筑面积198,000ft^2（约18,395m^2）的美国中心是一座综合性多功能建筑，包括表演场地、展览空间、培训中心、行政管理办公室和供来访的艺术家住宿的公寓等。盖里言，他将这座建筑视为一个"充溢着舞蹈、音乐、活力，以及城市般巨大能量的袖珍村落……一种如同我所理解的巴黎一样的美国式诠释，不会尝试法国式建筑"。[28] 建于城市窄小地段的综合性多功能建筑满铺整个基地，盖里将入口大厅安排在朝向南面公园和西面广场的西南角，大厅周围环绕着各类公共设施——多功能表演场地、练习场地、展览空间、书店、餐厅，以及400座剧院，人们可以从大厅进入这些公共设施，也可以直接从街道进入。上部楼层是相对独立的区域，西面是L形双联式公寓塔楼；东面是剧院的楼座、

图3-53　充满活力的巴黎美国中心沿街景观

语言学校、行政管理办公室及艺术和舞蹈班的练习室，建筑顶层还有层高 6m 的机动展览空间。整座建筑体量组合错落有致，天际轮廓线丰富多变，大厅和两层高的中庭在适宜的季节直接对外敞开，从街道、大厅、阳台、楼梯和屋顶平台都可以看到室内室外的各种活动，感受到人的活动造就的活力。盖里的建筑想要表达的正是这种活力（图 3-53）。

建筑临街的北立面较为规整，盖里解释说这是为了给人以"冷静"和"友好"的第一印象。南立面是主入口所在的立面，也是方案设计阶段重点推敲的立面，建筑体量组合高低错落，各种构成要素设计错综复杂，建筑形态处理丰富多变充满活力生机勃勃。盖里的草图推敲与工作模型推敲紧密结合，精雕细琢，步步推进，在这一过程中整体建筑形态构思顺理成章渐趋成熟。方案设计阶段前期的草图与工作模型探讨基本构思意向；中期经反复推敲逐渐完善的草图与工作模型着眼于建筑体量组合的精细推敲；后期的草图与工作模型则已确定基本建筑形态构成。每一轮草图都与设计过程中的工作模型结合，相互印证，逐步改进，渐趋成熟，渐趋完美（图 3-54~ 图 3-56）。

图 3-54　巴黎的美国中心方案设计前期盖里绘制的草图与对应的工作模型

纵观巴黎美国中心的方案设计构思过程，可知盖里的"意识流式草图技法"并非信手涂鸦，"艺术家型"的草图技法中蕴涵着"艺术家型"的构思创意，同时极其敬业地应用徒手草图与工作模型反复推敲、修改、完善设计方案，追求的是创新的最终建筑成品（图 3-57）。

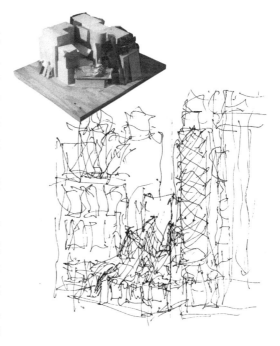

图 3-55　巴黎的美国中心方案设计中期盖里绘制的草图与对应的工作模型

221

图 3-56　巴黎的美国中心方案设计后期盖里绘制的草图与对应的工作模型

　图 3-57　建成后的巴黎美国中心南面景观

3）捷克布拉格尼德兰大厦，1992~1996（Nationale–Nederlanden Building，Prague，Czech Republic，1992~1996）——重要历史街区与老建筑和谐共处的创新建筑形态方案构思草图

伏尔塔瓦（Vltava）河畔的尼德兰大厦（Nationale–Nederlanden Building）位于布拉格市中心，周边的国家剧院和其他文化设施都在步行距离之内，其基址是布拉格历史街区少数允许建造新建筑的特殊地段之一。建筑首层设有咖啡厅和商店，临街出入口通往河滨路和街道对面的公共广场；二至七层是办公层，顶层的餐厅可以观赏布拉格老城美丽的天际轮廓线和附近的城堡。尼德兰大厦是位于市中心街道转角处的临河建筑，街道转角处与临河立面的建筑处理至关紧要；尼德兰大厦又是跻身于布拉格历史街区经典建筑群中的新建筑，不可避免地面临新老建筑和谐共处的难题。特定地形条件约束与历史环境约束构成建筑设计的主要约束条件，盖里在苛刻的约束条件制约下大胆创新，创作了一件构思新颖、雅俗共赏的盖里风格建筑作品。

临河立面是建筑的主要立面，也是临河城市景观的重要组成部分，随街道走向略呈弧形的 7 层立面，底层是架空层，墙面后退，过街楼前突出 2 根尺度很大的圆柱，上部 6 层在曲面墙上开设常规点式窗，以延续毗邻建筑的尺度感和韵律感，与临街老建筑协调。但是只有二层和七层的窗在水平方向规整排列，中部 4 层的窗则上下错位，水平方向呈波浪形起伏布局，盖里又构思了不规则的波浪形墙面装饰曲线以丰富墙面肌理，并增强上下错位排列的点式窗构成的波浪形起伏立面构图。最具创意的构思是街道转角处并列的双塔，独辟蹊径，形态各异，相得益彰，令人叹服。名为佛瑞德（Fred）的塔楼是独柱支撑、底层架空、略有变形的异形圆柱体塔，延续了临河立面的建筑处理手法——实墙面上错位排列的点式窗与不规则的波浪形墙面装饰曲线，塔楼顶部构思独特的异型穿顶引人注目。名为金杰（Ginger）的塔楼是底层架空的异形玻璃塔，采用建筑层面与结构层面和功能层面分离的设计手法，在钢筋混凝土框架结构外另外设置一层双向扭曲的透明玻璃幕墙，构成特定的建筑形态。架空底层由颇富雕塑感的 5 组 10 根倾斜弯曲的钢筋混凝土支柱支撑，与独柱支撑的佛瑞德塔楼的架空底层一起，构成颇有情趣的沿街现代骑楼（图 3–58）。

盖里的草图展示了尼德兰大厦方案设计阶段构思思维的演进过程，构思的重点是临河立面与街道转角处双塔的形式创新处理。与同时代的许多建筑师一样，盖里不使用铅笔而使用墨线笔绘制草图，线条粗细浓淡均匀，不同于 20 世纪前期建筑师的铅笔草图，但绘图工具的更换并没有影响草图的表现力，飞扬的线条乱中有序，模糊而又准确地表达了建筑底层架空的构思、主体建筑临河立面与异形圆柱体佛瑞德塔楼实墙面上开点式窗的构思、不规则的墙面装饰曲线构思，以及双向扭曲的金杰塔楼构思等一系列基本构思要素（图 3–59、图 3–60）。

方案设计过程中盖里用力最勤的应当是具备象征意义的金杰塔楼。在接受利维希和塞西利亚的访谈时，他这样谈及金杰塔楼的构思意向："当我为布拉格方案作第一张草图时，它看起来像一幅女人的图画……原先是意外的，后来变成是故意的。我开始画它，使它看起来像个女人。客户不喜欢它，我也不喜欢，所以

图 3-58　尼德兰大厦全景。全新创意的新建筑与历史街区的老建筑和谐共处

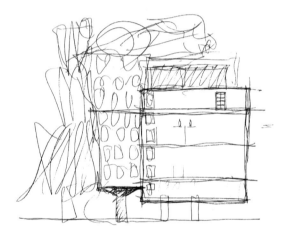

图 3-59　盖里绘制的尼德兰大厦方案设计初始构思阶段的草图之一

图 3-60　盖里绘制的尼德兰大厦方案设计初始构思阶段的草图之二

我继续往更为抽象的方面去作。"[⑳] 图 3-59 和图 3-60 两幅草图中的金杰塔楼确实像一幅裙装女人的图画，其后盖里有意识地发展这一构思意向，绘制草图并制作了较精细的工作模型，但是效果并不理想（图 3-61）。

这一构思仍偏于写实，与建筑整体的关系也远非完美，作为一流建筑师的盖里当然能作出正确的自我判断与自我反省；社会因素对盖里的影响和督促也很重要，"他们太喜欢我，带我去他们的俱乐部吃饭。首先是一位历史学者，然后是另一位历史学者，到后来是总裁本人。他们每一个人都告诉我，捷克人都非常以他们的智慧、他们可见的传统为荣，而他们倾向于抽象超过写实表现"。[㉑] 源于建筑师自我判断与社会影响的双重动力促成盖里改弦更张，更新构思思维，金杰塔楼的构思草图也就从对称构图转化为不对称构图，从写实表现转化为抽象表现，抽象化建筑化的建筑形态构思令人耳目一新。其后屡经推敲修改，金杰塔楼终于发展为纯净的抽象构图建筑形态，有裙装女人韵味而无裙装女人具体形象，盖里用简洁的草图表达了这一构思。构思意向确定，构思思路理顺，余下的工作自然水到渠成，于是尼德兰大厦最精彩的构思创意应运而生（图 3-62~ 图 3-64）。

图 3-61　裙装女人构思的金杰塔楼草图与工作模型

225

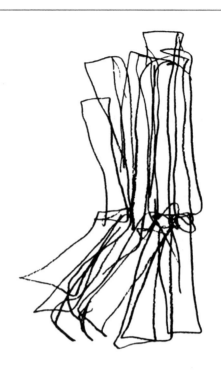

图 3-62 盖里绘制的不对称构
图的裙装女人构思金杰塔楼草
图。从写实表现转化为抽象表
现的第一步

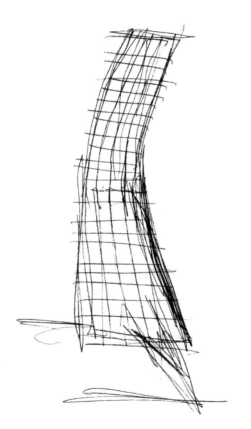

图 3-63 盖里绘制的抽象化建筑化的裙装女人
构思金杰塔楼草图。从写实表现转化为抽象表现

图 3-64 建成后的金杰塔楼实景。
草图表达的设计构思得到完美实施

最后，为深入理解盖里这一具备美国文化背景的创新构思，有必要赘言几句，交待金杰（Ginger）塔楼与佛瑞德（Fred）塔楼名称的由来。佛瑞德·阿斯泰尔（Fred Astaire，1899~1987）是美国著名舞蹈家和演员，以其优美的舞蹈风格及与搭档金杰·罗杰斯（Ginger Rogers）合作的几部电影著称于世，其中包括电影《大礼帽》（Top Hat，1935）。尼德兰大厦街道转角处的双塔颇具金杰·罗杰斯与佛瑞德·阿斯泰尔优雅舞姿风韵，故有是名（图 3-65、图 3-66）。

图 3-65　金杰·罗杰斯与佛瑞德·阿斯泰尔在电影《大礼帽》中的优雅舞姿

图 3-66　尼德兰大厦街道转角处的双塔。金杰·罗杰斯与佛瑞德·阿斯泰尔优雅舞姿的建筑语言表达

227

3.2　方案设计阶段设计构思的建筑模型表达模式

建筑模型自古有之，"模型的应用在希腊、罗马时期很普遍，然而在加洛林王朝到 16 世纪初这段时间内，它似乎在北欧消失了。人们在 14 世纪的意大利却发现了它的踪迹，在接下来的一个世纪它又出现在法国。在建造苏瓦松的圣·梅达尔修道院的时候，就曾经制造过一个蜡做的模型。1398 年的秋天，斯路特在为夏摩尔的查尔特勒修道院建造著名的摩西井时制作了一个精美的石膏模型。稍早一些，于 1381 年，在特鲁瓦大教堂的祭廊之前，人们也曾制造过一个模型"。[①]早期建筑模型曾用来宣扬业主或建筑师的功绩，如 13 世纪中叶的墓石上手持微型教堂建筑模型的某伯爵雕像，以及建筑师于格斯·里贝尔吉耶（Hugues Libergier，不明 ~1263）身披长袍手捧建筑模型的石刻画像（图 3-67、图 3-68）。

图 3-67　13 世纪中叶墓石上手持微型教堂建筑模型的某伯爵雕像

图 3-68　建筑师于格斯·里贝尔吉耶手捧建筑模型的石刻画像

但是制作建筑模型的主要目的还是为业主提供评选设计方案的依据。随着建筑规模的增大与建筑功能、建筑结构的复杂化，"建筑工地变得越来越复杂而难以管理，专职人员的出现成为一种必然。11 世纪下半叶，现代建筑师的地位确立，他们根据出资人的要求，制定方案、绘制图纸，并将其付诸实践"。[②]此时国王、皇帝或教皇成为建筑业最主要的出资人，他们负责筹集资金、选择建筑师并保证工程正常进行。直观的建筑模型成为出资人评选设计方案、选择建筑师的主要评判依据之一，15 世纪末的一幅绘画作品就表现了温切斯特主教纪尧姆·德·维克汉姆（Guillaume de Wykeham，1324~1404）以建筑模型为主要评判依据选择"具备天赋"的建筑师的情景。建筑模型逐渐成为建筑师与出资人沟通的常规表达手段，这种需求促进了建筑模型制作工艺的发展，使之达到很高水准，可以用不同材料、按不同比例制作精细准确的建筑模型，如根据伊贝尔的图纸制作的拉蒂斯博内圣母教堂的木制模型，以及用木材和纸浆制作、高度超过 1m 的鲁昂圣·马克鲁教堂的模型（图 3-69~图 3-71）。

欧洲文艺复兴时期，建筑师已经普遍使用二维平、立、剖面图以及透视图表达设计构思，同时还在设计过程中制作两种不同用途的建筑模型：建筑师自身推敲方案使用的工作模型，或称草模（Incomplete Models）；以及供业主和民众评选设计方案时使用，并作为设计图纸的补充供工匠建造时参考的成品模型（Complete Models）。建筑师开始在方案设计过程中交错运用草图表达与工作模型表达手段推敲设计构思，如米开朗琪罗曾受命设计佛罗伦萨圣洛伦佐教堂（S·Lorenzo，Florence，1421~）的正立面，虽然未能实施，他已为此绘制了立面草图并制作了工作模型，当时建筑师的设计构思表达手段于此可见一斑（图 3-72、图 3-73）。

其时方案设计最终成品模型的制作工艺已经达到很高水准，建筑师为了精确表达设计方案构思，经常聘请杰出的工匠（Craftsman）制作建筑模型，并在设计费用中列出模型制作费。精细制作的建筑模型详尽表达建筑整体形态与细部设计，目的是尽可能减少设计方案与建成后的建筑成品的

图 3-69　15 世纪末的绘画作品，表现温切斯特主教纪尧姆·德·维克汉姆以建筑模型为主要评判依据选择"具备天赋"的建筑师的情景

图 3-70　拉蒂斯博内圣母教堂的木制模型

229

图 3-71　鲁昂圣·马克鲁教堂的模型。高度超过 1m，精细表达了哥特式教堂复杂的建筑细部

图 3-72　米开朗琪罗设计佛罗伦萨圣洛伦佐教堂正立面时绘制的草图

图 3-73　米开朗琪罗设计的佛罗伦萨圣洛伦佐教堂正立面模型

差异。根据文献记载，参加罗马圣彼得教堂方案设计竞赛的建筑师中有 7 位提交了建筑模型，遗憾的是，只有建筑师桑迦洛（Antonio da Sangallo）提交的建筑模型保留至今，据称这是文艺复兴时期最大的建筑模型，人们可以进入模型内部体验其室内空间效果（图 3-74、图 3-75）。[③]

图 3-74　建筑师桑迦洛参加罗马圣彼得教堂方案设计竞赛提交的建筑模型

图 3-75　建筑师桑迦洛参加罗马圣彼
得教堂方案设计竞赛提交的建筑模型
的内部空间效果

231

图 3-76 米开朗琪罗设计的罗马圣彼得教堂穹顶和鼓座的 1 ：15 大比例尺木制模型

图 3-77 对半拆开后的罗马圣彼得教堂穹顶和鼓座木制模型。建筑师和业主可以体验内部空间效果和双层结构体系设计

米开朗琪罗的名作罗马圣彼得教堂的穹顶采用建筑层面与结构层面和功能层面分离的建筑设计手法，穹顶的外部建筑形态与室内空间效果俱佳，同时也解决了当时相当困难的结构处理问题。仅凭图纸难以精确表达建筑形式与结构体系的复杂空间关系，为此制作了1 ：15 的大比例尺成品模型表达穹顶和鼓座的设计构思，这个木制模型除精细表现外部建筑形态、细部装饰效果及穹顶的双层结构体系外，还可将整个模型对半拆开，使建筑师和业主能直接感受其室内空间效果（图 3-76、图 3-77）。

文艺复兴时期的建筑师往往投入大量时间精力，创造性地运用建筑模型这种直观的设计构思表达手段，为不同目的制作种种不同类型的建筑模型，以验证设计方案建成后的实际效果。除上述可以进入模型内部验证室内空间效果的大比例尺建筑模型外，为了模拟建筑室内空间的光影效果，建筑师阿格诺勒（Baccio d'Agnolo）设计的佛罗伦萨圣马可教堂制作了不做屋顶的建筑模型；为了精细表现雕塑与建筑的关系，建筑师罗奇（Rocchi）与富加纳（Fugazza）设计的帕维亚教堂（Pavia Cathedral）制作了精细表现柱式与山墙浮雕的建筑模型；为了推敲石材的具体做法，建筑师桑迦洛为佛罗伦萨斯托尔齐邸宅（Palazzo Strozzi）制作的建筑模型精细到逐块表达石材的尺度和作法（图 3-78~ 图 3-80）。

图 3-78 佛罗伦萨圣马可教堂不做屋顶的建筑模型。目的是验证室内空间的光影效果

文艺复兴时期在建筑设计过程中制作工作模型（草模）推敲方案构思、方案设计完成后制作成品模型展示设计成果的传统一直延续至今，工作模型已经成为建筑师精心推敲设计构思的有效手段之一，成品模型则是建筑师与业主、相关管理部门和普通民众交流的极佳媒介。很难将方案设计阶段的草图表达与工作模型表达截然分开、分别论述，优秀建筑师和他们的设计团队在方案设计过程中总是交错运用草图表达与工作模型表达手段表现、探讨、验证方案构思，逐步推进方案设计进展，使之渐趋成熟和完善。前文论述弗兰克·盖里的作品巴黎美国中心的设计构思草图表达时，已涉及难以分割的工作模型表达，本节的论述也将涉及与工作模型表达密切相关的构思草图表达。但是方案构思阶段的二维草图表达与三维工作模型表达还是有很大区别的，二者的关系是互补的关系，各有所长、相互配合、相互补充、不可偏废。即便是计算机辅助建筑设计普及后使用各种三维建模软件绘制的三维电脑模型，

图 3-79 帕维亚教堂的建筑模型精细表现柱式与山墙上的浮雕

图 3-80 佛罗伦萨斯托尔齐邸宅的建筑模型精细到逐块表达石材的尺度和作法

233

其表达能力也完全不同于三维工作模型，同样不能替代三维工作模型表达。人的三维想象能力是有限度的，建筑师需要利用三维工作模型验证其设计构思，普通建筑师如此，具备超强三维想象能力的建筑大师也是如此。此外，建筑设计是建筑师为社会服务的社会化行为，设计方案必须得到社会的认可，首先是业主和相关管理部门的认可，直观的三维模型正是建筑师与社会沟通的极佳媒介。

建筑师在方案设计过程中使用的建筑模型可以分为两种类型：方案设计构思阶段使用的工作模型与方案设计定案阶段使用的最终成品模型。工作模型包括方案设计初始构思阶段使用的建筑体量模型与方案设计深化构思阶段使用的精细工作模型。前者是简易快速地表达、修改和验证方案构思的有效工具，其地域范围往往扩大到建筑基地的周边地区，目的是推敲方案设计构思的大效果，边设计、边制作、边讨论、边修改，多数由建筑师及其设计团队自行制作，通常采用小比例尺（如1∶1000、1∶500）的纸板模型、泥塑模型、石膏模型等易制作、易修改的简易体量模型。后者采用较大的比例尺（如1∶300、1∶200），门窗、檐口、柱式、雨篷、阳台、墙板、台阶、坡道、雕塑等建筑构成要素都得到适度表达，不仅推敲验证整体方案构思模式，也推敲验证方案设计的细部处理，可由建筑师及其设计团队自行制作，也可由专业模型公司制作。方案设计构思定案阶段使用的最终成品模型一般由专业模型公司制作，是采用大比例尺（如1∶200、1∶100、1∶50，甚至1∶10）精细制作的成品模型，作为建筑师与业主、相关管理部门和普通民众交流的媒介，使建筑师能够以直观的建筑形象展示其设计成果，还可成为施工图设计阶段的重要参考依据及施工阶段与施工单位交流落实设计要求的辅助工具。

3.2.1 方案设计构思阶段的工作模型表达模式

方案设计构思阶段建筑师使用的工作模型往往由建筑师及其设计团队自行制作，近年来国内大多数建筑院系在建筑设计课程的教学环节中引入工作模型（草模）教学手段，学生在本科学习阶段已经接受了工作模型制作与应用的基本训练，这为学生毕业后的建筑师职业生涯奠定了良好的基础。如果说，草图技法训练除方案设计阶段的实际应用价值外，还具备潜移默化的建筑艺术熏陶之功，具备独立的建筑绘画艺术价值；那么，工作模型制作就更多地属于手工制作工艺训练，可以任意使用自己认为适宜的制作材料与制作手段，可以随时对工作模型作破坏性变更修改，最终目标只是推进方案构思进展，换言之，方案设计构思阶段制作的工作模型注重的是制作过程中对方案构思的反复推敲，而不是模型成品的制作质量。

1）阿尔瓦罗·西扎：比利时某农庄复原扩建而成的住宅和艺术展廊综合体，1994~2001（Alvaro Siza, Maison van Middelem-Dupont House, Belgium, 1994~2001）——小型建筑方案设计构思阶段一丝不苟的工作模型推敲

这是一个小型建筑项目，但是西扎对方案设计构思的推敲丝毫不比大型建筑项目松懈。业主要求保护、复原和扩建一个古老的农庄，使之成为住宅和艺术展廊综合体。设计方案将三个基本建筑体量按"U"形布置，围合成体现设计主题的院子（Patio）。于是，由此产生的第一个半公共性质的开放空间标志着基地的

历史，第二个院子则重点诠释新建筑，创造更具私密性的空间氛围。二者的结合意味着这里是"继续存在的"或"继承传统的"建筑，现存建筑与具有同样几何形体的新建筑连接在一起，组合成颇具韵味的建筑群体。建筑室内空间设计也很有特色，西扎为艺术展廊设计了反射天光的弧形顶棚和房间中部的独柱，以表现这个展出当代艺术品的展厅独特的室内空间形态。

　　方案设计初始构思阶段，西扎绘制的富有想象力和图式语言表达能力的概念性草图表达了方案整体构思与艺术展廊室内空间构思意向。方案整体构思草图中骑马者的形象与建筑基本形态并列，意在表达建设基地特定的农庄生活氛围；艺术展廊室内空间构思草图则有意淡化与构思主题无关的部分，只表达天窗、反射天光的弧形顶棚与房间中部的独柱（图 3-81、图 3-82）。

图 3-81　西扎绘制的方案整体构思概念性草图。骑马者的形象与建筑形态并列，意在表达建设基地特定的农庄生活氛围

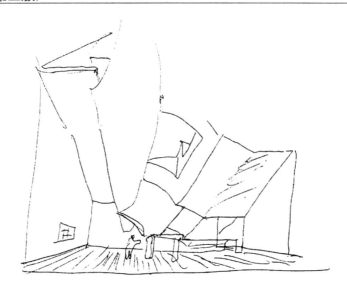

图 3-82　西扎绘制的艺术展廊室内空间构思草图。重点表达天窗、反射天光的弧形顶棚与房间中部的独柱

　　与天马行空的概念性构思草图配合的是按比例制作的建筑总体工作模型与艺术展廊剖面工作模型，严谨规范，中规中矩，不求精致，但求准确。建筑总体工作模型的屋顶可以移去，室内空间分隔与门窗洞口都按设计方案要求制作，带屋顶的建筑总体工作模型表达整体建筑形态构成及其空间关系，移去屋顶的建筑总体工作模型表达室内空间布局与功能流线，目的是从三维模型视角推敲、验证方案设计构思。艺术展廊剖面工作模型特意制作了比例人以推敲室内空间的尺度感，尽可能使室内空间构思接近建成后的实际效果。西扎的意向性构思草图与精确到位的工作模型相辅相成——意向性构思草图使转瞬即逝的方案设计构思灵感得以快速表达，精确到位的工作模型则使方案设计构思意向得以落到实处，二者相互补充，缺一不可（图 3-83~ 图 3-85）。

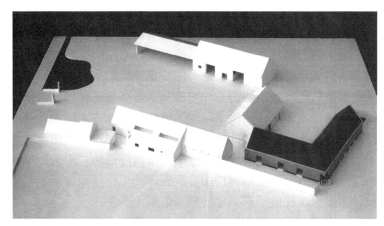

图 3-83　带屋顶的建筑总体工作模型。表达整体建筑形态构成及其空间关系

图 3-84　移去屋顶的建筑总体工作模型。表达室内空间布局与功能流线

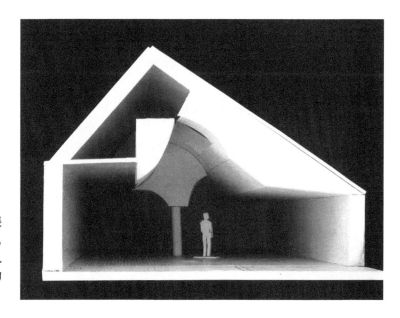

图 3-85　艺术展廊剖面工作模型。特意制作了比例人以推敲室内空间的尺度感

2）伦佐·皮亚诺：荷兰阿姆斯特丹国家科学技术中心，1992~1997（Renzo Piano，National Center for Science and Technology，Amsterdam，Netherlands，1992~1997）——方案设计阶段工作模型推敲：从对称构图到不对称构图

荷兰阿姆斯特丹的国家科学技术中心采用明喻的建筑设计手法，明喻"巨轮"的基本建筑形态形似轮船，这一由特定环境约束引发的建筑形态构思使之与建筑所在的港口环境融洽协调。轮船的基本形态是对称的，这是造船技术对船体形式的专业性技术要求，明喻"巨轮"的建筑设计方案则无此必要，但是由于思维惯性的支配作用，皮亚诺的初始构思方案仍采用对称构图模式，科学技术中心的建筑形态如同巨轮的船头，两条逐渐降低的坡道从"船头"屋顶的东、西两侧对称地通至码头地面。按对称构图方案制作的工作模型显现了其平淡呆板的缺陷，为设计方案修改提供了形象化的判断依据（图3-86）。

方案修改后"船头"建筑形态趋于简洁，从"船头"屋顶东、西两侧通至码头地面的坡道改为不对称构图——东侧坡道较长，西侧坡道较短。但是按修改后的设计方案制作的工作模型显示基本建筑形态仍需做大幅度修改，所以最终的设计方案取消了西面坡道，并在"船头"屋顶逐渐降低的南端设计了垂直方向的构图要素——入口处的电梯塔，以平衡建筑整体空间构图，设计方案的基本建筑形态就此确定。在方案设计的过程中，工作模型的作用是提供直观的判断依据，辅助设计方案修改工作使之臻于完美（图3-87、图3-88）。

　图3-86　按对称构图方案制作的工作模型。东、西两侧通至码头地面的坡道完全对称

图 3-87　按修改后的设计方案制作的工作模型。"船头"建筑形态趋于简洁，从"船头"屋顶东、西两侧通至码头地面的坡道改为不对称构图——东侧坡道较长，西侧坡道较短

图 3-88　建成后的阿姆斯特丹国家科学技术中心鸟瞰。从方案初始构思阶段的对称构图整体建筑形态到最终建筑成品的不对称构图整体建筑形态，经历了不断修改、渐趋完美的设计过程，工作模型推敲的重要作用不可忽视

239

3）弗兰克·盖里：美国加利福尼亚威尼斯查特·迪·摩宙公司总部，1985~1991（Frank O.Gehry，Chiat/Day/Mojo Corporate Headquarters，Venice，California，USA，1985~1991）——方案设计阶段标志性建筑入口的工作模型推敲

盖里设计的美国著名广告公司查特·迪·摩宙（Chiat/Day/Mojo）公司总部大楼面临特定业主提出的特定美学观念约束——要求建筑形式具备强烈的视觉冲击力与广告效应。盖里为寻求满足这一特定约束条件的设计构思创意绞尽脑汁，方案设计初始构思阶段的构思草图仅仅表达了三部分建筑体量沿街并列、中部为主

图 3-89　盖里绘制的查特·迪·摩宙公司总部沿主要街道立面的构思草图

图 3-90　查特·迪·摩宙公司总部沿主要街道立面常规性的入口设计方案工作模型

图 3-91　查特·迪·摩宙公司总部沿主要街道立面具象性实物广告型主要入口设计方案工作模型

要入口的基本构思意向，主要入口部分的建筑形态构思则在方案设计深化构思阶段依靠工作模型推敲才得以解决（图 3-89）。

这一阶段方案设计遇到难以突破的障碍，构思创意进展过程艰难曲折，盖里曾经尝试常规性的主要入口设计方案，也曾尝试具象性实物广告型的主要入口设计方案，都是不尽人意的平常构思，很难令充满创作激情的盖里满意，也很难令查特·迪·摩宙公司的首席执行官杰伊·恰特（Jay Chiat）满意（图 3-90、图 3-91）。

直到某次在与恰特讨论设计方案的过程中，盖里将办公室里摆放着的、其好友艺术家克莱斯·欧登柏格（Claes Oldenburg）和古珍·凡·布鲁根（Coosje van Bruggen）创作的艺术作品模型——一个双筒望远镜放置在建筑模型的入口处，主要入口设计方案才水到渠成，获得建筑师盖里满意、业主恰特赞赏的结果而成定局。其后，两位艺术家造访盖里，考察建设基地现场，对双筒望远镜的初始构思模型作了大幅度修改。盖里则全力推敲双筒望远镜入口的尺度及其与整体建筑的比例关系，制作了采用不同尺度双筒望远镜入口的整体建筑工作模型，经反复推敲比较，才确定了基本上与建筑等高的双筒望远镜入口方案（图 3-92、图 3-93）。

图 3-92　查特·迪·摩宙公司总部沿主要街道立面大尺度双筒望远镜入口设计方案的工作模型

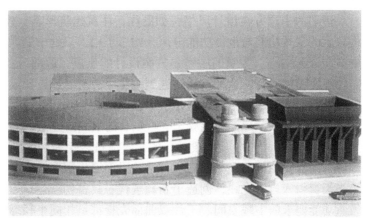

图 3-93　查特·迪·摩宙公司总部沿主要街道立面基本上与建筑等高的双筒望远镜入口设计方案的工作模型

241

3.2.2 方案设计构思定案阶段的最终成品模型表达模式

随着社会分工专业化程度的日益增强，方案设计构思定案阶段使用的最终成品模型基本上都已委托专业模型公司制作，电脑切割机辅助制作技术使模型制作水平普遍提高，做工精细，形体准确，并可增设各种灯光效果。建筑师的工作是提供必要的二维设计图纸与基本制作要求，并在制作过程中随时讨论制作效果，必要时还可作局部修改，目的是在方案设计的最终环节尽可能准确真实地展示方案设计成果。

本节以当代建筑师创作的优秀建筑作品为例，展示其根据方案构思的不同特征制作的不同类型的最终成品模型，并与建成后的建筑成品对比，印证建筑模型表达的方案设计成果的真实性，这也是建筑师应当遵循的基本准则——尽可能保证设计方案与建成后的建筑成品的一致性。应当强调的是，缩小比例的建筑模型与真实建筑的主要区别是前者不能反映真实建筑的尺度感，即人体尺度与建筑尺度的相对关系，因而必然产生建筑模型视觉误差。制作大比例尺（如1：10）的建筑模型可以缩小这种视觉误差，但是避免因此导致方案设计判断失误的根本解决办法还是准确判断建筑模型表现效果的职业化判断能力的培育。

1）理查德·迈耶：意大利罗马千禧教堂，1996~2003（Richard Meier, Jubilee Church, Rome, Italy, 1996~2003）——世界知名建筑师邀标设计竞赛获奖作品的最终成品模型

为了纪念耶稣基督的第两千个生日，罗马教区牧师协会决定在罗马郊区建造一座天主教堂。除常规天主教堂的功能要求外，还需具备接待世界各国朝拜团体的功能，并要求设计方案大胆创新、体现现代建筑之美。罗马教区牧师协会并不介意建筑师的宗教信仰背景，也不要求他们具备宗教建筑设计经历。应邀参加方案设计竞赛的六位国际知名建筑师是：理查德·迈耶（Richard Meier）、冈特·贝尼斯奇（Cünter Behnisch）、安藤忠雄、圣地亚哥·卡拉特拉瓦（Santiago Calatrava）、弗兰克·盖里（Frank O·Gehry）、彼德·埃森曼（Peter Eisenmen），评选结果理查德·迈耶的设计方案获多数票中选。其后，迈耶接受设计委托，于1996年开始设计，1998年教堂开工修建，但是并未按预定计划于2000年竣工，而是迟至2003年10月26日才建成开放。

迈耶的中选方案设计风格一如既往，注重建筑形态、建筑空间和光影效果，将教堂的宗教功能与世俗功能分离，构思了用入口处中庭联系、相对独立的教堂中殿与社区中心。教堂的中殿是方案设计的焦点，迈耶说："宗教建筑设计始终需要焕发精神感受，这种挑战在遇到一个小教堂时或许比遇到一个大教堂时更难应对。我们认为最重要的因素是引导教堂中的会众向上注视——朝向天空，因此决定让光线透入三片钢筋混凝土壳板围合的空间。"[⑧]迈耶在建筑体量组合的基础上"化体为面"，将教堂中殿部分的建筑体量转化为面的围合，三片由内向外逐片降低的双曲面钢筋混凝土壳板与一片平面墙板围合构成教堂中殿空间，又设置采光天窗引入自然光线，创造了新颖现代、具备创新建筑形态和光影效果、符合教堂功能要求的中殿空间。三片双曲面壳板都是相同半径球体的一部分，理性化

的建筑构思为结构设计和施工建造提供了理性化的实施平台。

千禧教堂设计方案的最终成品模型精致而真实，不仅能展示迈耶风格的特定建筑形态，也能展示教堂中殿室内空间及其光影效果，后者对教堂设计而言十分重要。最终设计成果需要提交教皇评审决策，此时最终成品模型是展示设计方案的最重要的直观媒介，盖里这样描述他当时忐忑不安的心情："当我应邀参加教皇约翰·保罗二世（Pope John Paul Ⅱ）的接见以向他展示教堂设计方案时，因唯恐在罗马教廷可怜的限定范围内模型不能充分表达设计方案构思而焦虑不安，在我们花费了几乎两个小时在圣城内徒劳无益地寻找人工照明光源后，教皇本人率领随行的电视摄像师与必不可少的照明器材到达。"⑤迈耶有理由为他的设计方案自豪，他的设计方案在六位国际知名建筑师的设计方案中独占鳌头，建成后因室内外光影效果俱佳而被誉为"光的器具"（Instrument of Light）；迈耶同样有理由为设计方案的最终成果模型自豪，模型展示的建筑形态与建成后的千禧教堂基本吻合；模型展示的中殿室内空间效果和光影效果与建成后的千禧教堂中殿室内空间效果和光影效果也基本吻合，建筑师的空间想象力与最终成品模型的表达力同样令人叹服（图 3-94~ 图 3-98）。

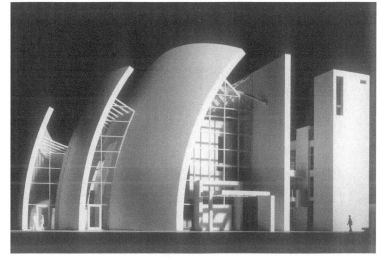

图 3-94　千禧教堂最终成品模型正面外景。三片由内向外逐片降低的双曲面钢筋混凝土壳板与一片平面墙板围合构成教堂中殿空间

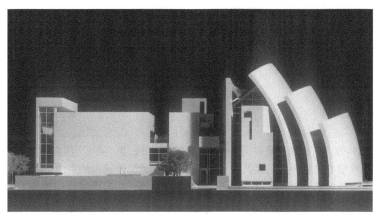

图 3-95　千禧教堂最终成品模型背面外景

243

图 3-96　建成后的千禧教堂夜景。因室内外光影效果俱佳而被誉为"光的器具"

图 3-97　千禧教堂最终成品模型中殿内景。展示教堂中殿室内空间及其光影效果，这对教堂设计而言十分重要，这一展示设计方案的最重要的直接媒介最终获得业主认可

图 3-98　建成后的千禧教堂中殿内景。与模型展示的室内空间效果和光影效果基本吻合，建筑师的空间想象力与最终成品模型的表达力同样令人叹服

2）弗兰克·盖里：德国柏林 DG 银行大楼，1995~2001（Frank O.Gehry，DG Bank Buil ding，Berlin，Germany，1995~2001）——忠实表达创意中庭内景的最终成品模型

位于柏林市中心巴黎广场周边的 DG 银行大楼受特定历史环境约束与相关法规约束的严格制约，外部建筑形态构思难有突破性创新，但是盖里运用整体方案构思层面表现于建筑内部的整体规整局部变异的建筑设计手法，寻求建筑内部空间的构思突破，成功地创作了 DG 银行大楼盖里风格的室内局部变异，营造了盖里风格的室内中庭空间。从北面临广场的主入口进入两层通高的门厅，就能看到五层高的巨大中庭：三面环绕中庭的银行办公空间、自然光线倾泻而下的曲面玻璃顶棚、首层地坪中部的双曲面玻璃顶棚，以及表现于建筑内部的局部形式——中庭空间中不规则异形双曲面建筑形态的会议室，所有这些创新构思的室内空间构成要素都极富想象力，但是表现、推敲和修改的难度也很高。

盖里使用手绘草图、工作模型、电脑建模等种种或传统、或高科技的表现手段反复推敲修改设计方案，方案设计完成后制作的大比例尺中庭室内最终成品模型精美、准确、真实，将盖里超越常规的创新设计构思表达得淋漓尽致，为建筑师、业主及其他相关人员提供了可在方案设计阶段体验、评价、修改中庭室内空间构思的极佳媒介。这个最终成品模型体现了精湛准确的模型制作工艺，也体现了建筑师和模型制作师一丝不苟的敬业精神，是创新建筑作品创作过程中不可或缺的重要环节。DG 银行大楼建成后，中庭室内最终成品模型体现的设计构思创意基本落实，建筑师的设计意图忠实地贯彻到中庭的每一个部位，具体的细部设计则大有改进。DG 银行大楼建筑创作的成功，忠实表达创意中庭内景的最终成品模型功不可没（图 3-99、图 3-100）。

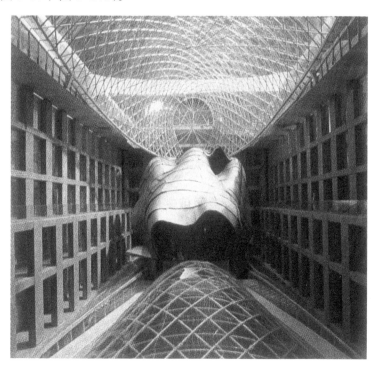

图 3-99　柏林 DG 银行大楼中庭室内最终成品模型

图 3-100　建成后的柏林 DG 银行大楼中庭内景。模型体现的设计构思创意基本落实，建筑师的设计意图忠实地贯彻到中庭的每一个部位，具体的细部设计则大有改进

　　3）彼得·埃森曼：美国俄亥俄辛辛那提大学阿伦诺夫设计及艺术中心，1988~1996（Peter Eisenman，Aronoff Center for Design and Art of the University of Cincinnati，Cincinnati，Ohio，USA，1988~1996）——环境、地形、新老建筑俱全的全景式最终成品模型

　　彼得·埃森曼（Peter Eisenman，1932~ ）设计的美国俄亥俄州辛辛那提大学阿伦诺夫设计及艺术中心于 1996 年建成，设计要求是在辛辛那提大学设计、建筑、艺术和规划学院 145,000ft^2（约 13,470m^2）的原有建筑旁增建 128,000ft^2（约 11,891m^2）的新建筑，基本功能要求包括学院的展厅、图书室、剧场、工作室

及办公室，在某种程度上可视为原有建筑的扩建工程。埃森曼的方案构思高度关注新建筑与基地特定地形条件及原有建筑的关系，采用了艾氏设计手法之交集、叠合、翘曲、重复、移位等变形工具，以及嫁接、追踪、模糊等概念工具，创造了全新的建筑形态，新建筑使用叠合、翘曲等变形工具生成的艾氏建筑形态构思、新建筑与建设基地复杂地形空间关系的适度处理、新老建筑完美结合的空间关系处理等，都已达到很高水准。

如果说，埃森曼的设计理念和构思诠释奥妙难懂，那么，为实际建造而制作的最终成品模型则清晰准确、明白如话，忠实地表达了新建筑的设计构思以及改造处理原有建筑和基地地形的设计构思，无论是经过专业训练的建筑师，还是没有经过专业训练的业主、管理人员或普通民众都可以从各自的视角理解建筑师的设计意图。最终成品模型表现的基本构思完美地体现于建成后的建筑成品，许多细部处理经过施工图阶段的实施性推敲获得更完美的实施（图 3-101~ 图 3-103）。

3.2.3　简短的结语

方案设计阶段制作的不同比例、不同用途的建筑模型，包括工作模型与最终成品模型，都是表达、推敲设计构思的有效手段，志在创作完美的创新建筑作品的建筑师对建筑模型表达手段非常重视，也同样注重建筑模型视觉误差的纠正，他们制作大比例尺的建筑模型，从模拟真实建筑正常视角的方位观察建筑模型，更重要的是运用建筑师的职业敏感和长期积累的设计经验纠正建筑模型的视觉误差，其目的是利用建筑模型的直观表达效果反复推敲、比较、修改设计方案，尽可能减少设计方案预期效果与建成后的成品建筑之间的差距。

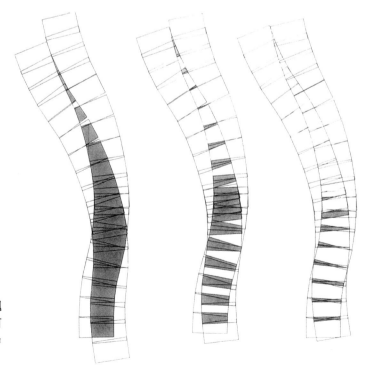

图 3-101　用叠合、翘曲变形工具生成的阿伦诺夫设计及艺术中心建筑形态的原型

图 3-102 辛辛那提大学阿伦诺夫设计及艺术中心最终成品模型。环境、地形、新老建筑俱全的全景式最终成品模型

图 3-103 建成后的辛辛那提大学阿伦诺夫设计及艺术中心外景。模型表现的基本构思经过施工图阶段的最终推敲获得完美实施

　　如密斯以一流建筑大师的职业素质和敬业精神从事纽约西格拉姆大厦的设计工作时，对建筑模型表达手段就非常重视，业主代表菲利斯·兰伯特这样回顾密斯的设计过程："……他做了一个从第 46 街到第 57 街整个花园大道街区的卡纸模型，将该大道上所有的建筑及周围环境都展示出来，由此他设计了不同的塔楼方案放置在老 375 号（花园大道地址）的这片空地上。这个模型被放置在一个台子上，当密斯坐在椅子上时，他刚好看到台子的顶部，视线与模型中的街道平行。他经常坐在那里一坐就是几个小时，凝视着那一片花园大道的模型，苦思冥想，尝试不同的塔楼方案及处理手法。"⑥

　　密斯如此，盖里亦如此，利维希与塞西利亚在 1995 年 7 月走访盖里后所著的"弗兰克·盖里访谈录"中有一段精彩的问答，表达了盖里对建筑模型这一设计手段的理解和重视。走访者问："看起来好像你通常都做出大尺寸的模型，如此一来你可以有接近实际物体的感觉。我曾听说你经常将这些模型放在与眼睛等高的水平以便注视它们，而在它们四周移动以便修正角度，几乎像一个文艺复兴运动时期的建筑师，是真的吗？"盖里答："是的，的确如此。这是我的方法中最重要的部分之一。如果我必须说出我对建筑训练最大的贡献是什么，我会说是手部至眼部调和之成就；这表示我变得非常精通于完成我所找寻之影像或形式的结构。我认为这是我身为一个建筑师最为熟练的。我能够将一张图转变为一栋建筑物之模型。"⑦如同米开朗琪罗等文艺复兴时期的大师一样，当代一流建筑师也非常注重方案设计构思各个阶段的建筑模型表达与推敲，这贯穿其优秀建筑作品方案设计的全过程，以一丝不苟追求完美的职业素质与敬业精神付出了常人难以想象的艰辛劳动。

　　最后，以弗兰克·盖里建筑师事务所在捷克布拉格尼德兰大厦的设计过程中，从方案设计初始构思阶段与深化构思阶段制作的工作模型，到方案设计构思定案阶段制作的最终成品模型组成的系列模型作为本节的结束，当知建筑天分之高如盖里亦须经历艰辛探索百般寻觅方能修成正果，令人叹服的创新建筑作品离不开平凡琐碎点滴积累的反复推敲修改（图 3-104 ~ 图 3-108）。

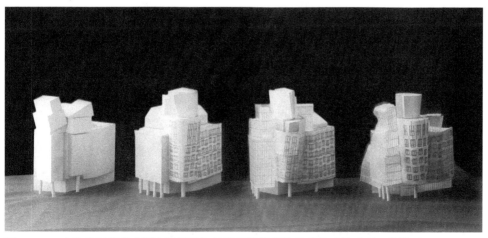

图 3-104　布拉格尼德兰大厦方案设计初始构思阶段制作的单体建筑系列工作模型

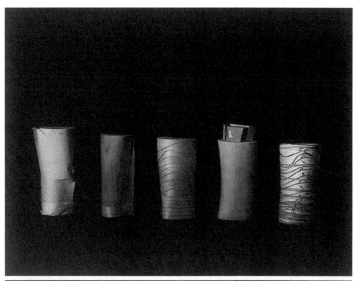

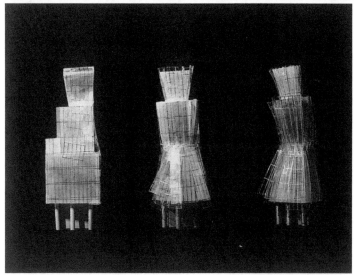

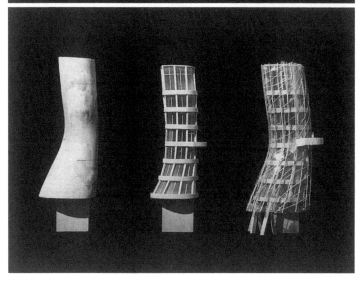

图 3-105　布拉格尼德兰大厦方案设计初始构思阶段制作的金杰（Ginger）塔楼系列工作模型

图 3-106　布拉格尼德兰大厦方案设计深化构思阶段制作的单体建筑工作模型

图 3-107　布拉格尼德兰大厦方案设计构思定案阶段制作的单体建筑最终成品模型

图 3-108　布拉格尼德兰大厦方案设计构思定案阶段制作的单体建筑与周边环境最终成品模型　　**251**

3.3　电脑建模表达模式与 SketchUp 软件在方案设计阶段的应用

　　方案设计阶段设计构思的表达模式，除前文所述草图表达模式与建筑模型表达模式外，20 世纪 90 年代计算机辅助建筑设计普及后盛行的表达模式是电脑表现图与电脑动画。最终成品表现图使用电脑绘制与手工绘制并无本质区别，电脑动画则更多地具备设计成品的广告宣传属性，在方案构思阶段实用价值不大。按当前建筑设计事务所的工作程序，最终成品电脑表现图与电脑动画基本委托专业表现图公司制作，建筑师只需提供制作素材与制作要求，从社会分工的视角考察，已属建筑设计产业链上的独立环节。但是对建筑专业的课程设计而言，建筑设计方案的最终表达是教学程序中的重要环节，不仅是方案设计全过程完整训练的需要，也是建筑师必须具备的基本素质训练的需要，其目的完全不同于建筑设计事务所市场化商品化的最终成果表现图。因此，课程设计的最终表现图必须由学生本人绘制，无论采用手绘图还是电脑图，教学重点都应当是基本素质训练，而不是单纯的图面效果表现训练（图 3-109、图 3-110）。

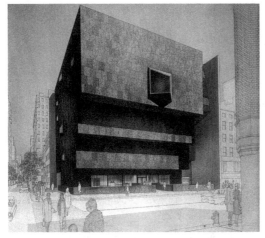

图 3-109　手绘表现图时代专业建筑画家赫尔穆特·雅各比（Helmut Jacoby）1964 年绘制的纽约惠特尼美国艺术博物馆表现图

图 3-110　建筑摄影家埃兹拉·斯托勒（Ezra Stoller）1966 年拍摄的纽约惠特尼美国艺术博物馆外景照片。比较专业建筑画家绘制的最终成品表现图与建成后的建筑照片，表现图的建筑形态、质感、肌理表达都已达到惟妙惟肖的水准，同时也具备很强的艺术感染力。今天，电脑绘制的最终成品表现图在建筑形态、质感、肌理等方面的仿真表达也已达到很高水准，大批专业表现图公司的产生与成熟促成了电脑表现图的普及化和商品化，但是其艺术感染力则尚未尽如人意，亟待改进提升

　　计算机辅助建筑设计普及后，电脑建模成为方案设计阶段设计构思的重要表达模式之一。早期建筑师使用 AutoCAD 软件或其衍生的建筑化 CAD 软件的建模功能，以及 3ds Max 软件建模，无论前者还是后者，都是操作过程比较复杂的建模软件，需要较长时间的学习和熟练过程。相对而言，SketchUp 软件因其易学易用的特点迅速为建筑专业学生接受和掌握，成为高年级课程设计的主要工具。

　　SketchUp 软件的主要特点是：界面简洁、易学易用，所有命令都可定义快捷键以简化操作流程；既可不考虑具体尺寸直观操作表达方案构思，也可实现方案设计后期的数值控制精确建模；可以在模型表面附加材质或贴图，并添加二维或三维配景，还可模拟手绘草图效果。SketchUp 软件的绘图方法是直接操作四、五个绘图工具创建几何体，其中仅直线工具就具备多种隐藏功能，闭合的线可以生成面，线又可以分割面，与参考捕捉（Snap）功能和参考推定（Inference）功能结合，画线工具成为功能强大的三维建模工具。表面绘制完成后，通过推拉命令快速生成三维形体，再加上放样和模型交错两个命令，就可基本完成建筑形体的电脑模型。

　　SketchUp 软件具备多方位的剖面生成与演示功能，其实时剖切功能可以方便地生成任何方位的剖面，并可使用 DWG 或 DXF 格式导出剖面切片至 AutoCAD 软件。建模时可创建"组"和"组件"以提高工作效率，创建"组"类似于 AutoCAD 软件的定义"块"，但不具备关联性；"组件"类似于"组"，但具备关联功能，修改某一个"组件"，与其关联的其他"组件"都将同步修改，建模时可利用这项功能编辑重复使用的标准构成要素。SketchUp 软件还提供了高效率的快捷键以便在建模过程中随时观察模型，三个使用最频繁的观察工具是旋转、缩放和平移，通过三键滚轮鼠标的中部滚轮可直接调用。综上所述，SketchUp 是关注设计过程的软件，适用于建筑设计方案构思阶段，其最大优势是"所见即所得"和"组件替换"。"所见即所得"指操作时屏幕所见即最终成品所得，具备很强的即时性和直观性；"组件替换"使建筑师可以从粗略的简易模型开始，逐步细化方案设计的各种构成要素，同一构成要素也可设计不同方案，通过"组件替换"作局部构思的快速比较抉择。

　　SketchUp 软件的应用使学生的平均三维形态表达能力和方案即时修改能力增强，在某种程度上弥补了草图表达能力和复杂软件电脑建模能力薄弱的缺陷，使学生的平均设计能力有所提升，此为其利；过分依赖易学易用的 SketchUp 软件又使部分学生满足于轻易获得图面效果的虚幻成就感，更有甚者竟直接将未经功能推敲自动生成的剖面图视为成品剖面图，此为其弊。

　　SketchUp 软件是社会进步的产物，是建筑设计可使用的软件多元化的产物，如同草图、工作模型、最终成品模型、AutoCAD 软件、3ds Max 软件、Photoshop 软件一样，SketchUp 软件也只是建筑设计众多工具中的一员，运用得当，有利于方案设计构思的推敲表达，运用不当，就可能成为掩盖方案设计缺陷的负面工具，这本是所有设计工具或设计手段的共性，只是因为 SketchUp 软件易学易懂、可轻易获得掩盖设计缺陷的图面效果而问题更为突出。无须担忧计算机辅助建筑设计手段带来的冲击，包括易学易懂的 SketchUp 软件带来的冲击，重要的是引导学生正确使用新的设计手段以提高建筑师基本素质的训练水准。正如阿恩海姆所言："结论似乎应该是，人与机器相互作用所产生的结果更多的是由人而不是由机器所决定的。诚然飞机要比四轮马车在很多方面带有更多的强制性，电子信息处理机要比纸和笔带有更多的强制性。但是，我们是否会随荡涤了巫师的徒弟的大波逐浪而去，更多地是取决于游泳者本身的素质而不是洪水的大小。"⑤

　　作者并非迂腐守旧的学者，也深知"工欲善其事，必先利其器"的重要性，自 1994 年开始使用电脑，二十几年来所有工作都已实现数字化操作并不断更新换代，本书就是数字化操作的产物。但是，与方案设计的艰辛体现于长期积累深思熟虑后灵感迸发的构思创意一样，书稿撰写的艰辛同样体现于厚积薄发千锤百炼的基本素材积累与学术观念创新，具体的事务性操作，如参考文献 OCR 扫描识别、Google 搜索资料线索、图本扫描与 Photoshop 后期处理、文稿随机输入与修改、电脑播音员语音校稿等等，都只是由手工操作转化为电脑操作的工作手段升级，能节省作者的时间精力，提高工作效率和书稿质量，但是完全不能替代艰辛的基本素材积累与学术观念创新。所以，作者愿引用当代著名理论物理学家史蒂芬·霍金睿智而幽默的论述作为本章，也是本书的结束。"电脑在现时具有速度的优势，但是它们毫无智慧的迹象。这并不奇怪，因为我们现有的电脑比一条蚯蚓的大脑还简单。蚯蚓是一种智力微不足道的物种。但是，计算机服从所谓的穆尔定律：它们的速度和复杂性每 18 个月增加一倍。它是那些显然不能无限继续的指数增长之一。然而，它也许会继续到电脑具有类似于人脑的复杂性为止"。⑥（图 3-111）

　　也许若干年后电脑会具备类似于人脑的复杂性，或者永远不会具备类似于人脑的复杂性，这是短时期内无法论证的科学猜想。至少"我们现有的电脑比一条蚯蚓的大脑还简单"，所以不能期待电脑在建筑设计领域，尤其是在方案创新构思领域替代建筑师的头脑。

图 3-111　在现时卑微的蚯蚓大脑的计算能力仍然超过我们的电脑

第 3 章注释

① （美）戴维·B·布朗宁，戴维·G·德·龙.路易斯·I·康：在建筑的王国中 [M].马琴，译.北京：中国建筑工业出版社，2004：15.

② （美）戴维·B·布朗宁，戴维·G·德·龙.路易斯·I·康：在建筑的王国中 [M].马琴，译.北京：中国建筑工业出版社，2004：15.

③ （美）保罗·拉索著.图解思考——建筑表现技法（第三版）[M].邱贤丰，刘宇光，郭建青，译.北京：中国建筑工业出版社，2002：8.

④ （美）保罗·拉索著.图解思考——建筑表现技法（第三版）[M].邱贤丰，刘宇光，郭建青，译.北京：中国建筑工业出版社，2002：11.

⑤ （美）保罗·拉索著.图解思考——建筑表现技法（第三版）[M].邱贤丰，刘宇光，郭建青，译.北京：中国建筑工业出版社，2002：1.

⑥ （西）利维希（Levehe），（西）塞西利亚（Cecilia，F.M.）.弗兰克·盖里作品集 [M].薛皓东，译.天津：天津大学出版社，2002：19.

⑦ （荷）亚历山大·佐尼斯.勒·柯布西耶：机器与隐喻的诗学 [M].金秋野，王又佳，译.北京：中国建筑工业出版社，2004：159.

⑧ （瑞士）W·博奥席耶.勒·柯布西耶全集·第 5 卷·1946-1952 年 [M].牛燕芳，程超，译.北京：中国建筑工业出版社，2005：176.

⑨ （瑞士）W·博奥席耶.勒·柯布西耶全集·第 5 卷·1946-1952 年 [M].牛燕芳，程超，译.北京：中国建筑工业出版社，2005：174.

⑩ （瑞士）W·博奥席耶.勒·柯布西耶全集·第 5 卷·1946-1952 年 [M].牛燕芳，程超，译.北京：中国建筑工业出版社，2005：107.

⑪ （瑞士）W·博奥席耶.勒·柯布西耶全集·第 5 卷·1946-1952 年 [M].牛燕芳，程超，译.北京：中国建筑工业出版社，2005：178.

⑫ Juan Jenger.勒·柯布西耶　为了感动的建筑 [M].周嫄，译.上海：世纪出版集团，上海人民出版社，2006：140.

⑬ （瑞士）W·博奥席耶.勒·柯布西耶全集·第 5 卷·1946-1952 年 [M].牛燕芳，程超，译.北京：中国建筑工业出版社，2005：214.

⑭ Juan Jenger.勒·柯布西耶　为了感动的建筑 [M].周嫄，译.上海：世纪出版集团，上海人民出版社，2006：141.

⑮ （瑞士）W·博奥席耶.勒·柯布西耶全集·第 5 卷·1946-1952 年 [M].牛燕芳，程超，译.北京：中国建筑工业出版社，2005：145.

⑯ （芬）约兰·希尔特.阿尔瓦·阿尔托：设计精品 [M].何捷，陈欣欣，译.北京：中国建筑工业出版社，2005：34.

⑰ 阿尔瓦·阿尔托.鳟鱼和溪流 [J].DOMUS，1947。转引自：刘先觉.阿尔瓦·阿尔托 [M].北京：中国建筑工业出版社，1998：245.

⑱ 建筑师（Arkkitehti），1959 年第 12 期，转引自：（芬）约兰·希尔特.阿尔瓦·阿尔托：设计精品 [M].何捷，陈欣欣，译.北京：中国建筑工业出版社，2005：118.

⑲ Jury Citation，The Pritzker Architecture Prize，1992：Alvaro Siza [R].Los Angeles：Hyatt Foundation，1992.杨晓龙译。

⑳ 阿尔瓦罗·西扎，莱萨·达·帕尔梅拉。转引自：蔡凯臻，王建国.阿尔瓦罗·西扎 [M].北京：中国建筑工业出版社，2005：312.

㉑ 阿尔瓦罗·西扎，阿尔瓦·阿尔托。转引自：蔡凯臻，王建国.阿尔瓦罗·西扎 [M].北京：中国建筑工业出版社，2005：322.

㉒ 阿尔瓦罗·西扎，萨伏伊别墅。转引自：蔡凯臻，王建国 . 阿尔瓦罗·西扎 [M]. 北京：中国建筑工业出版社，2005：323.

㉓ 阿尔瓦罗·西扎，圣地亚哥·德·孔波斯特拉的博物馆。转引自：蔡凯臻，王建国 . 阿尔瓦罗·西扎 [M]. 北京：中国建筑工业出版社，2005：319.

㉔ 阿尔瓦罗·西扎，福尔诺斯教堂。转引自：蔡凯臻，王建国 . 阿尔瓦罗·西扎 [M]. 北京：中国建筑工业出版社，2005：317.

㉕ 阿尔瓦罗·西扎，福尔诺斯教堂。转引自：蔡凯臻，王建国 . 阿尔瓦罗·西扎 [M]. 北京：中国建筑工业出版社，2005：317~318.

㉖ 阿尔瓦罗·西扎，福尔诺斯教堂。转引自：蔡凯臻，王建国 . 阿尔瓦罗·西扎 [M]. 北京：中国建筑工业出版社，2005：318.

㉗ 作者译。James Steele.Architecture and Computers：Action and Reaction in the Digital Design Revolution [M]. New York：Watson-Guptill Publications，2002：122.

㉘ 作者译。Francesco Dal Co，Kurt W.Forster.Frank O.Gehry：The Complete Works[M].New York：The Monacelli Press，1998：396.

㉙ （西）利维希（Levehe），（西）塞西利亚（Cecilia，F.M.）. 弗兰克·盖里作品集 [M]. 薛皓东，译 . 天津：天津大学出版社，2002：27.

㉚ （西）利维希（Levehe），（西）塞西利亚（Cecilia，F.M.）. 弗兰克·盖里作品集 [M]. 薛皓东，译 . 天津：天津大学出版社，2002：28.

㉛ （法）埃尔兰德 – 布兰登堡 . 大教堂的风采 [M]. 徐波，译 . 上海：汉语大词典出版社，2003：73.

㉜ （法）埃尔兰德 – 布兰登堡 . 大教堂的风采 [M]. 徐波，译 . 上海：汉语大词典出版社，2003：51.

㉝ 参见刘育东 . 建筑的涵义 [M]. 天津：天津大学出版社，台北：建筑情报季刊杂志社，1999：137、139.

㉞ 作者译。Kenneth Frampton，Joseph Rykwert.Richard Meier Architect 1992/1999[M].New York：Rizzoli，1999：420.

㉟ 作者译。Kenneth Frampton，Joseph Rykwert.Richard Meier Architect 1992/1999[M].New York：Rizzoli，1999：422.

㊱ Lambert, Letter to Eve Borsook 1 December 1954, quoted in 'How a Building Gets Built'：17。转引自（美）埃兹拉·斯托勒 . 西格拉姆大厦 [M]. 马鸿杰，陈卓奇，译 . 北京：中国建筑工业出版社，2001：15, 17.

㊲ （西）利维希（Levehe），（西）塞西利亚（Cecilia，F.M.）. 弗兰克·盖里作品集 [M]. 薛皓东，译 . 天津：天津大学出版社，2002：18~19.

㊳ （美）鲁·阿恩海姆著 . 艺术心理学新论 [M]. 郭小平，翟灿，译 . 北京：商务印书馆，1994：182.

㊴ （英）史蒂芬·霍金著 . 果壳中的宇宙 [M]. 吴忠超，译 . 长沙：湖南科学技术出版社，2002：167.

附 图 出 处

第 1 章

图 1-1　（瑞士）W·博奥席耶，O·斯通诺霍.勒·柯布西耶全集·第 1 卷·1910-1929 年 [M].牛燕芳，程超，译.北京：中国建筑工业出版社，2005：177.

图 1-2　Richard Weston.Key Buildings of the Twentieth Century[M].New York：W.W.Norton & Company，2004：63.

图 1-3　Richard Weston.Key Buildings of the Twentieth Century[M].New York：W.W.Norton & Company，2004：62.

图 1-4　Richard Weston.Key Buildings of the Twentieth Century[M].New York：W.W.Norton & Company，2004：62.

图 1-5　David Watkin.A History of Western Architecture（2nd Edition）[M].London：Laurence King，1996：522.

图 1-6　（美）埃兹拉·斯托勒.西格拉姆大厦 [M].马鸿杰，陈卓奇，译.北京：中国建筑工业出版社，2001：13.

图 1-7　Richard Weston.Key Buildings of the Twentieth Century[M].New York：W.W.Norton & Company，2004：119.

图 1-8　（美）埃兹拉·斯托勒.西格拉姆大厦 [M].马鸿杰，陈卓奇，译.北京：中国建筑工业出版社，2001：31.

图 1-9　（美）埃兹拉·斯托勒.西格拉姆大厦 [M].马鸿杰，陈卓奇，译.北京：中国建筑工业出版社，2001：12.

图 1-10　（美）埃兹拉·斯托勒.西格拉姆大厦 [M].马鸿杰，陈卓奇，译.北京：中国建筑工业出版社，2001：36.

图 1-11　（英）乔纳森·格兰锡.20 世纪建筑 [M].李洁修，段成功，译.北京：中国青年出版社，2002：129.

图 1-12　（英）乔纳森·格兰锡.20 世纪建筑 [M].李洁修，段成功，译.北京：中国青年出版社，2002：131.

图 1-13　Sigfried Giedion.Space，Time and Architecture：The Growth of a New Tradition（5th Editon）[M].Cambridge：Harvard University Press，1969：492.

图 1-14　Sigfried Giedion.Space，Time and Architecture：The Growth of a New Tradition（5th Editon）[M].Cambridge：Harvard University Press，1969：492.

图 1-15　（英）弗兰克·惠特福德.包豪斯 [M].林鹤，译.北京：三联书店，2001：172.

图 1-16　Hans Engels，Ulf Meyer.Bauhaus Architecture[M].München：Prestel，2001：31.

图 1-17　Sigfried Giedion.Space，Time and Architecture：The Growth of a New Tradition（5th Editon）[M].Cambridge：Harvard University Press，1969：592.

图 1-18　Richard Weston.Key Buildings of the Twentieth Century[M].New York：W.W.Norton & Company，2004：59.

图 1-19　Arthur Drexler.Ludwig Mies Van Der Rohe[M].London：Mayflower，1960：47.

图 1-20　Peter Gössel，Gabriele Leuthäuser.Architecture in the Twentieth Century[M].Köln：Taschen，2001：174.

图 1-21　Arthur Drexler.Ludwig Mies Van Der Rohe[M].London：Mayflower，1960：51.

图 1-22　Richard Weston.Key Buildings of the Twentieth Century[M]. New York：W.W.Norton & Company，2004：58.

图 1-23　Olympic Arena，Rome，Italy，for the 17th Olympiad，1960 [J].Architectural Record，1958（5）：208.

图 1-24　（意）P·L·奈尔维. 建筑的艺术与技术 [M]. 黄运升，译. 北京：中国建筑工业出版社，1981：123.

图 1-25　Olympic Arena, Rome, Italy, for the 17th Olympiad, 1960 [J].Architectural Record, 1958（5）：209.

图 1-26　Olympic Arena, Rome, Italy, for the 17th Olympiad, 1960 [J].Architectural Record, 1958（5）：208.

图 1-27　Olympic Arena, Rome, Italy, for the 17th Olympiad, 1960 [J].Architectural Record, 1958（5）：207.

图 1-28　Heinz Ronner, Sharad Jhaveri.Louis I.Kahn：Complete Work 1935–1974（2nd edition）[M]. Basel：Birkhäuser, 1987：83.

图 1-29　Heinz Ronner, Sharad Jhaveri.Louis I.Kahn：Complete Work 1935–1974（2nd edition）[M]. Basel：Birkhäuser, 1987：108.

图 1-30　（美）戴维·B·布朗宁，戴维·G·德·龙. 路易斯·I·康：在建筑的王国中 [M]. 马琴，译. 北京：中国建筑工业出版社，2004：74~75.

图 1-31　（美）埃兹拉·斯托勒. 萨尔克生物研究所 [M]. 熊宁，译. 北京：中国建筑工业出版社，2001：14.

图 1-32　Richard Weston.Key Buildings of the Twentieth Century[M].New York：W.W.Norton & Company, 2004：139.

图 1-33　Heinz Ronner, Sharad Jhaveri.Louis I.Kahn：Complete Work 1935–1974（2nd edition）[M]. Basel：Birkhäuser, 1987：144.

图 1-34　（美）埃兹拉·斯托勒. 萨尔克生物研究所 [M]. 熊宁，译. 北京：中国建筑工业出版社，2001：70.

图 1-35　（美）戴维·B·布朗宁，戴维·G·德·龙. 路易斯·I·康：在建筑的王国中 [M]. 马琴，译. 北京：中国建筑工业出版社，2004：146~147.

图 1-36　（美）埃兹拉·斯托勒. 萨尔克生物研究所 [M]. 熊宁，译. 北京：中国建筑工业出版社，2001：40~41.

图 1-37　Google Earth 截图。

图 1-38　Gero Von Boehm.Conversations with I.M.Pei：Light is the Key[M].Munich：Prestel Verlag, 2000：67.

图 1-39　Deborah Snoonian.Modern Masterpiece on the Mall[J].Architectural Record, 2004（6）：172.

图 1-40　Deborah Snoonian.Modern Masterpiece on the Mall[J].Architectural Record, 2004（6）：172.

图 1-41　Deborah Snoonian.Modern Masterpiece on the Mall[J].Architectural Record, 2004（6）173.

图 1-42　Robert McCarter.Frank Lloyd Wright[M]. London：Phaidon, 1997：207.

图 1-43　Robert McCarter.Frank Lloyd Wright[M]. London：Phaidon, 1997：204.

图 1-44　Robert McCarter.Frank Lloyd Wright[M]. London：Phaidon, 1997：206.

图 1-45　Robert McCarter.Frank Lloyd Wright[M]. London：Phaidon, 1997：212.

图 1-46　Robert McCarter.Frank Lloyd Wright[M]. London：Phaidon, 1997：207.

图 1-47　（美）埃兹拉·斯托勒编. 流水别墅 [M]. 屠苏南，译. 北京：中国建筑工业出版社，2001：卷首插图。

图 1-48　（美）埃兹拉·斯托勒编. 流水别墅 [M]. 屠苏南，译. 北京：中国建筑工业出版社，2001：78~79.

图 1-49　Le Corbusier.Towards a New Architecture[M].New York：Dover Publications, 1986：222.

图 1-50　（瑞士）W·博奥席耶. 勒·柯布西耶全集·第5卷·1946–1952年 [M]. 牛燕芳，程超，译. 北京：中国建筑工业出版社，2005：71.

图 1-51　王瑞珠. 世界建筑史·古希腊卷（上册）[M]. 北京：中国建筑工业出版社，2003：367.

图 1-52　（瑞士）W·博奥席耶. 勒·柯布西耶全集·第5卷·1946–1952年 [M]. 牛燕芳，程超，译. 北京：中国建筑工业出版社，2005：71.

图 1-53　王瑞珠. 世界建筑史·古希腊卷（上册）[M]. 北京：中国建筑工业出版社，2003：367.

图 1-54　施植明.Le Corbusier：20世纪的建筑传奇人物柯布 [M]. 台北：木马文化事业有限公司，2002：171.

图 1-55　John Julius Norwich Edited.Great Architecture of the World[M].New York：Bonanza Books，1980：241.

图 1-56　Charles Jencks.Le Corbusier and the Continual Revolution in Architecture[M].New York：The Monacelli Press，2000：268.

图 1-57　施植明 .Le Corbusier：20 世纪的建筑传奇人物柯布 [M]. 台北：木马文化事业有限公司，2002：172.

图 1-58　（美）埃兹拉·斯托勒 . 朗香教堂 [M]. 焦怡雪，译 . 北京：中国建筑工业出版社，2001：37.

图 1-59　Francesco Dal Co，Kurt W.Forster.Frank O.Gehry：The Complete Works[M].New York：The Monacelli Press，1998：151.

图 1-60　Francesco Dal Co，Kurt W.Forster.Frank O.Gehry：The Complete Works[M].New York：The Monacelli Press，1998：480.

图 1-61　Francesco Dal Co，Kurt W.Forster.Frank O.Gehry：The Complete Works[M].New York：The Monacelli Press，1998：481.

图 1-62　（西）利维希（Levehe），（西）塞西利亚（Cecilia，F.M.）. 弗兰克·盖里作品集 [M]. 薛皓东，译 . 天津：天津大学出版社，2002：184.

图 1-63　Karen D.Stein.Project Diary：Frank O.Gehry's dream project，the Guggenheim Museum Bilbao，draws the world to Spain's Basque Country[J].Architectural Record，1997（10）：74.

图 1-64　Francesco Dal Co，Kurt W.Forster.Frank O.Gehry：The Complete Works[M].New York：The Monacelli Press，1998：483.

图 1-65　Francesco Dal Co，Kurt W.Forster.Frank O.Gehry：The Complete Works[M].New York：The Monacelli Press，1998：487.

图 1-66　Francesco Dal Co，Kurt W.Forster.Frank O.Gehry：The Complete Works[M].New York：The Monacelli Press，1998：480.

图 1-67　（英）内奥米·斯汤戈 . 弗兰克·盖里 [M]. 陈望，译 . 北京：中国轻工业出版社，2002：卷首插图。

图 1-68　Francesco Dal Co，Kurt W.Forster.Frank O.Gehry：The Complete Works[M].New York：The Monacelli Press，1998：496.

图 1-69　Francesco Dal Co，Kurt W.Forster.Frank O.Gehry：The Complete Works[M].New York：The Monacelli Press，1998：430.

图 1-70　Francesco Dal Co，Kurt W.Forster.Frank O.Gehry：The Complete Works[M].New York：The Monacelli Press，1998：433.

图 1-71　（西）利维希（Levehe），（西）塞西利亚（Cecilia，F.M.）. 弗兰克·盖里作品集 [M]. 薛皓东，译 . 天津：天津大学出版社，2002：16.

图 1-72　Karen D.Stein.Project Diary：Frank O.Gehry's dream project，the Guggenheim Museum Bilbao，draws the world to Spain's Basque Country[J].Architectural Record，1997（10）：76.

第 2 章

图 2-1　Robert McCarter.Frank Lloyd Wright[M].London：Phaidon Press，1997：313.

图 2-2　石铁矛，李志明 . 约翰·波特曼 [M]. 北京：中国建筑工业出版社，2003：彩页 .

图 2-3　作者摄于 1987 年。

图 2-4　中国科学院自然科学史研究所 . 中国古代建筑技术史 [M]. 北京：科学出版社，1985：13.

图 2-5　（意）L·贝纳沃罗著 . 世界城市史 [M]. 薛钟灵，等，译 . 北京：科学出版社，2000：10.

图 2-6　中国科学院自然科学史研究所 . 中国古代建筑技术史 [M]. 北京：科学出版社，1985：75.

图 2-7　中国科学院自然科学史研究所 . 中国古代建筑技术史 [M]. 北京：科学出版社，1985：107.

图 2-8　Dan Cruickshank.Sir Banister Fletcher's A History of Architecture（20th Edition）[M].London：Architectural Press，1996：250.

图 2-9　John Julius Norwich Edited.Great Architecture of the World[M].New York：Bonanza Books，1980：148~149.

图 2-10　中国科学院自然科学史研究所 . 中国古代建筑技术史 [M]. 北京：科学出版社，1985：83.

图 2-11　中国科学院自然科学史研究所 . 中国古代建筑技术史 [M]. 北京：科学出版社，1985：131.

图 2-12　John Julius Norwich Edited.Great Architecture of the World[M].New York：Bonanza Books，1980：145.

图 2-13　David Watkin.A History of Western Architecture（2nd Edition）[M]. London：Laurence King，1996：290.

图 2-14　John Julius Norwich Edited.Great Architecture of the World[M].New York：Bonanza Books，1980：205.

图 2-15　John Julius Norwich Edited.Great Architecture of the World[M].New York：Bonanza Books，1980：206.

图 2-16　Richard Weston.Key Buildings of the Twentieth Century[M].New York：W.W.Norton & Company，2004：131.

图 2-17　Ada Louise Huxtable.Pier Luigi Nervi[M].London：Mayflower，1960：98.

图 2-18　John Julius Norwich Edited.Great Architecture of the World[M]. New York：Bonanza Books，1980：243.

图 2-19　（日）斋藤公男 . 空间结构的发展与展望——空间结构设计的过去·现在·未来 [M]. 季小莲，徐华，译 . 北京：中国建筑工业出版社，2006：163.

图 2-20　（日）斋藤公男 . 空间结构的发展与展望——空间结构设计的过去·现在·未来 [M]. 季小莲，徐华，译 . 北京：中国建筑工业出版社，2006：163.

图 2-21　John Julius Norwich Edited.Great Architecture of the World[M].New York：Bonanza Books，1980：263.

图 2-22　马国馨 . 丹下健三 [M]. 北京：中国建筑工业出版社，1989：彩页 .

图 2-23　马国馨 . 丹下健三 [M]. 北京：中国建筑工业出版社，1989：彩页 .

图 2-24　（英）埃德温·希思科特，艾奥娜·斯潘斯 . 教堂建筑 [M]. 翟晓高，译 . 大连：大连理工大学出版社，2003：123（引者注：该书水晶教堂平面图排版时镜像错误，正反颠倒。引者根据 GoogleEarth 航拍照片纠正之并增添指北针）.

图 2-25　张钦哲，朱纯华 . 菲利普·约翰逊 [M]. 北京：中国建筑工业出版社，1990：彩页 .

图 2-26　Judith Dupré .Churches[M].New York：HarperCollins，2001：137.

图 2-27　Richard Weston.Key Buildings of the Twentieth Century[M].New York：W.W.Norton & Company，2004：127.

图 2-28　John Julius Norwich Edited.Great Architecture of the World[M].New York：Bonanza Books，1980：264~265.

图 2-29　25 Year Award：Sydney Opera House，Jørn Utzon[J].Architecture Australia，2003，（11-12）：75.

图 2-30　25 Year Award：Sydney Opera House，Jørn Utzon[J].Architecture Australia，2003，（11-12）：74.

图 2-31　Robyn Beaver.Contemporary Architecture，Vol.1[M].Brentwood：Images Publishing，2003：178.

图 2-32　Editors of Phaidon Press Edited.The Phaidon Atlas of Contemporary World Architecture[M].London：Phaidon Press，2004：688.

图 2-33　Editors of Phaidon Press Edited.The Phaidon Atlas of Contemporary World Architecture[M].London：Phaidon Press，2004：688.

图 2-34　Editors of Phaidon Press Edited.The Phaidon Atlas of Contemporary World Architecture[M].London：Phaidon Press，2004：688.

图 2-35　Robyn Beaver.Contemporary Architecture，Vol.1[M].Brentwood：Images Publishing，2003：176.

图 2-36　Yoshio Futagawa Edited.GA Document（86）[M].Tokyo：A.D.A.Edita Tokyo，2005：99.

图 2-37　Yoshio Futagawa Edited.GA Document（86）[M].Tokyo：A.D.A.Edita Tokyo，2005：96~97.

图 2-38　Yoshio Futagawa Edited.GA Document（86）[M].Tokyo：A.D.A.Edita Tokyo，2005：102.

图 2-39　Yoshio Futagawa Edited.GA Document（86）[M].Tokyo：A.D.A.Edita Tokyo，2005：98.

图 2-40　Yoshio Futagawa Edited.GA Document（86）[M].Tokyo：A.D.A.Edita Tokyo，2005：105.

图 2-41　Yoshio Futagawa Edited.GA Document（84）[M].Tokyo：A.D.A.Edita Tokyo，2005：83.

图 2-42　Michael Webb.Offices，Los Angeles，California，USA Morphosis[J].Architectural Review，2005（7）：50.

图 2-43　Thom Mayne.Morphosis：Volume Ⅳ [M].New York：Rizzoli，2006：391.

图 2-44　Thom Mayne.Morphosis：Volume Ⅳ [M].New York：Rizzoli，2006：397.

图 2-45　NOX/Lars Spuybroek Maison Folie de Wazemmés[J].A+U，2004（9）：59.

图 2-46　NOX/Lars Spuybroek Maison Folie de Wazemmes[J].A+U，2004（9）：59.

图 2-47　Connie Van Cleef.Arts Centre，Lille，France NAX[J].Architectural Review，2004（8）：63.

图 2-48　Connie Van Cleef.Arts Centre，Lille，France NAX[J].Architectural Review，2004（8）：62.

图 2-49　NOX/Lars Spuybroek Maison Folie de Wazemmes[J].A+U，2004（9）：56.

图 2-50　C.S..Dance Theatre，Tucson，Arizona，USA Gould Evans[J].Architectural Review，2004（2）：58.

图 2-51　C.S..Dance Theatre，Tucson，Arizona，USA Gould Evans[J].Architectural Review，2004（2）：58.

图 2-52　Philip Jodidio.Architecture Now 3[M].New York：Taschen，2004：287.

图 2-53　Philip Jodidio.Architecture Now 3[M].New York：Taschen，2004：288.

图 2-54　（英）E·H·贡布里希．图像与眼睛——图画再现心理学的再研究 [M]. 范景中，杨思梁，徐一维，劳诚烈，译. 杭州：浙江摄影出版社，1988：196.

图 2-55　[法] 博纳富．凡·高：磨难中的热情 [M]. 张南星，译. 上海：上海译文出版社，2004：88~89.

图 2-56　Charles Jencks.Le Corbusier and the Continual Revolution in Architecture[M].New York：The Monacelli Press，2000：271.

图 2-57　（英）派屈克·兰特金斯．建筑的故事 [M]. 杨惠君，等，译. 上海：上海科学技术出版社，2001：270.

图 2-58　（美）埃兹拉·斯托勒．朗香教堂 [M]. 焦怡雪，译. 北京：中国建筑工业出版社，2001：33.

图 2-59　（美）埃兹拉·斯托勒．朗香教堂 [M]. 焦怡雪，译. 北京：中国建筑工业出版社，2001：45.

图 2-60　刘育东．建筑的涵义 [M]. 天津：天津大学出版社，1999：90.

图 2-61　刘育东．建筑的涵义 [M]. 天津：天津大学出版社，1999：129.

图 2-62　（美）尼尔·克克伍德．景观建筑细部的艺术——基础、实践与案例研究 [M]. 杨晓龙，译. 北京：中国建筑工业出版社，2005：309.

图 2-63　（英）凯斯特·兰坦伯里，罗伯特·贝文，基兰·朗．国际著名建筑大师 建筑思想·代表作品 [M]. 邓庆坦，解希玲，译. 济南：山东科学技术出版社，2006：134.

图 2-64　刘敦桢．中国古代建筑史（第二版）[M]. 北京：中国建筑工业出版社，1984：243.

图 2-65　（英）E·H·贡布里希．图像与眼睛——图画再现心理学的再研究 [M]. 范景中，杨思梁，徐一维，劳诚烈，译. 杭州：浙江摄影出版社，1988：171.

图 2-66　（英）E·H·贡布里希．图像与眼睛——图画再现心理学的再研究 [M]. 范景中，杨思梁，徐一维，劳诚烈，译. 杭州：浙江摄影出版社，1988：174.

图 2-67　William J.R.Curtis.Modern Architecture Since 1900（3rd Editon）[M].Oxford：Phaidon Press，1996：147.

图 2-68　（美）埃兹拉·斯托勒．环球航空公司候机楼 [M]. 赵新华，译. 北京：中国建筑工业出版社，2001：104.

图 2-69　（美）埃兹拉·斯托勒．环球航空公司候机楼 [M]. 赵新华，译. 北京：中国建筑工业出版社，2001：7.

图 2-70　（美）埃兹拉·斯托勒．环球航空公司候机楼 [M]. 赵新，华，译. 北京：中国建筑工业出版社，2001：38~39.

图 2-71　（美）埃兹拉·斯托勒．环球航空公司候机楼 [M]. 赵新华，译. 北京：中国建筑工业出版社，2001：卷首插图 .

图 2-72　Richard Weston.Key Buildings of the Twentieth Century[M].New York：W.W.Norton & Company，2004：132.

图 2-73　Vittorio Magnago Lampugnani.Translated by David Kerr.Renzo Piano 1987-1994[M].Basel：Birkhäuser Verlag，1995：168.

图 2-74　Vittorio Magnago Lampugnani.Translated by David Kerr.Renzo Piano 1987-1994[M].Basel：Birkhäuser

Verlag，1995：169.

图 2-75　伦佐·皮亚诺建筑工场. 国家科学技术中心 [J]. 世界建筑导报，2000（2）：49.

图 2-76　伦佐·皮亚诺建筑工场. 国家科学技术中心 [J]. 世界建筑导报，2000（2）：50.

图 2-77　伦佐·皮亚诺建筑工场. 国家科学技术中心 [J]. 世界建筑导报，2000（2）：52.

图 2-78　Francesco Dal Co，Kurt W.Forster.Frank O.Gehry——The Complete Works[M].New York：The Monacelli Press，1998：326.

图 2-79　Francesco Dal Co，Kurt W.Forster.Frank O.Gehry——The Complete Works[M].New York：The Monacelli Press，1998：328.

图 2-80　Francesco Dal Co，Kurt W.Forster.Frank O.Gehry——The Complete Works[M].New York：The Monacelli Press，1998：328.

图 2-81　Francesco Dal Co，Kurt W.Forster.Frank O.Gehry——The Complete Works [M].New York：The Monacelli Press，1998：332.

图 2-82　Luis Oliveira.Art Museum，Rio De Janeiro，Brazil[J].Architectural Review，1999（4）：73.

图 2-83　Oscar Niemeyer Oscar Niemeyer Museum[J].A+U.2003（8）：36.

图 2-84　Oscar Niemeyer Oscar Niemeyer Museum[J].A+U.2003（8）：36.

图 2-85　Editors of Phaidon Press Edited.The Phaidon Atlas of Contemporary World Architecture[M].London：Phaidon Press，2004：749.

图 2-86　Editors of Phaidon Press Edited.The Phaidon Atlas of Contemporary World Architecture[M].London：Phaidon Press，2004：749.

图 2-87　Peter Carter.Mies van der Rohe at Work[M].London：Phaidon，1974：95.

图 2-88　Peter Carter.Mies van der Rohe at Work[M].London：Phaidon，1974：99.

图 2-89　Peter Carter.Mies van der Rohe at Work[M].London：Phaidon，1974：94.

图 2-90　Gero Von Boehm.Conversations with I.M.Pei：Light is the Key[M].Munich：Prestel，2000：彩页。

图 2-91　Gero Von Boehm.Conversations with I.M.Pei：Light is the Key[M].Munich：Prestel，2000：彩页。

图 2-92　Municipal Mortuary，León，Spain BAAS[J].Architectural Review，2001（12）：44.

图 2-93　BAAS/Jordi Badia and Josep Val，León Municipal Funerary Services [J].A+U.2003（7）：68.

图 2-94　Editors of Phaidon Press Edited.The Phaidon Atlas of Contemporary World Architecture [M].London：Phaidon Press，2004：377.

图 2-95　Editors of Phaidon Press Edited.The Phaidon Atlas of Contemporary World Architecture[M].London：Phaidon Press，2004：377.

图 2-96　Kenneth Frampton，Joseph Rykwert.Richard Meier Architect 1992/1999[M].New York：Rizzoli，1999：245.

图 2-97　Kenneth Frampton，Joseph Rykwert.Richard Meier Architect 1992/1999[M].New York：Rizzoli，1999：242~243.

图 2-98　Kenneth Frampton，Joseph Rykwert.Richard Meier Architect 1992/1999[M].New York：Rizzoli，1999：252.

图 2-99　Kenneth Frampton，Joseph Rykwert.Richard Meier Architect 1992/1999[M].New York：Rizzoli，1999：238.

图 2-100　Kenneth Frampton，Joseph Rykwert.Richard Meier Architect 1992/1999[M].New York：Rizzoli，1999：259.

图 2-101　Francesco Dal Co，Kurt W.Forster.Frank O.Gehry：The Complete Works[M].New York：The Monacelli Press，1998：321.

图 2-102　池丛文绘。

图 2-103　（西）利维希（Levehe），（西）塞西利亚（Cecilia，F.M.）. 弗兰克·盖里作品集 [M]. 薛皓东，译. 天津：天津大学出版社，2002：38~39.

图 2-104　池丛文绘。

图 2-105　池丛文绘。

图 2-106　Mansilla+Tuñón Arquitectos，León Auditorium，León，Spain，1994–2002 [J].A+U.2004（2）：59.

图 2-107　Carla Bertolucci.Concert hall，León，Spain，Mansilla+Tuñón [J].Architectural Review，2003（5）：42.

图 2-108　Editors of Phaidon Press Edited.The Phaidon Atlas of Contemporary World Architecture[M].London：Phaidon Press，2004：378.

图 2-109　池丛文绘。

图 2-110　DG Bank Building，Frank O.Gehry，Pariser Platz，Berlin，1995–2001 [J].A+U.2002（9）：48.

图 2-111　Francesco Dal Co.Monsters in the Forge：DG Bank，Berlin[J].AV Monografias（96），2002：26.

图 2-112　Francesco Dal Co.Monsters in the Forge：DG Bank，Berlin[J].AV Monografias（96），2002：28.

图 2-113　Francesco Dal Co.Monsters in the Forge：DG Bank，Berlin[J].AV Monografias（96），2002：23.

图 2-114　El Croquis：Frank Gehry 1996–2003 [J].El Croquis（117），2003：124.

图 2-115　Yoshio Futagawa Edited.GA Document（74）[M].Tokyo：A.D.A.Edita Tokyo，2003：50.

图 2-116　Yoshio Futagawa Edited.GA Document（74）[M].Tokyo：A.D.A.Edita Tokyo，2003：54.

图 2-117　池丛文绘。

图 2-118　Yoshio Futagawa Edited.GA Document（74）[M].Tokyo：A.D.A.Edita Tokyo，2003：62.

图 2-119　Yoshio Futagawa Edited.GA Document（74）[M].Tokyo：A.D.A.Edita Tokyo，2003：56.

图 2-120　Yoshio Futagawa Edited.GA Document（74）[M].Tokyo：A.D.A.Edita Tokyo，2003：63.

图 2-121　Richard Weston.Key Buildings of the Twentieth Century[M].New York：W.W.Norton & Company，2004：103.

图 2-122　Martha Thorne.The Pritzker Architecture Prize：The First Twenty Years[M].New York：Harry N.Abrams，1999：107.

图 2-123　（英）内奥米·斯通格.赫尔佐戈–德梅隆 [M].李园，译.北京：中国水利水电出版社，知识产权出版社，2005：2~3.

图 2-124　Peter Gössel，Gabriele Leuthäuser.Architecture in the Twentieth Century[M].Köln：Taschen，2001：389.

图 2-125　Tracy Metz.Allianz Arena，Munich，Germany[J].Architectural Record，2006（6）：242.

图 2-126　Tracy Metz.Allianz Arena，Munich，Germany[J].Architectural Record，2006（6）：238.

图 2-127　Tracy Metz.Allianz Arena，Munich，Germany[J].Architectural Record，2006（6）：240.

图 2-128　John Julius Norwich Edited.Great Architecture of the World[M].New York：Bonanza Books，1980：260.

图 2-129　Abby Bussel.The Next Best Thing[J].Architecture.2006（6）：70~71.

图 2-130　Abby Bussel.The Next Best Thing[J].Architecture.2006（6）：73.

图 2-131　Herzog & de Meuron[J].Architectural Record.1995（5）：91.

图 2-132　（英）内奥米·斯通格.赫尔佐戈–德梅隆 [M].李园，译.北京：中国水利水电出版社，知识产权出版社，2005：60.

图 2-133　Two Projects by Herzog & de Meuron[J].Architectural Record.1999（8）：86.

图 2-134　（英）内奥米·斯通格.赫尔佐戈–德梅隆 [M].李园，译.北京：中国水利水电出版社，知识产权出版社，2005：56~57.

图 2-135　原图载（英）内奥米·斯通格.赫尔佐戈–德梅隆 [M].李园，译.北京：中国水利水电出版社，知识产权出版社，2005：54.

图 2-136　作者绘。

图 2-137　Eduardo Arroyo.Football Stadium，Baracaldo（Vizcaya）[J].AV Monografias（105–106），2004：74.

263

图 2-138　Eduardo Arroyo.Football Stadium，Baracaldo（Vizcaya）[J].AV Monografias（105-106），2004：69.

图 2-139　Eduardo Arroyo.Football Stadium，Baracaldo（Vizcaya）[J].AV Monografias（105-106），2004：70.

图 2-140　Future Systems.Selfridges Store，Birmingham[J].AV Monografias（107），2004：54.

图 2-141　Future Systems.Selfridges Store，Birmingham[J].AV Monografias（107），2004：57.

图 2-142　Future Systems.Selfridges Store，Birmingham[J].AV Monografias（107），2004：59.

图 2-143　Future Systems.Selfridges Store，Birmingham[J].AV Monografias（107），2004：55.

图 2-144　Cook & Fournier.Kunsthaus，Graz（Austria）[J].AV Monografias（107），2004：45.

图 2-145　Cook & Fournier.Kunsthaus，Graz（Austria）[J].AV Monografias（107），2004：46.

图 2-146　Cook & Fournier.Kunsthaus，Graz（Austria）[J].AV Monografias（107），2004：49.

图 2-147　Agosto August.The Latest in Lumps [J]. AV Monografias（105-106），2004：205.

图 2-148　Cook & Fournier.Kunsthaus，Graz（Austria）[J].AV Monografias（107），2004：49.

第 3 章

图 3-1　（英）G·勃罗德彭特.建筑设计与人文科学 [M].张韦，译.北京：中国建筑工业出版社，1990：345.

图 3-2　Gero Von Boehm.Conversations with I.M.Pei：Light is the Key[M].Munich：Prestel Verlag，2000：66.

图 3-3　（英）查尔斯·尼科尔.达·芬奇传 [M].朱振武，赵永健，刘略昌，译.武汉：长江文艺出版社，2006：208.

图 3-4　Juan Jenger.勒·柯布西耶　为了感动的建筑 [M].周嫄，译.上海：世纪出版集团，上海人民出版社，2006：77.

图 3-5　（瑞士）W·博奥席耶.勒·柯布西耶全集·第 5 卷·1946-1952 年 [M].牛燕芳，程超，译.北京：中国建筑工业出版社，2005：176.

图 3-6　（瑞士）W·博奥席耶.勒·柯布西耶全集·第 5 卷·1946-1952 年 [M].牛燕芳，程超，译.北京：中国建筑工业出版社，2005：176.

图 3-7　（瑞士）W·博奥席耶.勒·柯布西耶全集·第 5 卷·1946-1952 年 [M].牛燕芳，程超，译.北京：中国建筑工业出版社，2005：173.

图 3-8　（瑞士）W·博奥席耶.勒·柯布西耶全集·第 5 卷·1946-1952 年 [M].牛燕芳，程超，译.北京：中国建筑工业出版社，2005：174.

图 3-9　（瑞士）W·博奥席耶.勒·柯布西耶全集·第 5 卷·1946-1952 年 [M].牛燕芳，程超，译.北京：中国建筑工业出版社，2005：174.

图 3-10　Richard Weston.Key Buildings of the Twentieth Century[M].New York：W.W.Norton & Company，2004：110.

图 3-11　（瑞士）W·博奥席耶.勒·柯布西耶全集·第 5 卷·1946-1952 年 [M].牛燕芳，程超，译.北京：中国建筑工业出版社，2005：111.

图 3-12　（瑞士）W·博奥席耶.勒·柯布西耶全集·第 6 卷·1952-1957 年 [M].牛燕芳，程超，译.北京：中国建筑工业出版社，2005：97.

图 3-13　（瑞士）W·博奥席耶.勒·柯布西耶全集·第 6 卷·1952-1957 年 [M].牛燕芳，程超，译.北京：中国建筑工业出版社，2005：97.

图 3-14　（荷）亚历山大·佐尼斯.勒·柯布西耶：机器与隐喻的诗学 [M].金秋野，王又佳，译.北京：中国建筑工业出版社，2004：193.

图 3-15　（瑞士）W·博奥席耶.勒·柯布西耶全集·第 6 卷·1952-1957 年 [M].牛燕芳，程超，译.北京：中国建筑工业出版社，2005：100.

图 3-16　（瑞士）W·博奥席耶.勒·柯布西耶全集·第 6 卷·1952-1957 年 [M].牛燕芳，程超，译.北京：中国建筑工业出版社，2005：101.

图 3-17　（瑞士）W·博奥席耶.勒·柯布西耶全集·第 5 卷·1946-1952 年 [M].牛燕芳，程超，译.

北京：中国建筑工业出版社，2005：143.

图 3-18　（瑞士）W·博奥席耶.勒·柯布西耶全集·第5卷·1946-1952年[M].牛燕芳，程超，译.北京：
中国建筑工业出版社，2005：145.

图 3-19　（瑞士）W·博奥席耶.勒·柯布西耶全集·第5卷·1946-1952年[M].牛燕芳，程超，译.北京：
中国建筑工业出版社，2005：145.

图 3-20　（瑞士）W·博奥席耶.勒·柯布西耶全集·第5卷·1946-1952年[M].牛燕芳，程超，译.北京：
中国建筑工业出版社，2005：146.

图 3-21　（瑞士）W·博奥席耶.勒·柯布西耶全集·第5卷·1946-1952年[M].牛燕芳，程超，译.北京：
中国建筑工业出版社，2005：146.

图 3-22　（瑞士）W·博奥席耶.勒·柯布西耶全集·第5卷·1946-1952年[M].牛燕芳，程超，译.北京：
中国建筑工业出版社，2005：146.

图 3-23　（瑞士）W·博奥席耶.勒·柯布西耶全集·第5卷·1946-1952年[M].牛燕芳，程超，译.北京：
中国建筑工业出版社，2005：146.

图 3-24　（瑞士）W·博奥席耶.勒·柯布西耶全集·第5卷·1946-1952年[M].牛燕芳，程超，译.北京：
中国建筑工业出版社，2005：147.

图 3-25　（荷）亚历山大·佐尼斯.勒·柯布西耶：机器与隐喻的诗学[M].金秋野，王又佳，译.北京：
中国建筑工业出版社，2004：213.

图 3-26　Karl Fleig.Alvar Aalto（Volume 1 1922-1962）[M].Birkhäuser Verlag：Basel，1999：49.

图 3-27　Karl Fleig.Alvar Aalto（Volume 1 1922-1962）[M].Birkhäuser Verlag：Basel，1999：49.

图 3-28　Karl Fleig.Alvar Aalto（Volume 1 1922-1962）[M].Birkhäuser Verlag：Basel，1999：53.

图 3-29　Karl Fleig.Alvar Aalto（Volume 1 1922-1962）[M].Birkhäuser Verlag：Basel，1999：228.

图 3-30　Louna Lahti.Alvar Aalto[M].köln：Taschen，2004：80.

图 3-31　Louna Lahti.Alvar Aalto[M].köln：Taschen，2004：82.

图 3-32　Karl Fleig.Alvar Aalto（Volume 1 1922-1962）[M].Birkhäuser Verlag：Basel，1999：220.

图 3-33　Louna Lahti.Alvar Aalto[M].köln：Taschen，2004：82、83.

图 3-34　Karl Fleig.Alvar Aalto（Volume 1 1922-1962）[M].Birkhäuser Verlag：Basel，1999：262.

图 3-35　Karl Fleig.Alvar Aalto（Volume 1 1922-1962）[M].Birkhäuser Verlag：Basel，1999：263.

图 3-36　Karl Fleig.Alvar Aalto（Volume 1 1922-1962）[M].Birkhäuser Verlag：Basel，1999：263.

图 3-37　Alvaro Siza.El Croquis（95）[M].Madrid：El Croquis，1999：148.

图 3-38　Alvaro Siza.El Croquis（95）[M].Madrid：El Croquis，1999：240.

图 3-39　Alvaro Siza.El Croquis（95）[M].Madrid：El Croquis，1999：190.

图 3-40　Alvaro Siza.El Croquis（95）[M].Madrid：El Croquis，1999：192~193.

图 3-41　Alvaro Siza.El Croquis（95）[M].Madrid：El Croquis，1999：265、266.

图 3-42　Alvaro Siza.El Croquis（95）[M].Madrid：El Croquis，1999：261.

图 3-43　Alvaro Siza.El Croquis（95）[M].Madrid：El Croquis，1999：256.

图 3-44　Alvaro Siza.El Croquis（95）[M].Madrid：El Croquis，1999：289.

图 3-45　Alvaro Siza.El Croquis（95）[M].Madrid：El Croquis，1999：287.

图 3-46　Alvaro Siza.El Croquis（95）[M].Madrid：El Croquis，1999：234.

图 3-47　Alvaro Siza.El Croquis（95）[M].Madrid：El Croquis，1999：276.

图 3-48　Alvaro Siza.El Croquis（95）[M].Madrid：El Croquis，1999：235.

图 3-49　Francesco Dal Co，Kurt W.Forster.Frank O.Gehry：The Complete Works[M].New York：The Monacelli
Press，1998：251.

图 3-50　Francesco Dal Co，Kurt W.Forster.Frank O.Gehry：The Complete Works[M].New York：The Monacelli
Press，1998：250.

图 3-51　Francesco Dal Co，Kurt W.Forster.Frank O.Gehry：The Complete Works[M].New York：The Monacelli

Press, 1998: 250.

图 3-52　Francesco Dal Co, Kurt W.Forster.Frank O.Gehry: The Complete Works[M].New York: The Monacelli Press, 1998: 251.

图 3-53　Francesco Dal Co, Kurt W.Forster.Frank O.Gehry: The Complete Works[M].New York: The Monacelli Press, 1998: 402.

图 3-54　Francesco Dal Co, Kurt W.Forster.Frank O.Gehry: The Complete Works[M].New York: The Monacelli Press, 1998: 396.

图 3-55　Francesco Dal Co, Kurt W.Forster.Frank O.Gehry: The Complete Works[M].New York: The Monacelli Press, 1998: 398.

图 3-56　Francesco Dal Co, Kurt W.Forster.Frank O.Gehry: The Complete Works[M].New York: The Monacelli Press, 1998: 399.

图 3-57　（西）利维希（Levehe),（西）塞西利亚（Cecilia, F.M.）.弗兰克·盖里作品集 [M]. 薛皓东，译 . 天津：天津大学出版社，2002：90-91.

图 3-58　Francesco Dal Co, Kurt W.Forster.Frank O.Gehry: The Complete Works[M].New York: The Monacelli Press, 1998: 506.

图 3-59　Francesco Dal Co, Kurt W.Forster.Frank O.Gehry: The Complete Works[M].New York: The Monacelli Press, 1998: 508.

图 3-60　Francesco Dal Co, Kurt W.Forster.Frank O.Gehry: The Complete Works[M].New York: The Monacelli Press, 1998: 505.

图 3-61　（西）利维希（Levehe),（西）塞西利亚（Cecilia, F.M.）.弗兰克·盖里作品集 [M]. 薛皓东，译 . 天津：天津大学出版社，2002：198.

图 3-62　（西）利维希（Levehe),（西）塞西利亚（Cecilia, F.M.）.弗兰克·盖里作品集 [M]. 薛皓东，译 . 天津：天津大学出版社，2002：196.

图 3-63　Francesco Dal Co, Kurt W.Forster.Frank O.Gehry: The Complete Works[M].New York: The Monacelli Press, 1998: 509.

图 3-64　Francesco Dal Co, Kurt W.Forster.Frank O.Gehry: The Complete Works[M].New York: The Monacelli Press, 1998: 509.

图 3-65　Francesco Dal Co, Kurt W.Forster.Frank O.Gehry: The Complete Works[M].New York: The Monacelli Press, 1998: 28.

图 3-66　Francesco Dal Co, Kurt W.Forster.Frank O.Gehry: The Complete Works[M].New York: The Monacelli Press, 1998: 28.

图 3-67　（法）埃尔兰德 – 布兰登堡 . 大教堂的风采 [M]. 徐波，译 . 上海：汉语大词典出版社，2003：73.

图 3-68　（法）埃尔兰德 – 布兰登堡 . 大教堂的风采 [M]. 徐波，译 . 上海：汉语大词典出版社，2003：37.

图 3-69　（法）埃尔兰德 – 布兰登堡 . 大教堂的风采 [M]. 徐波，译 . 上海：汉语大词典出版社，2003：44.

图 3-70　（法）埃尔兰德 – 布兰登堡 . 大教堂的风采 [M]. 徐波，译 . 上海：汉语大词典出版社，2003：73.

图 3-71　（法）埃尔兰德 – 布兰登堡 . 大教堂的风采 [M]. 徐波，译 . 上海：汉语大词典出版社，2003：72.

图 3-72　（意）乔治·瓦萨里 . 著名画家、雕塑家、建筑家传 [M]. 刘明毅，译 . 北京：中国人民大学出版社，2004：393.

图 3-73　（意）乔治·瓦萨里 . 著名画家、雕塑家、建筑家传 [M]. 刘明毅，译 . 北京：中国人民大学出版社，2004：394.

图 3-74　刘育东 . 建筑的涵义 [M]. 天津：天津大学出版社，台北：建筑情报季刊杂志社，1999：139.

图 3-75　刘育东 . 建筑的涵义 [M]. 天津：天津大学出版社，台北：建筑情报季刊杂志社，1999：140.

图 3-76　刘育东 . 建筑的涵义 [M]. 天津：天津大学出版社，台北：建筑情报季刊杂志社，1999：140.

图 3-77　刘育东 . 建筑的涵义 [M]. 天津：天津大学出版社，台北：建筑情报季刊杂志社，1999：141.

图 3-78　刘育东 . 建筑的涵义 [M]. 天津：天津大学出版社，台北：建筑情报季刊杂志社，1999：141.

图 3-79   刘育东 . 建筑的涵义 [M]. 天津：天津大学出版社，台北：建筑情报季刊杂志社，1999：144.

图 3-80   刘育东 . 建筑的涵义 [M]. 天津：天津大学出版社，台北：建筑情报季刊杂志社，1999：144.

图 3-81   Alvaro Siza.El Croquis（95）[M].Madrid：El Croquis，1999：456.

图 3-82   Alvaro Siza.El Croquis（95）[M].Madrid：El Croquis，1999：460.

图 3-83   Alvaro Siza.El Croquis（95）[M].Madrid：El Croquis，1999：457.

图 3-84   Alvaro Siza.El Croquis（95）[M].Madrid：El Croquis，1999：457.

图 3-85   Alvaro Siza.El Croquis（95）[M].Madrid：El Croquis，1999：460.

图 3-86   Vittorio Magnago Lampugnani.Renzo Piano 1987–1994[M].Translated by David Kerr.Basel：Birkhäuser Verlag，1995：173.

图 3-87   Vittorio Magnago Lampugnani.Renzo Piano 1987–1994[M].Translated by David Kerr.Basel：Birkhäuser Verlag，1995：172.

图 3-88   Peter Buchanan.Renzo Piano Building Workshop：Complete Works，Vol.4[M].New York：Phaidon，2000：37.

图 3-89   Francesco Dal Co，Kurt W.Forster.Frank O.Gehry：The Complete Works[M].New York：The Monacelli Press，1998：319.

图 3-90   Francesco Dal Co，Kurt W.Forster.Frank O.Gehry：The Complete Works[M].New York：The Monacelli Press，1998：319.

图 3-91   Francesco Dal Co，Kurt W.Forster.Frank O.Gehry：The Complete Works[M].New York：The Monacelli Press，1998：319.

图 3-92   Francesco Dal Co，Kurt W.Forster.Frank O.Gehry：The Complete Works[M].New York：The Monacelli Press，1998：319.

图 3-93   Francesco Dal Co，Kurt W.Forster.Frank O.Gehry：The Complete Works[M].New York：The Monacelli Press，1998：319.

图 3-94   Kenneth Frampton，Joseph Rykwert.Richard Meier Architect 1992/1999[M].New York：Rizzoli，1999：420.

图 3-95   Kenneth Frampton，Joseph Rykwert.Richard Meier Architect 1992/1999[M].New York：Rizzoli，1999：422.

图 3-96   Instrument of Light[J].Architectural Review 2004（4）：48.

图 3-97   Kenneth Frampton，Joseph Rykwert.Richard Meier Architect 1992/1999[M].New York：Rizzoli，1999：423.

图 3-98   Instrument of Light[J].Architectural Review 2004（4）：53.

图 3-99   Francesco Dal Co，Kurt W.Forster.Frank O.Gehry：The Complete Works[M].New York：The Monacelli Press，1998：35.

图 3-100   El Croquis：Frank Gehry 1996–2003[J].El Croquis（117），2003：119.

图 3-101   （美）彼得·埃森曼 . 彼得·埃森曼：图解日志 [M]. 陈欣欣，何捷，译 . 北京：中国建筑工业出版社，2005：86.

图 3-102   汪尚拙，薛皓东编译 . 彼得·埃森曼作品集 [M]. 天津：天津大学出版社，2003：63.

图 3-103   汪尚拙，薛皓东编译 . 彼得·埃森曼作品集 [M]. 天津：天津大学出版社，2003：65.

图 3-104   （西）利维希（Levehe），（西）塞西利亚（Cecilia, F.M.）. 弗兰克·盖里作品集 [M]. 薛皓东，译 . 天津：天津大学出版社，2002：199.

图 3-105   （西）利维希（Levehe），（西）塞西利亚（Cecilia, F.M.）. 弗兰克·盖里作品集 [M]. 薛皓东，译 . 天津：天津大学出版社，2002：198~199.

图 3-106   （西）利维希（Levehe），（西）塞西利亚（Cecilia, F.M.）. 弗兰克·盖里作品集 [M]. 薛皓东，译 . 天津：天津大学出版社，2002：199.

图 3-107   Francesco Dal Co，Kurt W.Forster.Frank O.Gehry：The Complete Works[M].New York：The

267

Monacelli Press，1998：505.

图 3–108　（西）利维希（Levehe），（西）塞西利亚（Cecilia，F.M.）.弗兰克·盖里作品集 [M].薛皓东，译.
　　　　　天津：天津大学出版社，2002：201.

图 3–109　（德）黑尔格·博芬格，沃尔夫冈·福格特.赫尔穆特·雅各比：建筑绘画大师 [M].李薇，译.
　　　　　大连：大连理工大学出版社，2003：86.

图 3–110　（美）埃兹拉·斯托勒.惠特尼美国艺术博物馆 [M].申湘，申江，译.北京：中国建筑工业
　　　　　出版社，2001：封面.

图 3–111　（英）史蒂芬·霍金.果壳中的宇宙 [M].吴忠超，译.长沙：湖南科学技术出版社，2002：165.

后记

后记图 –1　（荷）亚历山大·佐尼斯.勒·柯布西耶：机器与隐喻的诗学 [M].金秋野，王又佳，译.北京：
　　　　　中国建筑工业出版社，2004：23.

后记图 –2　（西）利维希（Levehe），（西）塞西利亚（Cecilia，F.M.）.弗兰克·盖里作品集 [M].薛皓东，
　　　　　译.天津：天津大学出版社，2002：33.

主要参考文献

[1] （古罗马）维特鲁威.建筑十书[M].高履泰，译.北京：中国建筑工业出版社，1986.

[2] （美）迈克尔·坎内尔.贝聿铭传：现代主义大师[M].倪卫红，译.北京：中国文学出版社，1997.

[3] 丁文江，赵丰田.梁启超年谱长编[M].上海：上海人民出版社，1983.

[4] 戴吾三.考工记图说[M].济南：山东画报出版社，2003.

[5] 闻人军.考工记译注[M].上海：上海古籍出版社，1993.

[6] 刘敦桢.中国古代建筑史（第二版）[M].北京：中国建筑工业出版社，1984.

[7] 项秉仁.赖特[M].北京：中国建筑工业出版社，1992.

[8] 蘅塘退士，陈书良.唐诗三百首[M].海口：海南出版社，1994.

[9] （瑞士）W·博奥席耶.勒·柯布西耶全集·第2卷·1929–1934年[M].牛燕芳，程超译.北京：中国建筑工业出版社，2005.

[10] 刘先觉.密斯·凡·德·罗[M].北京：中国建筑工业出版社，1992.

[11] （美）肯尼斯·弗兰姆普敦.现代建筑：一部批判的历史[M].张钦楠，等，译.北京：三联书店，2004.

[12] （德）华尔德·格罗比斯.新建筑与包豪斯[M].张似赞，译.北京：中国建筑工业出版社，1979.

[13] （英）弗兰克·惠特福德.包豪斯[M].林鹤，译.北京：三联书店，2001.

[14] （意）L·本奈沃洛.西方现代建筑史[M].邹德侬，巴竹师，高军，译.天津：天津科学技术出版社，1996.

[15] 邹德侬.中国现代建筑论集[M].北京：机械工业出版社，2003.

[16] （意）P·L·奈尔维.建筑的艺术与技术[M].黄运升，译.北京：中国建筑工业出版社，1981.

[17] （德）柯特·西格尔.现代建筑的结构与造型[M].成莹犀，译.北京：中国建筑工业出版社，1981.

[18] （美）埃兹拉·斯托勒.萨尔克生物研究所[M].熊宁，译.北京：中国建筑工业出版社，2001.

[19] （美）埃兹拉·斯托勒.流水别墅[M].屠苏南，译.北京：中国建筑工业出版社，2001.

[20] （美）戴维·拉金，布鲁斯·布鲁克斯·法依弗，布鲁斯·布鲁克斯·法依弗撰文.弗兰克·劳埃德·赖特：建筑大师[M].苏怡，齐勇新，译.北京：中国建筑工业出版社，2005.

[21] 许溶烈.建筑师学术·职业·信息手册[M].郑州：河南科学技术出版社，1993.

[22] （美）埃兹拉·斯托勒.朗香教堂[M].焦怡雪，译.北京：中国建筑工业出版社，2001.

[23] （法）Juan Jenger.勒·柯布西耶：为了感动的建筑[M].周嫄，译.上海：世纪出版集团，上海人民出版社，2006.

[24] （荷）亚历山大·佐尼斯.勒·柯布西耶：机器与隐喻的诗学[M].金秋野，王又佳，译.北京：中国建筑工业出版社，2004.

[25] （法）勒·柯布西耶基金会.勒·柯布西耶与学生的对话[M].牛燕芳，程超，译.北京：中国建筑工业出版社，2003.

[26] （英）G·勃罗德彭特.建筑设计与人文科学[M].张韦，译.北京：中国建筑工业出版社，1990.

[27] （西）利维希（Levehe），[西]塞西利亚（Cecilia, F.M.）.弗兰克·盖里作品集[M].薛皓东，译.天津：天津大学出版社，2002.

[28] （日）渊上正幸.世界建筑师的思想和作品[M].覃力，等，译.北京：中国建筑工业出版社，2000.

[29] （英）内奥米·斯汤戈.弗兰克·盖里[M].陈望，译.北京：中国轻工业出版社，2002.

[30] （瑞士）W·博奥席耶，O·斯通诺霍.勒·柯布西耶全集·第1卷·1910–1929年[M].牛燕芳，程超，译.北京：中国建筑工业出版社，2005.

[31] （美）埃兹拉·斯托勒.西格拉姆大厦[M].马鸿杰，陈卓奇，译.北京：中国建筑工业出版社，2001.

[32] （英）乔纳森·格兰锡.20世纪建筑[M].李洁修，段成功，译.北京：中国青年出版社，2002.

[33] 王瑞珠.世界建筑史·古希腊卷[M].北京：中国建筑工业出版社，2003.

[34] 施植明 . Le Corbusier：20 世纪的建筑传奇人物柯布 [M]. 台北：木马文化事业有限公司，2002.

[35] 曹雪芹，高鹗 . 红楼梦 [M]. 北京：人民文学出版社，1964.

[36] （日）斋藤公男 . 空间结构的发展与展望——空间结构设计的过去·现在·未来 [M]. 季小莲，徐华，译 . 北京：中国建筑工业出版社，2006.

[37] 张钦哲，朱纯华 . 菲利普·约翰逊 [M]. 北京：中国建筑工业出版社，1990.

[38] （美）鲁·阿恩海姆 . 艺术心理学新论 [M]. 郭小平，翟灿，译 . 北京：商务印书馆，1994.

[39] （英）E·H·贡布里希 . 杨思梁，范景中 . 象征的图像——贡布里希图像学文集 [M]. 上海：上海书画出版社，1990.

[40] （英）E·H·贡布里希 . 图像与眼睛——图画再现心理学的再研究 [M]. 范景中，杨思梁，徐一维，劳诚烈，译 . 杭州：浙江摄影出版社，1988.

[41] （英）查尔斯·詹克斯 . 后现代建筑语言 [M]. 李大厦，译 . 北京：中国建筑工业出版社，1986.

[42] （美）尼尔·科克伍德 . 景观建筑细部的艺术——基础、实践与案例研究 [M]. 杨晓龙，译 . 北京：中国建筑工业出版社，2005.

[43] （美）安德鲁·卡洛尔 . 美军战争家书 [M]. 李静滢，译 . 北京：昆仑出版社，2005.

[44] （宋）李诫 . 营造法式 [M]. 中国书店影印本 .

[45] （美）埃兹拉·斯托勒 . 环球航空公司候机楼 [M]. 赵新华，译 . 北京：中国建筑工业出版社，2001.

[46] 吴耀东 . 日本现代建筑 [M]. 天津：天津科学技术出版社，1997.

[47] （英）内奥米·斯通格 . 赫尔佐戈 – 德梅隆 [M]. 李园，译 . 北京：中国水利水电出版社，知识产权出版社，2005.

[48] （英）约翰·罗斯金 . 建筑的七盏明灯 [M]. 张璘，译 . 济南：山东画报出版社，2006.

[49] 石铁矛，李志明 . 约翰·波特曼 [M]. 北京：中国建筑工业出版社，2003.

[50] 中国科学院自然科学史研究所 . 中国古代建筑技术史 [M]. 北京：科学出版社，1985.

[51] （意）L·贝纳沃罗 . 世界城市史 [M]. 薛钟灵，等，译 . 北京：科学出版社，2000.

[52] 马国馨 . 丹下健三 [M]. 北京：中国建筑工业出版社，1989.

[53] （英）埃德温·希思科特，艾奥娜·斯潘斯 . 教堂建筑 [M]. 翟晓高，译 . 大连：大连理工大学出版社，2003.

[54] （法）博纳富 . 凡·高：磨难中的热情 [M]. 张南星，译 . 上海：上海译文出版社，2004.

[55] （英）派屈克·纳特金斯 . 建筑的故事 [M]. 杨惠君，等，译 . 上海：上海科学技术出版社，2001.

[56] （英）凯斯特·兰坦伯里，罗伯特·贝文，基兰·朗 . 国际著名建筑大师 建筑思想·代表作品 [M]. 邓庆坦，解希玲，译 . 济南：山东科学技术出版社，2006.

[57] （美）戴维·B·布朗宁，戴维·G·德·龙著 . 路易斯·I·康：在建筑的王国中 [M]. 马琴，译 . 北京：中国建筑工业出版社，2004.

[58] （美）保罗·拉索 . 图解思考——建筑表现技法（第三版）[M]. 邱贤丰，刘宇光，郭建青，译 . 北京：中国建筑工业出版社，2002.

[59] （瑞士）W·博奥席耶 . 勒·柯布西耶全集·第 5 卷·1946–1952 年 [M]. 牛燕芳，程超，译 . 北京：中国建筑工业出版社，2005.

[60] （芬）约兰·希尔特 . 阿尔瓦·阿尔托：设计精品 [M]. 何捷，陈欣欣，译 . 北京：中国建筑工业出版社，2005.

[61] 刘先觉 . 阿尔瓦·阿尔托 [M]. 北京：中国建筑工业出版社，1998.

[62] 蔡凯臻，王建国 . 阿尔瓦罗·西扎 [M]. 北京：中国建筑工业出版社，2005.

[63] （法）埃尔兰德 – 布兰登堡 . 大教堂的风采 [M]. 徐波，译 . 上海：汉语大词典出版社，2003.

[64] 刘育东著 . 建筑的涵义 [M]. 天津：天津大学出版社，台北：建筑情报季刊杂志社，1999.

[65] （英）查尔斯·尼科尔 . 达·芬奇传 [M]. 朱振武，赵永健，刘略昌，译 . 武汉：长江文艺出版社，2006.

[66] （瑞士）W·博奥席耶 . 勒·柯布西耶全集·第 6 卷·1952–1957 年 [M]. 牛燕芳，程超，译 . 北京：中国

建筑工业出版社，2005.

[67] （意）乔治·瓦萨里.著名画家、雕塑家、建筑家传 [M].刘明毅，译.北京：中国人民大学出版社，2004.

[68] （美）彼得·埃森曼.彼得·埃森曼：图解日志 [M].陈欣欣，何捷，译.北京：中国建筑工业出版社，2005.

[69] 汪尚拙，薛皓东.彼得·埃森曼作品集 [M].天津：天津大学出版社，2003.

[70] （德）黑尔格·博芬格，沃尔夫冈·福格特.赫尔穆特·雅各比：建筑绘画大师 [M].李薇，译.大连：大连理工大学出版社，2003.

[71] （美）埃兹拉·斯托勒.惠特尼美国艺术博物馆 [M].申湘，申江，译.北京：中国建筑工业出版社，2001.

[72] （英）史蒂芬·霍金.果壳中的宇宙 [M].吴忠超，译.长沙：湖南科学技术出版社，2002.

[73] 周策纵.红楼梦案——周策纵论红楼梦 [M].北京：文化艺术出版社，2005.

[74] （英）安德鲁·罗宾逊.爱因斯坦 相对论一百年 [M].张卜天，译.长沙：湖南科学技术出版社，2005.

[75] （英）理查德·帕多万.比例——科学·哲学·建筑 [M].周玉鹏，刘耀辉，译.北京：中国建筑工业出版社，2005：375.

[76] 梁思成.祝东北大学建筑系第一班毕业生 [J].中国建筑，1932（创刊号）.

[77] 单士元.明代营造史料·天坛 [J].中国营造学社汇刊，1933（5·3）.

[78] 伦佐·皮亚诺建筑工场.国家科学技术中心 [J].世界建筑导报，2000（2）.

[79] Heinz Ronner, Sharad Jhaveri.Louis I.Kahn：Complete Work 1935–1974（2nd edition）[M].Basel：Birkhäuser，1987.

[80] Robert Venturi.Complexity and Contradiction in Architecture[M].New York：the Museum of Modern Art，2002.

[81] Robert McCarter.Frank Lloyd Wright[M].London：Phaidon，1997.

[82] Francesco Dal Co，Kurt W.Forster.Frank O.Gehry：The Complete Works[M].New York：The Monacelli Press，1998.

[83] Richard Weston.Key Buildings of the Twentieth Century[M].New York：W.W.Norton & Company，2004.

[84] David Watkin.A History of Western Architecture（2nd Edition）[M].London：Laurence King，1996.

[85] Sigfried Giedion.Space，Time and Architecture：The Growth of a New Tradition（5th Editon）[M].Cambridge：Harvard University Press，1969.

[86] Hans Engels，Ulf Meyer.Bauhaus Architecture[M].München：Prestel，2001.

[87] Arthur Drexler.Ludwig Mies Van Der Rohe[M].London：Mayflower，1960.

[88] Peter Gössel，Gabriele Leuthäuser.Architecture in the Twentieth Century [M].Köln：Taschen，2001.

[89] Gero Von Boehm.Conversations with I.M.Pei：Light is the Key[M].Munich：Prestel，2000.

[90] John Julius Norwich Edited.Great Architecture of the World[M].New York：Bonanza Books，1980.

[91] Charles Jencks.Le Corbusier and the Continual Revolution in Architecture[M].New York：The Monacelli Press，2000.

[92] Judith Dupré .Churches[M].New York：HarperCollins，2001.

[93] Robyn Beaver.Contemporary Architecture，Vol.1[M].Brentwood：Images Publishing，2003.

[94] Le Corbusier.Towards A New Architecture[M].New York：Dover，1986.

[95] Dan Cruickshank.Sir Banister Fletcher's A History of Architecture（20th Edition）[M].London：Architectural Press，1996.

[96] Ada Louise Huxtable.Pier Luigi Nervi[M].London：Mayflower，1960.

[97] Editors of Phaidon Press Edited.The Phaidon Atlas of Contemporary World Architecture[M].London：Phaidon Press，2004.

[98] Yoshio Futagawa Edited.GA Document（86）[M].Tokyo：A.D.A.Edita Tokyo，2005.

[99]   Thom Mayne.Morphosis：Volume Ⅳ [M].New York：Rizzoli，2006.

[100]   Philip Jodidio.Architecture Now 3[M].New York：Taschen，2004.

[101]   William J.R.Curtis.Modern Architecture Since 1900（3rd Editon）[M].Oxford：Phaidon Press，1996.

[102]   Vittorio Magnago Lampugnani.Translated by David Kerr.Renzo Piano 1987-1994[M].Basel：Birkhäuser Verlag，1995.

[103]   Peter Carter.Mies van der Rohe at Work[M].London：Phaidon，1974.

[104]   Yoshio Futagawa Edited.GA Document（74）[M].Tokyo：A.D.A.Edita Tokyo，2003.

[105]   Martha Thorne.The Pritzker Architecture Prize：The First Twenty Years[M].New York：Harry N.Abrams，1999.

[106]   James Steele.Architecture and Computers：Action and Reaction in the Digital Design Revolution[M].New York：Watson-Guptill Publications，2002.

[107]   Kenneth Frampton，Joseph Rykwert.Richard Meier Architect 1992/1999[M].New York：Rizzoli，1999.

[108]   Karl Fleig.Alvar Aalto（Volume 1 1922-1962）[M].Birkhäuser Verlag：Basel，1999.

[109]   Louna Lahti.Alvar Aalto[M].köln：Taschen，2004.

[110]   Alvaro Siza.El Croquis（95）[M].Madrid：El Croquis，1999.

[111]   Peter Buchanan.Renzo Piano Building Workshop：Complete Works，Vol.4 [M].New York：Phaidon，2000.

[112]   Olympic Arena，Rome，Italy，for the 17th Olympiad，1960[J].Architectural Record，1958（5）.

[113]   Deborah Snoonian.Modern Masterpiece on the Mall[J].Architectural Record，2004（6）.

[114]   Karen D.Stein.Project Diary：Frank O.Gehry's dream project，the Guggenheim Museum Bilbao，draws the world to Spain's Basque Country[J].Architectural Record，1997（10）.

[115]   25 Year Award：Sydney Opera House，Jørn Utzon[J].Architecture Australia，2003（11-12）.

[116]   Michael Webb.Offices，Los Angeles，California，USA Morphosis[J].Architectural Review，2005（7）.

[117]   NOX/Lars Spuybroek Maison Folie de Wazemmes [J].A+U，2004（9）.

[118]   Connie Van Cleef.Arts Centre，Lille，France NAX[J].Architectural Review，2004（8）.

[119]   C.S..Dance Theatre，Tucson，Arizona，USA Gould Evans[J].Architectural Review，2004（2）.

[120]   Luis Oliveira.Art Museum，Rio De Janeiro，Brazil[J].Architectural Review，1999（4）.

[121]   Oscar Niemeyer Oscar Niemeyer Museum[J].A+U.2003（8）.

[122]   Municipal Mortuary，Le 6 n，Spain BAAS[J].Architectural Review，2001（12）.

[123]   BAAS/Jordi Badia and Josep Val，Le 6 n Municipal Funerary Services[J].A+U.2003（7）.

[124]   Mansilla+Tuñón Arquitectos，Le 6 n Auditorium，Le 6 n，Spain，1994-2002[J].A+U.2004（2）.

[125]   Carla Bertolucci.Concert hall，Le 6 n，Spain，Mansilla+Tuñ 6 n[J].Architectural Review，2003（5）.

[126]   DG Bank Building，Frank O.Gehry，Pariser Platz，Berlin，1995-2001[J].A+U.2002（9）.

[127]   Francesco Dal Co.Monsters in the Forge：DG Bank，Berlin[J].AV Monografias（96），2002.

[128]   El Croquis：Frank Gehry 1996-2003[J].El Croquis（117），2003.

[129]   Tracy Metz.Allianz Arena，Munich，Germany[J].Architectural Record，2006（6）.

[130]   Abby Bussel.The Next Best Thing[J].Architecture.2006（6）.

[131]   Herzog & de Meuron[J].Architectural Record.1995（5）.

[132]   Two Projects by Herzog & de Meuron[J].Architectural Record.1999（8）.

[133]   Eduardo Arroyo.Football Stadium，Baracaldo（Vizcaya）[J].AV Monografias（105-106），2004.

[134]   Future Systems.Selfridges Store，Birmingham[J].AV Monografias（107），2004.

[135]   Cook & Fournier.Kunsthaus，Graz（Austria）[J].AV Monografias（107），2004.

[136]   Agosto August.The Latest in Lumps[J].AV Monografias（105-106），2004.

[137]   Instrument of Light[J].Architectural Review 2004（4）.

[138]   Jury Citation，The Pritzker Architecture Prize，1989：Frank Gehry[R].Los Angeles：Hyatt Foundation，1989.

[139] Jury Citation, The Pritzker Architecture Prize, 2003: Jørn Utzon[R].Los Angeles: Hyatt Foundation, 2003.

[140] Jury Citation, The Pritzker Architecture Prize, 1998: Renzo Piano[R].Los Angeles: Hyatt Foundation, 1998.

[141] Jury Citation, The Pritzker Architecture Prize, 1988: Oscar Niemeyer[R].Los Angeles: Hyatt Foundation, 1988.

[142] Jury Citation, The Pritzker Architecture Prize, 1984: Richard Meier[R].Los Angeles: Hyatt Foundation, 1984.

[143] Jury Citation, The Pritzker Architecture Prize, 1992: Alvaro Siza[R].Los Angeles: Hyatt Foundation, 1992.

[144] Architect, Herzog and de Meuron.Biography [EB/OL].[1994-2007] .http: //www.greatbuildings.com/ architects/Herzog_and_de_Meuron.html.

后　记

2007 年 12 月 30 日，多日阴沉的天空云开日出，温煦的冬日阳光偕同温馨的收获喜悦一起撒满小小的书斋，也撒满作者的心田：自 1996 年开始，前期研究工作 6 年，课题研究和执笔撰稿 6 年的《建筑设计方法概论》终于定稿。回顾课题研究和执笔撰稿的漫长历程，反思研究工作中已经解决或未曾解决的种种疑难和困惑，品味从整体学术思路到具体章节字句的反复提炼斟酌和推敲修改，如释重负的欣慰之情难以言表。艰辛探索终随书稿完成告一段落，却远非研究工作的终结，从某种意义上讲，这是一部没有写完的书，也是一部永远都写不完的书——建筑设计方法是一个随时代进步不断发展、永无止境的研究课题。但是，基本学术思路和研究框架已经确立，具体工作方法已经成熟，假以时日，作者将继续充实完善研究成果，使这部教学参考书随时代发展不断更新。

建筑专业的本科教学课程本已包涵建筑设计方法的教学内容，具体表达为以建筑设计课程为主体、涵盖一系列基础课程的综合教学模式，这无疑是卓有成效的教学模式，多年来已经培养了大批优秀建筑师和建筑学者。但是，如果在此基础上增加一门专门讲述建筑设计方法的课程，增加一部专门论述建筑设计方法的教学参考书，为建筑设计课程增添理论层面的教学内容，将有利于教学水平的普遍提高。因此，2001 年全国高等学校建筑学专业指导委员会将"建筑设计方法论"列为面向全国高校教师招标的规划推荐教材。作者自 1996 年开始"建筑设计方法"课题的前期研究工作，至 2001 年已有相当数量资料积累，学术思路亦初具雏形，遂申报著述这部教学参考书，并在申报书中建议不涉及哲学层次的建筑设计方法论，只论述具体的建筑设计方法，同时建议将书名改为《建筑设计方法概论》。这一建议获得专指委 2001 年召开的全国建筑院系院长和系主任会议的认同及专指委批准，随即列入专指委规划推荐教材，书名亦定为《建筑设计方法概论》。2007 年，本书列入普通高等教育土建学科专业"十一五"规划教材。

关于本书的内容定位和学术层次，2001 年作者也提出了自己的观点，即定位于理清思路，拓展视野，以体现教学参考书真正的参考价值，使之可与建筑设计课程互补，而不是重复。建筑专业的课程，设计类、规划类、技术类、历史类、构造类，学术取向各不相同，不可能要求每个学生对每门课程都有同样强烈的求知欲，所以宜提高选修课程教学参考书的学术层次，使兴趣浓厚的学生远远超出得高分标准的强烈求知欲得到满足。提高教学参考书的学术层次是因材施教的重要举措，也是作者撰写本书的基本宗旨——依托多年研究工作的创新成果，按学术专著的要求系统论述原创性学术观点，从全新视角诠释建筑设计方法。始料未及的是，这一决策使课题研究和书稿撰稿工作的难度远远超出预期设想。于是，静下心来从基础研究工作开始，将书稿内容分解为若干子课题逐项研究，并将其中部分课题转化为博士生论文课题。几经反复，历时 6 年，研究成果终趋成熟得以成书。为求书稿严谨翔实，遵照"宁缺勿滥"的基本准则，最终定稿阶段作者删除了尚待进一步研究的若干段落，包括整章删除已经定稿的原第 1 章。

如前文所述，本书定位于理清思路，拓宽视野，注重提高教学参考书的学术层次，因此完全遵照学术专著的要求撰稿，注重基本学术思路、学术观点和研究方法的创新，论述作者多年研究积淀获得的原创性学术成果。遵照"取法于上，仅得其中，取法于中，不免为下"的古训，所引建筑实例均为载入史册的最高层次经典建筑作品和近年创作的典范性建筑作品。书稿遵循严谨求实的学风，基本学术观点引经据典言必有据，不成熟者暂时删除宁缺勿滥，基本概念和建筑术语尽可能严谨清晰地阐明其涵义或定义，所有引文一一注明出处，注释和参考文献严格遵守学术规范。文风则尽可能平和顺畅，反复推敲字斟句酌，追求明白如话的可读性和顺畅自然的文字之美。全书从整体学术思路至具体章节字句均经多次提炼斟酌推敲修改后定稿。

中国素有"左图右史"的著书传统，国际著名红学家和历史学家周策纵曾这样论述图本的重要性："图画和影像往往是解说一件事物或观念最有效的方式。多年来，在西洋流行着一句据说是中国的谚语：One Picture is worth a thousand words. 可是我一直找不到它在中国的准确根源，……现在姑且译回作'一图值千言'或'千言万语不如一幅画'。"[①]近年来文图并茂的图书逐渐盛行，作为附件的"插图"升堂入室，成为与文本平起平坐的图本。但是对建筑图书而言，文图并茂从来就是最基本的要求，单纯凭借文字很难论述清楚的内容辅以图本便可一目了然。书稿注重图本与文本的融合，许多图本附加简要的文字说明，以便文图互释、综合表达作者的学术观念。第3章专题论述方案设计阶段设计构思的图式语言表达模式，图本已经成为不可或缺的主角。

全书注重培育融会贯通、自主学习和终生学习的学术意识，倡导观察和思维的优良学风。建筑师需要学会观察——观察建筑，也观察社会和使用建筑的人；建筑师更需要学会思维，运用正确的思维方法将观察的成果转化为建筑创作构思。关于"思维"，爱因斯坦在1946年的《自述》中这样论述："准确地说，'思维'到底是什么呢？当接受感觉印象时出现记忆形象，这还不是'思维'。而且，当这样一些形象形成一个系列时，其中每一个形象引起另一个形象，这也还不是'思维'。可是，当某一形象在许多这样的系列中反复出现时，那么，正是由于这种再现，它就成为这种系列的一个起支配作用的元素，因为它把那些本身没有联系的系列联结了起来。这种元素便成为一种工具，一种概念。我认为，从自由联想或者'做梦'到思维的过渡，是由'概念'在其中所起的或多或少的支配作用来表征的。概念绝不是一定要同可以由感官认识的、可以再现的符号（词）联系起来；但是如果有了这样的联系，思想因此就成为可交流的了。"[②]勒·柯布西耶则是深刻理解观察和思维的基本涵义并创造性地运用于建筑创作的典范，"柯布西耶反复地使用'有眼无珠'（Eyes That Do Not See）这个词来批评与他同时代的人。照他的意思来说，'观察'是个认知的过程，而不是感受的过程。观察的过程包括鉴别、领会属性和用途，这些都是从学习中得出的结论。勒·柯布西耶的使命在于教会他的同时代人如何'观察'事物，而不是简单地'看到'事物。的确，他的设计、绘画、雕塑和著述都是有益于学习的客体，而不仅仅提供消费和体验的功用"。[③]比书本知识更重要的是亲身观察建筑、观察社会后勤于思维、善于思维而获得的鲜活的知识，正如柯布西耶在《模度》一书中所言："人闭上双眼，并且沉湎于所有可能性的时候，他就成为一种抽象物。如果他从事建造活动，他得睁开眼睛这么做；他用眼睛来看……建筑是由观察的双眼、思考的头脑以及走路的双腿来加以判断的。"④ 本书多处论述世界一流建筑师学习建筑的经历或其建筑创作进程中的亲身体验和思维过程，形象化地展示其观察和思维的具体过程及其成果，正是柯布西耶这一论述的绝妙注释。试举一例，同样是考察欧洲的教堂建筑，不同的建筑大师亲身体验和思维的结果产生了源于不同视角的理解和诠释，见仁见智，各有所得。对奈尔维而言，哥特式教堂是中世纪手工业时代建筑技术与建筑艺术完美结合的产物，他的领悟是现代建筑同样应当实现建筑技术与建筑艺术的完美结合，但是必须使用适应时代发展要求的方式予以表达，其成果是奈尔维创作的采用预制钢筋混凝土结构的经典建筑作品罗马小体育宫。对贝聿铭而言，考察欧洲不同种类教堂时更注重的是建筑的空间体验：对称的罗马圣彼得教堂使用的是一点透视的设计手法，人们进入三通廊巴西利卡，视线聚焦圣坛，情景壮观，令人生畏；而欧洲的巴洛克风格小教堂则具有奇妙的动态空间和动人的光影效果，是为赞美生命而设计的教堂。与罗马圣彼得教堂的一点透视效果相比，留下更深印象的是巴洛克教堂曲面处理产生的丰富亲切的多点透视效果，其成果是贝聿铭创作的经典建筑作品华盛顿特区美国国家美术馆东馆。同样考察欧洲经典教堂建筑作品，不同的建筑大师从不同视角观察和思维获得的是完全不同的启迪和借鉴，这正是作者撰写本书的目标之一——具体展示建筑大师对建筑、对社会各具特色的观察和思维体验，使读者从中获得启迪以及由此引发的自主判断和领悟。真正的建筑师需要铭记和实施的是柯布西耶的名言："建筑是由观察的双眼、思考的头脑以及走路的双腿来加以判断的。"（后记图 –1）

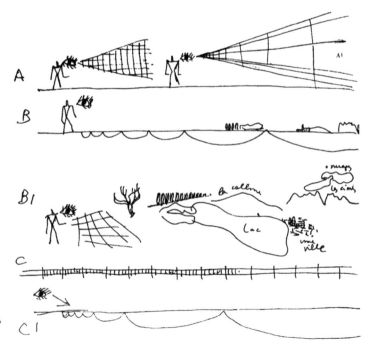

后记图 –1 观察的眼睛。柯布西耶 1948 年出版的著作《模度》（Modulor）的插图

276

全书有意识地时时论及一流建筑师的职业道德和敬业精神，这与他们超人的职业素质同样重要。包豪斯的建筑教育观认为："建筑活动把体力和脑力劳动者结合到一个共同的工作中去。因此，艺术家和工匠都一样，必须受同样的训练；而由于试验性活动与生产活动实际上都同样重要，基础训练就必须有足够的广度，以使有每一类才能的人都能获得同样的机会。不同的资质在表现出来之前是无法辨认的，每个人都必须善于在自己的发展过程中发现自己最适于从事哪个领域的活动。当然，绝大多数人将进入建筑业、大工业生产等部门中去。但总会有一些才能杰出的极少数，他们理应有大抱负，要限制他们则是愚蠢的。这些杰出人才一经学完公共课程之后就可以随意专攻个人的作业、当代的课题或从事具有不可估量价值的理论研究，这对于人类的贡献有点像证券经纪人称作'期货交易'的那种价值。"[⑤]建筑教育提供的是普适性的基础训练，这是建筑师基本职业素质的基础。职业道德和敬业精神则属自我道德约束范畴，只要严于律己，人人都可达到最高标准。没有必要也不可能要求所有建筑都具备创新设计构思，但是所有建筑都应当满足"适用、经济、美观"的基本要求，这正是具备基本职业素质与高标准职业道德和敬业精神的绝大多数普通建筑师能够达到的目标（后记图–2）。

最后需要强调的是，建筑学科是感性思维方法与理性思维方法交织的学科，学习建筑的关键是本科一、二、三年级的普适性基础训练，这种建筑基础训练是书本上学不到的，只能强化不能放松。如同计算机辅助建筑设计一样，建筑设计方法也只是一种辅助思维方法，运用得法，有助于提高设计水平，当成刻板教条，则有害而无益。"建筑设计方法"不是"建筑设计百日通"，用爱因斯坦评价柯布西耶"模度"理论的话讲就是"它使事情做好了容易，做坏了难（它使坏变得困难，使好变得容易）"，[⑥]或者用前言中引用过的梁启超的话评价，即"孟子说：'能与人规矩，不能使人巧。'凡学校所教与所学总不外规矩方面的事，若巧则要离了学校方能发见。规矩不过求巧的一种工具，然而终不能不以此为教，以此为学者，正以能巧之人，习熟规矩后，乃愈益其巧耳（不能巧者，依着规矩可以无大过）"。研究和学习"建筑设计方法"，获得的是锦上添花的启迪和借鉴，有可能使建筑系学生和建筑师的建筑设计水平有不同程度的提高，但是完全不能替代循序渐进的建筑设计基础训练。

课题研究与书稿撰稿过程中，作者的几位博士研究生池丛文、李南、于莉、李苏豫，硕士研究生李峥峥、魏京阳、王立明等协助收集、翻译和扫描资料，并在几年时间里共同积累资料、提炼素材、探讨学术思路。在这一过程中，他们获得严谨的基本学术训练，其学位论文也逐渐酝酿成熟；与此同时，他们的工作也促成课题研究与书稿撰稿工作的顺利完成，其中池丛文出力尤多，收获也最大。谨借此机会一并致谢，并祝愿他们与作者一样因这一段学术经历而终生受益。

杨秉德

后记图 -2　1995 年 7 月在威尼斯的佩姬·古根海姆基金会展出的西班牙毕尔巴鄂古根海姆博物馆设计过程的工作模型展览。建筑大师弗兰克·盖里及其设计团队的职业道德和敬业精神于此可见一斑

后记注释

① 周策纵.红楼梦案——周策纵论红楼梦 [M].北京：文化艺术出版社，2005：216~217.

② 阿尔伯特·爱因斯坦，自述。转引自：（英）安德鲁·罗宾逊著.爱因斯坦 相对论一百年 [M].张卜天，译.长沙：湖南科学技术出版社，2005：29.

③ （荷）亚历山大·佐尼斯勒·柯布西耶：机器与隐喻的诗学 [M].金秋野，王又佳，译.北京：中国建筑工业出版社，2004：12、14.

④ 原文载 Le Corbusier, The Modulor：72~73。转引自：（英）理查德·帕多万著.比例——科学·哲学·建筑 [M].周玉鹏，刘耀辉，译.北京：中国建筑工业出版社，2005：375.

⑤ （德）华尔德·格罗比斯著.新建筑与包豪斯 [M].张似赞，译.北京：中国建筑工业出版社，1979：35~36.

⑥ （瑞士）W·博奥席耶.勒·柯布西耶全集·第 5 卷·1946~1952 年 [M].牛燕芳，程超，译.北京：中国建筑工业出版社，2005：168.